E. Rummich

Nichtkonventionelle Energienutzung

Eine Einführung in die physikalischen und technischen Grundlagen

Springer-Verlag
Wien New York

a. o. Prof. Dipl.-Ing. Dr. Erich Rummich

Institut für Elektrische Maschinen
Technische Universität Wien, Österreich

Softcover reprint of the hardcover 1st edition 1978

Mit 123 Abbildungen

ISBN-13:978-3-211-81483-3 e-ISBN-13:978-3-7091-8519-3
DOI: 10.1007/978-3-7091-8519-3

V o r w o r t

Seit der vielzitierten "Energiekrise" im Jahre 1973 wird die breite Öffentlichkeit immer mehr auf nichtkonventionelle Verfahren der Energienutzung aufmerksam gemacht. Hieher gehören zum Beispiel Verfahren zur Nutzung der Sonnenenergie und Erdwärme, die Kernfusion usw. sowie nichtkonventionelle Methoden zur Herstellung von Sekundärenergieträgern (z.B. Wasserstoff) und eine Reihe von Energieumwandlungsverfahren, die früher vielfach als "Energiedirektumwandlung" bezeichnet wurden, da sie elektrische Energie ohne Umweg über mechanische Energie erzeugen.

Das Buch, aufbauend auf Vorlesungen, die der Verfasser seit einigen Jahren an der Technischen Universität in Wien zu diesem Themenkreis hält, ist als Einführung in die physikalischen und technischen Grundlagen der verschiedenen nichtkonventionellen Energieumwandlungs- und Nutzungsverfahren einschließlich der hiezu nötigen Systemkomponenten gedacht. Neuartige Sekundärenergieträger und Speichermöglichkeiten, die in Zukunft sicherlich von großer Bedeutung sind, werden ebenfalls behandelt. Ein abschließendes kurzes Kapitel ist dem Energietransport gewidmet.

Trotz der Vielfalt des auf engem Raum behandelten Stoffes hofft der Verfasser, die wesentlichen Fakten der einzelnen Themenkomplexe herausgestellt zu haben. An Hand der zahlreich angeführten Literatur sollte es dem interessierten Leser möglich sein, sich mit geringem Aufwand in die verschiedenen Spezialgebiete einzuarbeiten.

Abschließend möchte der Verfasser seiner Gattin, die das Schreiben des Manuskriptes und der Reinschrift des Buches übernommen hat, herzlich danken; ebenso Herrn Dr. A. Prechtl für das Durchlesen des Manuskriptes und für diverse Anregungen.

Wien, im Februar 1978 E. Rummich

I n h a l t s v e r z e i c h n i s

1. Energie: Bedarf, Dargebot und Bedarfsdeckung

1.1. Energiebedarf

Energie stellt eine der Grundvoraussetzungen zur Befriedigung menschlicher Bedürfnisse dar. Waren diese Bedürfnisse anfänglich sehr bescheiden, dies ist heute noch teilweise an dem niedrigen pro-Kopf-Verbrauch der Bevölkerung in Entwicklungsländern zu sehen, so wurde durch das Einsetzen der Industrialisierung und der steten Steigerung des Wirtschaftswachstums und Lebensstandards das Leben des Menschen immer "energieintensiver".

Der pro-Kopf-Verbrauch der Bevölkerung eines Landes ist je nach Entwicklungsstand und Industrialisierung unterschiedlich hoch. Nach J.P.Charpentier betrug 1971 der pro-Kopf-Verbrauch von nur 6 % der Erdbevölkerung (USA, Kanada, Kuweit) über 7 kW (dies stellt einen mittleren Leistungswert über das Jahr dar, der mittlere Energieverbrauch lag also in diesen Bevölkerungsschichten über 7 kWa (kW-Jahre)), bei 22 % der Bevölkerung war der Durchschnittsverbrauch zwischen 2 und 7 kW und bei 72 % lag der durchschnittliche pro-Kopf-Verbrauch unter 2 kW, wobei der überwiegende Anteil dieser Bevölkerungsgruppe bei 0,2 kW !! pro Kopf lag /1.1/. Wenn man damit den pro-Kopf-Verbrauch der USA, der über 10 kW (10 kWa/a) liegt, vergleicht, erkennt man, daß sich auf lange Sicht eine "Energiediskriminierung" der Entwicklungsländer um den Faktor 50 nicht aufrechterhalten läßt. In Österreich und der BRD liegt der Wert bei 4 bis 5 kW/Kopf.

Sicherlich wird der Energieverbrauch und damit der Bedarf in Zukunft weiter ansteigen. Rechnet man mit einem jährlichen Bedarfszuwachs von rund 3,3 % bis zum Jahre 1990 (auf Grund letzter Voraussagen über die zukünftige Energiebedarfsentwicklung anläßlich der Weltenergiekonferenz 1977; im letzten Jahrzehnt betrug der Zuwachs rund 6 %), wobei dieser Wert von einigen Experten als zu niedrig gefunden wird, so ergibt sich für das Jahr 1990 ein Gesamtenergiebedarf von rund 440 Exajoule ($1\,EJ = 10^{18}\,J$), was ungefähr eine Verdopplung des Verbrauches von 1970 darstellt ! /1.2/.

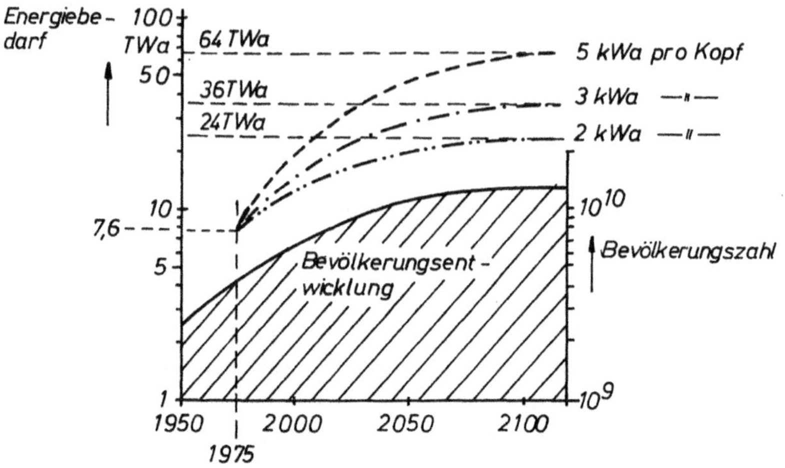

Abb. 1.1. Möglicher globaler Energiebedarf bei Zugrundelegung verschiedener pro-Kopf-Verbraucherzahlen und einer Bevölkerungsentwicklung auf Grund der Prognosen der Bevölkerungskonferenz 1974 in Bukarest /1.3/.

Abb. 1.1 zeigt den extrapolierten Energiebedarf der Erdbevölkerung bei einem fiktiv angenommenen pro-Kopf-Jahresverbrauch von 2, 3 und 5 kWa auf Grund von Studien, die am Internationalen Institut für angewandte Systemanalyse (IIASA) in Laxenburg bei Wien durchgeführt wurden /1.3/. Dabei ist eine Bevölkerungszunahme auf Grund von Schätzungen der Weltbevölkerungskonferenz 1974 (Bukarest) zugrunde gelegt. Danach würde die Bevölkerungszahl im Jahre 2100 10 bis 12 Milliarden betragen. Je nach gewähltem durchschnittlichen pro-Kopf-Verbrauch ergeben sich die im Diagramm eingezeichneten Energieverbrauchszahlen (1 Terawattjahr (TWa) = 31,54 EJ). Zum Vergleich betrug der Weltenergieverbrauch im Jahre 1975 7,6 TWa = 239,7 EJ.

Es kommt bei solchen Abschätzungen nicht auf genaue Zahlen an, sondern nur auf die Größenordnungen, und hier muß gesagt werden, daß angesichts dieser "Orientierungswerte" die Notwendigkeit zur Steigerung der Energieproduktion besteht, d.h., daß alle Möglichkeiten zur Nutzbarmachung und sinnvollen Verwendung der Energiequellen und Vorräte (des auf der Erde vorhandenen Energiedargebotes) beschritten werden müssen, aber auch die verschiedenen Wege der "Energierückgewinnung" und vor allem auch Maßnahmen zur "Energieeinsparung".

Die Diskrepanz zwischen den Energiebedürfnissen (Energiebedarf) und der Möglichkeit, diese zu decken, führt zur "Energieknappheit".

1.2. Energiedargebot, Energiebedarfsdeckung

Dem Energiebedarf steht das Energiedargebot gegenüber, und das angestrebte Ziel ist, den Energiebedarf durch das "natürliche" Energiedargebot zu decken, wobei hier nicht kurzfristige Bedarfsdeckung im Vordergrund steht, sondern langfristige.

Für die Deckung des Energiebedarfes stehen auf unserem Planeten grundsätzlich zwei Arten von Energiedargeboten zur Verfügung /1.4/: Erstens Bestandteile der Erdkruste, welche unmittelbar oder mittelbar zur Bedarfsdeckung herangezogen werden können, die sogenannten "Vorräte" (Ressourcen, z.B. Kohle, Erdöl, Uran etc.) und zweitens "kontinuierliche" Energieströme, hier als "Energiequellen" (engl. Sources, z.B. Sonnenenergie, Wasserkraft, Windenergie etc.) bezeichnet, die den Menschen zur Nutzung zur Verfügung stehen. In diesem Sinne stellt der kosmische Neutrinofluß keine - für den Menschen (zumindest derzeit) nutzbare - "Energiequelle" dar.

Diese Energiedargebote (Vorräte, Quellen) werden vielfach auch als "nicht erneuerungsfähige" bzw. "erneuerungsfähige" Vorräte (non renewable -, renewable resources) bezeichnet und auch mit dem Sammelbegriff "Primärenergien" (Naturenergie) versehen. Als "Primärenergie" versteht man Energie, welche keiner technischen Umwandlung unterworfen wurde, unter Sekundärenergie eine Energieform, die aus der Umwandlung von Primärenergie oder aus anderer Sekundärenergie gewonnen wurde.

Die Energie der Vorräte und Quellen ist meist nicht direkt geeignet, den Bedarf zu decken. Es ist deshalb notwendig, diese Primärenergieformen durch geeignete Umwandlungsverfahren in Sekundärenergie (Sekundärenergieträger) überzuführen, die dann günstigere Eigenschaften für die Bedarfsdeckung aufweist. Durch den Übergang auf Sekundärenergiesysteme ist die Möglichkeit der Substitution von Primärenergieträgern gegeben. Beispielsweise kann elektrische Energie (Sekundärenergie) unter anderem in kalorischen Kraftwerken aus Kohle, Erdöl, Erdgas etc. gewonnen werden. Manchmal sind für den Übergang auf geeignete Sekundärenergieträger auch Transport- oder Speichergründe maßgebend (z.B. günstige Transportierbarkeit von flüssigen oder gasförmigen Energieträgern in Rohrleitungen).

Für die Nutzung der Energiedargebote ist vor allem die Frage zu klären, mit welchem technischen und wirtschaftlichen Aufwand (auch unter Bedachtnahme des Umweltschutzes!) diese zur unmittelbaren Energienutzung herangezogen werden können oder inwieweit die Möglichkeit der Überführung in Sekundärenergie und schließlich in Nutzenergie besteht (Nutzenergie: Energie, welche beim Verbraucher letztlich nach verschiedenen Energieumwandlungen bzw. -umformungen zur Verfügung steht). Unter Energieumwandlung versteht man eine "Energietransformation" bei Änderung der physikalischen Erscheinungsform (z.B. thermische Energie ⟶ elektrische Energie) und unter Energieumformung eine Energietransformation unter Wahrung der physikalischen Erscheinungsform (z.B. elektrische Energie ⟶ elektrische Energie anderer Spannungsgröße, Stromart, Frequenz etc.).

Als Energieträger bezeichnet man "Stoffe", aus denen Nutzenergie direkt oder durch Umwandlung gewonnen werden kann.

Die wichtigsten Vertreter konventioneller "Energievorräte" sind Erdöl, Erdgas, Kohle und seit einigen Jahren auch Kernspaltstoffe (Uran, Thorium).

1.2.1. Erdöl

Das Erdöl stellt jenen Primärenergieträger dar, dem die meisten hochentwickelten Industriestaaten ihren Wohlstand verdanken. Erdöl verdrängte weitgehend die früher als Energieträger vorherrschende Kohle (siehe Abb. 1.3), da es neben der höheren spezifischen Energiedichte leichtere Gewinnungs- (kein Untertageabbau) und bessere Transportmöglichkeiten (Tankschiffe, Rohrleitungen) bietet und anwendungsfreundlicher ist als Kohle. Schließlich war der niedrige Preis ein weiterer Anreiz für die großtechnische Umstellung auf diesen Einergieträger. Im Jahre 1973 (Ölkrise) wurde deutlich, daß dieser billige "Energiestrom" nicht unbegrenzt zur Verfügung steht. Nach heutigen Schätzungen liegen die förderbaren Erdölmengen bei rund 240 Milliarden Tonnen (die jährliche Produktion liegt heute bei 3 Milliarden Tonnen), wobei Extremwerte von 175 bis 500 Milliarden Tonnen reichen. Nicht eingeschlossen in diesen Zahlen sind Öle in Form von Teersanden, Ölschiefer und Ölvorkommen unter dem Meeresboden in Tiefen über 200 m und in den Polarregionen /1.5/. Aufgabe der nächsten Jahre wird es sein, nicht nur neue Erdöllagerstätten zu finden, sondern auch die bekannten besser auszunutzen und schrittweise das kostbare Erdöl durch andere Energieträger zu substituieren.

1.2.2. Erdgas

Erdgas wurde lange Zeit eher als lästiges Nebenprodukt bei der Erdölgewinnung angesehen, erst in den letzten Dezennien begann hier ein Umdenken. Der Anteil an der Primärenergieproduktion betrugt 1976 bei Erdgas 17,8 % gegenüber 44,7 % bei Erdöl. Die weltweite Erdgasförderung betrug 1976 rund 1350 Milliarden m^3, wobei über die Hälfte dieser Menge aus den nordamerikanischen und westeuropäischen Ländern stammt. Bis zum Jahre 2000 wird nach Ansicht von Experten der Weltenergiekonferenz 1977 die UdSSR die Spitze in der Weltproduktion übernommen haben /1.5/. Neben der UdSSR werden vor allem Nordafrika und der Nahe und Mittlere Osten als Erdgaslieferanten auftreten. Besondere Bedeutung kommt neben dem gasförmigen vor allem dem flüssigen Transport von Erdgas aus diesen "Erzeugerländern" in die verschiedenen Verbraucherländer zu. Für den gasförmigen Transport sind Rohrdurchmesser bis zu 2,5 m vorgesehen. Der flüssige Transport in Tankschiffen ist vor allem für den Überseetransport von großer Wichtigkeit. Allerdings steht Erdgas auch nicht in unbegrenzten Mengen zur Verfügung. Nach heutigen Kenntnissen betragen die sicheren Reserven rund 66 000 Milliarden m^3 und die Schätzungen über mögliche Erdgasvorräte reichen von 96 000 bis 215 000 Milliarden m^3 /1.5/.

1.2.3. Kohle

Die Kohle war jener Energieträger, der im vorigen Jahrhundert das Zeitalter der Industrialisierung einleitete. Es handelte sich hier um einen Energieträger, der großtechnisch genutzt werden konnte und seine Vormachtstellung bis in die Mitte unseres Jahrhunderts behauptete (siehe Abb. 1.3). Allerdings ist der Primärenergieträger Kohle nicht sehr "verbraucherfreundlich", der Abbau ist schwierig, der Transport aufwendig und die Umwandlungsverfahren kostspielig und wenig umweltfreundlich. Dies war auch der Grund, warum der Kohleverbrauch in den letzten Dezennien stärk absank und dafür der flüssige Energieträger Erdöl die dominierende Rolle spielte. In jüngster Zeit gewinnt nun Kohle durch die wesentlich größeren Energieressourcen gegenüber Erdöl und Erdgas und der damit verbundenen Preissteigerungen dieser Stoffe wieder verstärkt an Bedeutung.

Weltweit betragen die gesicherten Kohlereserven 600 Milliarden Tonnen /1.5/. Es handelt sich hiebei um jene Vorräte, die mit heutigen Technologien wirtschaftlich gefördert werden könnten.

Es wird nun in Zukunft eine der Hauptaufgaben der Energieforschung sein, Kohle wirtschaftlich und umweltfreundlich in Sekundärenergieträger umzuformen, die vergleichbare "Annehmlichkeiten" bieten wie Erdöl und Erdgas (Kohleveredelung, Kohlevergasung, Verflüssigung, Erzeugung synthetischer Kraftstoffe etc.). Neben den Umwandlungsverfahren kommt auch den Fragen der Abbaumethoden (z.B. Untertagevergasung) und des Kohletransportes (z.B. Flüssigtransport) größte Bedeutung zu.

Optimal genutzte Kohle könnte so für einige Jahrhunderte zu einem wichtigen Energieträger für die Energieversorgung aber auch für die chemische Industrie werden.

1.2.4. Uran

Die bisher bekannten Uranreserven der westlichen Welt betragen rund 2 Millionen Tonnen U_3O_8 (Kosten rund 30 Dollar/lb U_3O_8) und die geschätzten Vorräte etwa die gleiche Menge. Nach bisherigen Kenntnissen reichen diese Mengen für die Versorgung der bis 1985 voraussichtlich gebauten Kernkraftwerke mit einer Lebensdauer von 25 bis 30 Jahren aus. Sicherlich ist auch darüber hinaus die Bedarfsdeckung möglich, wahrscheinlich werden durch moderne Prospektionsmethoden noch weitere Uranvorkommen gefunden, doch dürften die energetischen Vorräte an billigem Uran kaum jene von Erdöl oder Erdgas wesentlich übertreffen. Eine Kerntechnologie auf Basis der heutigen Leichtwasserreaktoren ist wegen der schlechten Ausnützung des Urans nicht zukunftsträchtig. Eine Lösung könnte hier der Übergang auf schnelle Brüter bzw. auf eine Kombination von schnellen Brütern mit Hochtemperaturreaktoren darstellen /1.6/. In diesem Falle wäre eine optimale Ausnützung der Ressourcen gewährleistet und das Energieproblem praktisch gelöst.

Abb. 1.2 zeigt eine derartige "asymptotische" Reaktorkonfiguration. Asymptotisch deshalb, weil diese Anordnung schrittweise erreicht würde. Der erste Schritt stellt den Bau von Leichtwasserreaktoren (Brennstoff Uran-235) dar, die das beim Betrieb anfallende Plutonium zur Versorgung von schnellen Brütern liefern (Erstausrüstung). Die schnellen Brüter haben nun die Eigenschaft, nicht spaltbares Uran-238 in spaltbares Plutonium umzuwandeln, wobei mehr spaltbares Material "erbrütet" als eingesetzt wird. Ein weiterer Schritt in dieser Reaktorentwicklung wäre, daß der Brutreaktor neben der Elektrizitätserzeugung nicht nur

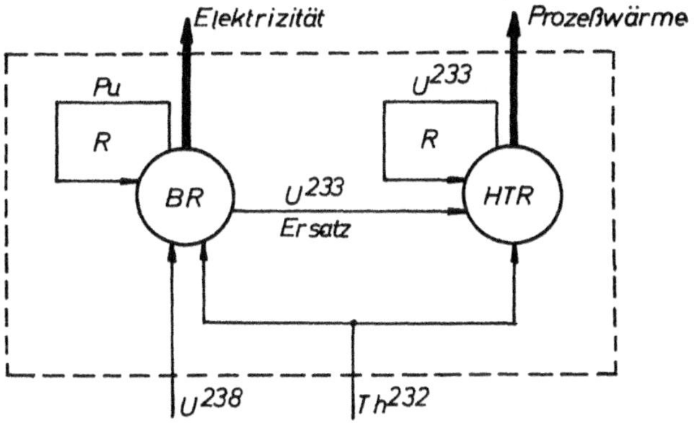

Abb. 1.2. "Asymptotische" Reaktorkonfiguration nach W.Häfele. BR ... Brutreaktor, HTR ... Hochtemperaturreaktor, R ... Rezyklierung von Plutonium bzw. Uran-233.

zur Plutoniumgewinnung verwendet würde, sondern auch zur Erzeugung von Uran-233 aus Thorium-232. Dieses Uran würde den Hochtemperaturreaktoren als Brennstoff zur Verfügung gestellt. Im Endzustand (nach 30 bis 40 Jahren) wären keine Leichtwasserreaktoren nötig. Zugeführt würde Uran-238 - insbesondere das abgereicherte Uran vergangener Jahre - und Thorium-232. Erzeugt würden Elektrizität und Prozeßwärme, die großtechnisch z.B. zur Wasserstofferzeugung oder zur Kohlevergasung verwendet werden könnte. Problematisch sind bei diesem Reaktorkonzept die großen Mengen an Plutonium, die im Zuge der Rezyklierung "aufbereitet" werden müssen (ökologische und wirtschaftliche Probleme), ferner die entstehenden radioaktiven Abfallprodukte; außerdem sind bei schnellen Brütern und Hochtemperaturreaktoren noch eine Reihe von technischen Problemen zu lösen. Auf weitere Reaktorbauarten soll im Rahmen dieses Buches nicht eingegangen werden, wenngleich in einzelnen Abschnitten auf den möglichen Einsatz von Kernreaktoren hingewiesen wird.

In welchem Ausmaß Kernspaltungsreaktoren in Zukunft zur Energieversorgung beitragen bzw. nur eine Übergangslösung darstellen, läßt sich heute, angesichts der heftigen Diskussionen zu diesem Thema, nicht abschätzen.

Abb. 1.3 zeigt ein von der Weltenergiekonferenz 1977 erstelltes Diagramm über die Anteile der Primärenergievorräte am Weltenergieverbrauch bis zum Jahre 2020 /1.5/.

Zusammenfassend kann gesagt werden, daß, abgesehen von den großtechnisch noch nicht zur Verfügung stehenden schnellen Brutreak-

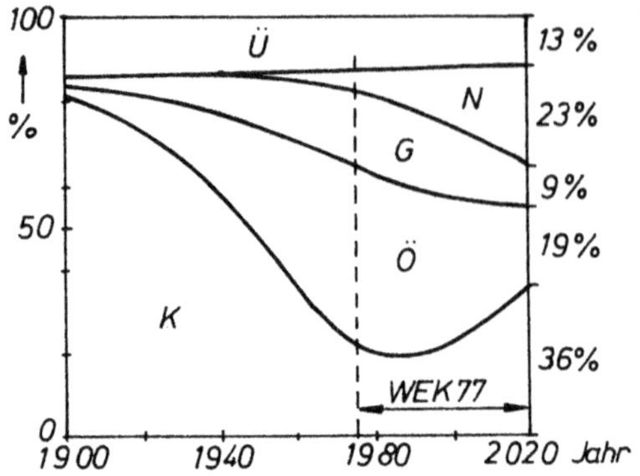

Abb. 1.3. Anteile der Primärenergie am Weltenergieverbrauch /1.5/. K ... Kohle, Ö ... Erdöl, G ... Erdgas, N ... Nuklearenergie, Ü ... übrige Primärenergien, WEK 77 ... Prognose der Weltenergiekonferenz 1977.

toren nur die Kohle von den konventionellen Energievorräten für lange Zeit als Energielieferant in Frage kommt, wobei hier noch das Plutonium und die Kernabfallprodukte auf der einen Seite bzw. bei der Energieumwandlung von Kohle das entstehende CO_2 bzw. SO_2 zu Problemen führen, auf die hier jedoch nicht weiter eingegangen werden kann.

Für die Erzeugung elektrischer Energie kommt sicherlich auch in Zukunft der Wasserkraft große Bedeutung zu. Für die Gesamtenergiebedarfsdeckung stellt diese Energiequelle jedoch nur einen Bruchteil dar.

1.2.5. Nichtkonventionelle Energienutzungsmöglichkeiten

Auf Grund der begrenzten Verfügbarkeit der "konventionellen" Energieträger ist es verständlich, daß seit einigen Jahren den "nichtkonventionellen Energienutzungsverfahren" größtes Interesse entgegenkommt. Hiezu zählen die verschiedenen Verfahren der "direkten" Energieumwandlung, wobei bei diesen Umwandlungsverfahren der Umweg über mechanische Energie vermieden wird. Das "Endprodukt" stellt bei diesen Verfahren elektrische Energie dar (siehe Abschnitt 2). Weiters gehören zu dieser Gruppe die Nutzung einiger "Energiequellen" wie die Sonnenenergie, die vom menschlichen Standpunkt aus als unerschöpflich angesehen werden kann, Wind- und Meeresenergie (einschließlich der Nutzung des Temperaturgradienten tropischer Meere) und die geothermische Energie sowie in ferner Zukunft (?) die Kernfusion (Deuterium-Tritium-Reaktion). Eine Reihe von Verfahren, die eine bessere Ausnutzung der Primär-

und Sekundärenergieträger gestatten, einschließlich der verschiedenen Energierückgewinnungsmöglichkeiten, nehmen ständig an Bedeutung zu (siehe Abschn. 3).

Zufolge der Verknappung der heute wichtigsten fossilen Energieträger Erdöl und Erdgas gehen die Bestrebungen in die Richtung, neue Energieträger zu finden, die auch in Zukunft großtechnisch zur Verfügung stehen (z.B. Wasserstoff, Methanol etc., siehe Abschn. 4).

Da Energieerzeugung und Bedarf meist nicht zusammenfallen, kommt der Energiespeicherung größte Bedeutung zu. Die Speicherung ist auch in anderem Zusammenhang wichtig, beispielsweise scheitert die Elektrotraktion heute nur am Speicherproblem. Außerdem tragen Energiespeicherverfahren auch zur optimalen Energienutzung bei (siehe Abschn. 5).

Ein weiteres wichtiges Glied in der Kette der Energieversorgung stellt der Energietransport dar. Auf diesem Gebiet wurden in den letzten Jahren neue Wege beschritten bzw. mögliche Verfahren für die Zukunft untersucht (siehe Abschn. 6).

Die Entwicklungen und Forschungen auf dem heute so wichtigen und interessanten Gebiet der nichtkonventionellen Energienutzung begannen nicht erst mit der vielzitierten Energiekrise im Jahre 1973, sondern setzten schon viel früher ein, wie die zahlreichen Publikationen und die seit etlichen Jahren stattfindenden Konferenzen zu diesem Themenkreis beweisen. Allein die "Intersociety Energy Conversion Engineering Conference" (IECEC) bringt jährlich Proceedings heraus, die jeweils mehr als 1000 Seiten Konferenzberichte umfassen, und so könnte eine lange Reihe von einschlägigen Veranstaltungen aufgezählt werden. Der "Energiekrise" kommt trotzdem große Bedeutung zu, da sie erstmals den Menschen der verschiedenen Wohlstandsgesellschaften deutlich vor Augen führte, daß der bisher betriebene "Raubbau" an den Energieträgern nicht unbestraft weitergehen kann. Weiters stehen seit dieser Zeit der Forschung seitens der öffentlichen Körperschaften höhere Geldmittel zur Verfügung.

Es ist zu hoffen, daß den auf der ganzen Welt mit hohem Einsatz geführten Energieforschungsprojekten rasch Erfolge zum Wohle der ganzen Menschheit beschieden seien, denn der Übergang auf neue Technologien kann nicht sprungartig vor sich gehen, sondern benötigt einige Dezennien.

Literatur

1.1. Häfele, W.: Einführung zum Seminar "Großtechnische Energienutzung und menschlicher Lebensraum" der TU-Wien und des IIASA, gehalten an der TU-Wien in der Zeit vom 6. Nov. 1975 bis 10. Juni 1976.

1.2. Bauer, L., Hönigmann, K., Obermair, G.: Mitteilungen des Österreichischen Nationalkomitees der Weltenergiekonferenz 1977. ÖZE 31, 33-50 (1978).

1.3. Häfele, W., Sassin, W.: Zukünftige Energieversorgung: Optionen und Strategien. Reihe Bergbau - Rohstoffe - Energie, Band 14, Verlag Glückauf GmbH, Essen BRD (1976).

1.4. Bauer, L., Fettweis, G.B., Fiala, W.: Energie: Vorräte und Quellen, Klassifikationsschemata und ihre Bedeutung für die Abschätzung von Energiedargeboten. ÖZE 30, 385-396 (1977).

1.5. Die weltweiten Energieperspektiven. Bericht über die Weltenergiekonferenz 1977. Bull.SEV 23, 1250-1259 (1977).

1.6. Häfele, W.: Strategien zur Bewältigung unserer energetischen Zukunft. ÖZE 31, 1-16 (1978).

2. Methoden der Energie-Direktumwandlung

2.1. Brennstoffzellen

2.1.1. Wirkungsprinzip, Entwicklung

Unter einer Brennstoffzelle versteht man eine Vorrichtung, die die chemische Energie einer Brennstoffoxydationsreaktion in einem vorwiegend isothermen und isobaren Prozeß direkt - ohne Umweg über thermische und mechanische Energie - in elektrische Energie umformt. Hiebei erfolgt eine Trennung der Gesamt(Brutto)reaktion in anodische (Oxydation = Elektronenabgabe) und kathodische (Reduktion = Elektronenaufnahme) Teilreaktionen. Es handelt sich dabei um einen kontinuierlich verlaufenden Umwandlungsprozeß, solange die Reaktionspartner (Brennstoff und Oxydationsmittel) der Brennstoffzelle zugeführt werden. Dies ist der wesentliche Unterschied zu Primär- und Sekundärzellen, bei diesen ist der Energieumsatz durch die in den Elektroden gespeicherten Reaktionspartner begrenzt. Im Grundkonzept besteht eine BZ genauso wie andere elektrochemische Elemente aus zwei, hier unveränderliche Elektrodensysteme, die durch einen ionenleitenden Elektrolyten voneinander getrennt sind.

Bei einem normalen Verbrennungsprozeß entsteht neben dem Reaktionsprodukt Wärme, diese kann dann in konventionellen Verfahren, z.B. in Dampfkreisprozessen, über Turbinen und Generatoren in elektrische Energie umgeformt werden. Bei der BZ wird der Umweg über die Wärmeerzeugung vermieden, man spricht in diesem Zusammenhang oft auch von "kalter Verbrennung".

In der Elektrochemie ist es zum Unterschied von der Elektrotechnik üblich, die positive Elektrode als Kathode, die negative Elektrode als Anode zu bezeichnen. In allen BZ sind daher "Luft- oder Sauerstoffelektroden" die Kathoden (+Pol), die "Brennstoffelektroden" die Anoden (-Pol).

Zur Geschichte der BZ-Entwicklung wäre zu sagen, daß diese bereits ins Jahr 1801 zurückreicht, wo H. Davy, einer der Pioniere auf dem Gebiete der Elektrochemie eine "Brennstoffzelle" mit Kohlenstoff und Salpetersäure baute. Als eigentlicher Erfinder der Brennstoffzelle gilt jedoch W.R. Grove, der im Jahre 1839 entdeckte, daß die Wasserelektrolyse umkehrbar ist. Er verwendete die bei der Elektrolyse entstandenen Produkte - Wasserstoff und Sauerstoff - und konnte durch Bespülen von Platinelektroden, die in verdünnte Schwefelsäure getaucht waren, elektrische Energie erzeugen. Er erkannte auch bereits im Ansatz die Probleme, die beim Reaktionsablauf an den Elektroden auftreten und die Schwierigkeiten bei der Erzeugung höherer Stromdichten. Im Jahre 1894 wies der Deutsche Chemiker W. Ostwald auf die Problematik des schlechten Umsetzungswirkungsgrades von Dampfmaschinen (Carnotwirkungsgrad) hin und betonte bereits die günstigen thermodynamischen Eigenschaften von BZ als Erzeuger elektrischer Energie.

Ein weiterer Pionier in der BZ-Entwicklung war E. Baur mit seinen Mitarbeitern (bis ca. 1940), der sich die Umwandlung von Kohle in elektrische Energie in BZ zum Ziele setzte. Dies stellt jedoch ein bis heute nicht in befriedigendem Maße gelöstes Problem dar.

Nach 1945 haben vor allem F.T. Bacon, O.K. Davtyan, E. Justi, K. Kordesch, um nur einige Namen zu nennen, durch ihre Arbeiten viel zum Verständnis und zur weiteren Entwicklung der BZ beigetragen.

In den 50er Jahren begannen dann weltweite Untersuchungen und Entwicklungen auf dem Brennstoffzellensektor. Man hatte erkannt, daß sich andere Brennstoffe, wie z.B. Wasserstoff, Hydrazin, Methanol und Kohlenwasserstoffe wesentlich leichter in BZ direkt in elektrische Energie umwandeln lassen als Kohle.

2.1.2. Einteilungsmöglichkeiten

Auf Grund der Vielfalt der heute bereits untersuchten und entwickelten Zelltypen ist es schwierig, eine strenge Einteilung nach bestimmten Kriterien vorzunehmen. Trotzdem soll versucht werden, die Zellen nach für den Betrieb wichtigen Faktoren einzuteilen /2.1.1/.

- Einteilung nach der Arbeitstemperatur in:
  Niedrigtemperaturzellen bis ca. 150° C,
  Mitteltemperaturzellen von 250 bis ca. 500° C,
  Hochtemperaturzellen bis über 1000° C,
  wobei die Grenzen nicht starr zu ziehen sind. Höhere Arbeits-

temperaturen vergrößern zwar die Reaktionsgeschwindigkeiten der an den Elektroden ablaufenden Reaktionen, führen aber beim Elektrolyten und den Katalysatoren zu Problemen.

- Einteilung nach der Wahl des verwendeten Brennstoffes:
  gasförmige Brennstoffe: hier wird Wasserstoff am meisten verwendet, Kohlenwasserstoffe, Erdgas, Ammoniak etc.
  Im Elektrolyten gelöste Brennstoffe: hier sind Hydrazin und Methanol die wichtigsten Vertreter.
  Im Elektrolyten suspendierte Brennstoffe: z.B. Dieselöl.
  Feste Brennstoffe: z.B. Kohle, eine direkte Umwandlung ist bisher noch nicht in befriedigendem Maße gelungen.
  Metallische Brennstoffe: hier stellt die Metallelektrode die Anode dar; es handelt sich hiebei um keine BZ im üblichen Sinne, sondern um sog. "Zwitterbatterien", z.B. Metall-Luft-Batterien (siehe Abschn. 5.2.1.2).

- Einteilung nach der Wahl des Oxydationsmittels:
  Hier sind in erster Linie Sauerstoff und Luft zu nennen, wenngleich auch Versuche mit anderen Oxydationsmitteln (z.B. Chlor, Wasserstoffperoxid) durchgeführt wurden.

- Einteilung nach dem Elektrolyten:
  Die Wahl des Elektrolyten hängt wesentlich von der Arbeitstemperatur der Zelle ab. So kommen für die heute hauptsächlich ausgeführten Niedrigtemperaturzellen flüssige Elektrolyte in Frage, für Mitteltemperaturzellen (bisher weniger untersucht) Salzschmelzen (Korrosionsgefahr !) und für Hochtemperaturzellen feste Elektrolyte (z.B. Verbindungen von Zirkoniumoxid mit Yttriumoxid u.dgl.). Bei flüssigen Elektrolyten besteht die Möglichkeit der Verwendung von verdünnten Laugen oder Säuren. Ein Kriterium für die Wahl stellt die Tatsache dar, daß es bei Verwendung von alkalischen Elektrolyten (z.B. Kalilauge KOH) und bei Auftreten von Verunreinigungen wie CO oder CO_2 im Brennstoff zu einem Verbrauch des Elektrolyten durch die Karbonatbildung (Verstopfungsgefahr der Elektrodenporen) kommt.
  Bei Verwendung von sauren Elektrolyten (Schwefelsäure H_2SO_4, Phosphorsäure H_3PO_4) spielen vorerwähnte Verunreinigungen keine Rolle, allerdings tritt hier die Frage nach geeigneten Elektroden- und Katalysatormaterialien in den Vordergrund.

- Einteilung nach der Elektrodenkonfiguration:
  Wie bereits erwähnt, wird die Bruttoreaktion der BZ in anodische

und kathodische Teilreaktionen aufgeteilt, die sich an den Elektroden abspielen. Es handelt sich hiebei um eine Vielzahl von elektrochemischen und physikalischen Vorgängen (neben der Elektrodenreaktion sind es vor allem Transportvorgänge, Durchtrittsreaktionen etc.). Dem Aufbau der Elektroden und der Schaffung der Möglichkeit zum Ablauf dieser Vorgänge kommt daher größte Bedeutung zu. Um die Reaktionen überhaupt technisch durchführbar zu machen, bedarf es sogen. Reaktionsmittler (Katalysatoren), die in den meisten Fällen in die Elektroden "eingebaut" werden. Besonders bei Niedrigtemperaturzellen dienen die Katalysatoren auch zur Erhöhung der Reaktionsgeschwindigkeit. Das angestrebte Ziel ist eine möglichst weitgehende Vermeidung von Edelmetallkatalysatoren.

2.1.3. Physikalische Grundlagen, Zellspannung, Wirkungsgrad

Ausgangspunkt für die Ermittlung der Zellspannung und des "thermodynamischen" Wirkungsgrades einer BZ bildet die Thermodynamik.

Die bei der chemischen Reaktion (Brennstoffoxydationsreaktion - exothermer Vorgang) je Mol freiwerdende Energie, als Reaktionsenthalpie ΔH (Verbrennungswärme, technisch auch Heizwert genannt) bezeichnet, kann bis zu einem bestimmten Betrag frei in jede andere Energieform umgewandelt werden. Diese als freie Enthalpie ΔG der Reaktion bezeichnete Energie kann in elektrische Energie umgewandelt werden - nach der Beziehung

$$\Delta G = -n\,U\,F$$

Die freie Enthalpie ΔG erhält man aus dem Zusammenhang (Temperatur und Druck werden hiebei konstant angenommen)

$$\Delta G = \Delta H - T\,\Delta S$$

Hierin bedeuten: ΔH die Reaktionsenthalpie in J/mol, ΔG die freie Enthalpie in J/mol, T die absolute Temperatur in K, ΔS die Reaktionsentropie in J/mol·K, U die thermodynamische Zellspannung in V, n die Zahl der Ladungsträger pro Formelumsatz und F die Faradaykonstante F = 96,5 kC/mol.

Der Differenzbetrag $T\,\Delta S$, der auch beim idealen Prozeß nicht umgewandelt werden kann, wird als "reversible Wärme" bezeichnet. Der Unterschied zwischen ΔG und ΔH ist im allgemeinen klein (siehe Tab. 2.1.1). Definitionsgemäß besitzen ΔG und ΔH bei energieliefernden Prozessen negatives Vorzeichen.

Die auf Grund voriger Beziehungen ermittelte theoretische (thermodynamische, ideelle, oft auch als Gleichgewichtsspannung bezeichnete) Zellspannung ergibt sich somit zu

$$U = -\frac{\Delta G}{nF}$$

Die praktisch auftretende unbelastete Zellspannung (Leerlaufspannung) liegt unterhalb dieses Wertes, da an den Elektroden (vor allem an der Sauerstoffelektrode) unter anderem <u>Polarisationserscheinungen</u> auftreten, die einen Spannungsabfall bewirken.

Der <u>thermodynamische Wirkungsgrad</u> η_{th} einer Brennstoffzelle wird wie folgt definiert:

$$\eta_{th} = \frac{\Delta G}{\Delta H} = \frac{\Delta H - T\,\Delta S}{\Delta H} = 1 - T\frac{\Delta S}{\Delta H}$$

Aus dieser Beziehung erkennt man, daß theoretisch der thermodynamische Wirkungsgrad auch Werte über 100 % annehmen kann, dann nämlich, wenn $\Delta S > 0$ ist (ΔH ist negativ, siehe frühere Bemerkung). Dies stellt jedoch kein "Perpetuum mobile" dar, denn in diesem Falle entzieht die isotherm arbeitende BZ der Umgebung Wärme, die ebenfalls in elektrische Energie umgesetzt wird. Beispielsweise wäre η_{th} bei der folgenden Umsetzung (siehe Tab. 2.1.1) 124 %.

$$2C + O_2 \longrightarrow 2CO$$

Bei den meisten heute verwendeten Zelltypen liegt η_{th} unter 100 %, in diesem Falle erzeugt die Zelle neben elektrischer Energie auch von der Theorie her Wärme (selbstverständlich führen in der Praxis auch die Stromwärmeverluste im Elektrolyten und den Stromzuführungen in den Elektroden zur Wärmeentwicklung), die, falls diese nicht abgeführt wird, zur Temperaturerhöhung der Zelle und damit zu Spannungsabsenkungen und Wirkungsgradverschlechterungen führen.

Die praktisch erreichbaren Wirkungsgrade (unter Berücksichtigung aller Nebeneinrichtungen) liegen zwischen 50 und 60 %, auch höhere Werte sind in Zukunft denkbar.

Tabelle 2.1.1 /2.1.2/ zeigt für nachstehende Zellreaktionen die theoretischen Werte für ΔH, ΔG, η_{th} und U bei bestimmter Betriebstemperatur T.

(1)	$H_2 + 1/2\ O_2 \longrightarrow H_2O_{(d)}$	H_2/O_2-BZ
(2)	$H_2 + 1/2\ O_2 \longrightarrow H_2O_{(fl)}$	
(3)	$CH_4 + 2O_2 \longrightarrow CO_2 + 2H_2O_{(d)}$	Methangaszelle

(4) $CH_3OH + 3/2\ O_2 \longrightarrow CO_2 + 2H_2O_{(d)}$ Methanolzelle

(5) $N_2H_4 + O_2 \longrightarrow N_2 + 2H_2O_{(d)}$ Hydrazinzelle

(6) $C + 1/2\ O_2 \longrightarrow CO$ Kohleumsetzung

Hiebei bedeutet (d), daß Wasser dampfförmig bzw. (fl) flüssig vorliegt.

Tabelle 2.1.1. Charakteristische Werte der im Text angeführten Reaktionen (1) bis (6)

Reaktion	T (K)	ΔH (kJ/mol)	ΔG (kJ/mol)	U (V)	η_{th} (%)
(1)	298	-241,7	-228,5	1,18	94,5
	500	-243,7	-219,0	1,13	89,9
	1000	-247,6	-192,5	0,99	77,7
	2000	-252,0	-135,1	0,70	53,6
(2)	298	-285,8	-237,2	1,23	83,0
(3)	298	-889,9	-817,6	1,06	91,9
(4)	298	-718,9	-698,2	1,21	97,1
(5)	298	-605,6	-601,8	1,56	99,4
(6)	298	-110,5	-137,1	0,71	124,1

Abb. 2.1.1 zeigt als Vergleich den Carnotschen Wirkungsgrad $\eta_C = (T_1 - T_2)/T_1$ (untere Temperatur $T_2 = 298$ K (≙ 25° C), obere Temperatur T_1 variabel) mit dem thermodynamischen Wirkungsgrad einer H_2/O_2-BZ nach Reaktionsgleichung (1). Daraus erkennt man deutlich, daß bei Temperaturen unterhalb 1100 K die BZ energetisch dem Carnot-Kreisprozeß überlegen ist. Sicherlich liegen die praktisch erreichten Werte unterhalb der in Abb. 2.1.1 eingezeichneten Kurve, doch qualitativ ändert sich nichts an der bereits

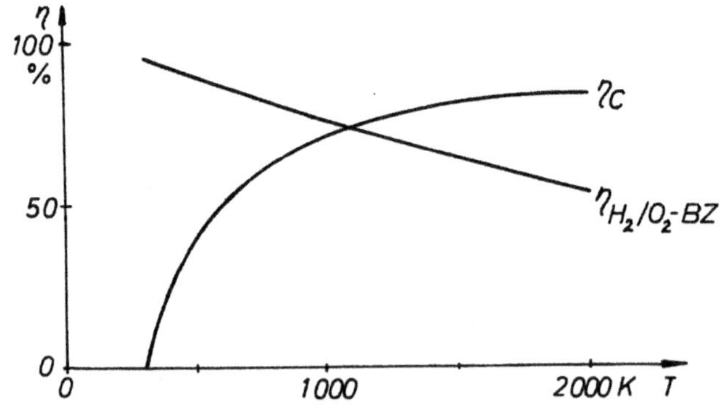

Abb. 2.1.1. Vergleich des Carnot-Wirkungsgrades (untere Temperatur 298 K) mit dem thermodynamischen Wirkungsgrad einer H_2/O_2-Brennstoffzelle nach Reaktionsgl. (1) in Abhängigkeit der Temperatur.

von W. Ostwald (1894) gesehenen Tatsache, daß die direkte Energieumwandlung der thermischen im technisch interessierenden Temperaturbereich überlegen ist.

2.1.4. Wasserstoff/Sauerstoff-Brennstoffzelle

2.1.4.1. Zellreaktionen

Die H_2/O_2 BZ (auch Knallgaszelle genannt) ist die bekannteste und weitest entwickelte Brennstoffzelle; die Wasserstoffelektrode stellt das am meisten untersuchte und daher am besten beherrschte Elektrodensystem dar. Wurden ursprünglich nur Zellen mit alkalischem Elektrolyten entwickelt, so trat in der Folge bald die Notwendigkeit der Entwicklung von Zellen mit saurem Elektrolyten auf. Anfang der 70er Jahre wurde es stiller um die Brennstoffzellen, da das Hauptziel, ihr großtechnischer Einsatz in Elektrofahrzeugen,aus Gewichts- und Volumsgründen nicht möglich war. Erst mit der sog. Energiekrise (Herbst 1973) und der damit verbundenen Suche nach neuen Energiesystemen, die nicht auf fossilen Primärenergieträgern basieren, trat der (wenn auch schon früher verfolgte) Plan einer möglichen zukünftigen "Wasserstoffwirtschaft" (siehe Abschn. 4.2) ins Blickfeld. Dadurch wurden vor allem die H_2/O_2 Brennstoffzellen plötzlich wieder interessant, da sie die Möglichkeit der direkten Umwandlung des Energieträgers "Wasserstoff" in elektrische Energie bei guten Wirkungsgraden bieten. Erwähnt sei, daß durch die Untersuchungen und Entwicklungen der Elektrodensysteme für H_2/O_2 BZ auch neue Impulse für die Wasserelektrolyse kamen (siehe Abschn. 4.2.2.1).

Die <u>Brennstoffoxydationsreaktion</u> (Bruttoreaktion der H_2/O_2 BZ) lautet:

$$H_2 + 1/2\ O_2 = H_2O + \text{Energie}$$

Es sind bei der Umsetzung zwei Elektronen pro Molekül H_2 beteiligt, die freie Reaktionsenthalpie beträgt $\Delta G = -237{,}2$ kJ/mol (bei 25° C) und die thermodynamische Zellspannung $U = 237\,200 / 2 \cdot 96\,500 = 1{,}23$ V. Als "<u>Verbrennungsprodukt</u>" entsteht <u>Wasser</u>, wodurch diese Energieumwandlung extrem umweltfreundlich abläuft.

Je nachdem, ob die Zelle mit alkalischem oder saurem Elektrolyten arbeitet, ergeben sich folgende Teilreaktionen:
bei alkalischem Elektrolyten

$$H_2 + 2OH^- \longrightarrow 2H_2O + 2e^- \qquad \text{(Anode)}$$
$$1/2\ O_2 + H_2O + 2e^- \longrightarrow 2OH^- \qquad \text{(Kathode)}$$

bei saurem Elektrolyten

$H_2 \longrightarrow 2H^+ + 2e^-$ (Anode)

$1/2\ O_2 + 2H^+ + 2e^- \longrightarrow H_2O$ (Kathode)

Der Brennstoff (Wasserstoff) wird an der Anode unter Abgabe von Elektronen oxydiert, das Oxydationsmittel (Sauerstoff) an der Kathode unter Aufnahme von Elektronen reduziert.

Die Teilreaktionen an den Elektroden bestehen selbst wieder aus mehreren Schritten. Dies soll beispielhaft für die an der Wasserstoffelektrode ablaufenden Reaktionen bei alkalischem Elektrolyten gezeigt werden. Zur Aufspaltung des Wasserstoffmoleküls in Wasserstoffionen (H^+) und Elektronen (e^-) bedarf es zuerst einer Dissoziation des Wasserstoffmoleküls, dies geschieht durch Adsorption an der "Katalysatoroberfläche" der Elektrode (Tafelreaktion).

$H_{2\ gas} \longrightarrow H_{2\ ads}$, $H_{2\ ads} \longrightarrow 2H_{ads}$

Anschließend an diesen wichtigen Teilschritt, der besonders schnell erfolgen soll, diffundieren die H-Atome zur "Dreiphasengrenze" (siehe später) und gehen dort in den Elektrolyten über (Durchtrittsreaktion). Unter Abgabe eines Elektrons an die Elektrode und Vereinigung mit einem OH^--Ion entsteht ein H_2O-Molekül (Volmer-Reaktion).

$H_{ads} + OH^- \longrightarrow H_2O + e^-$

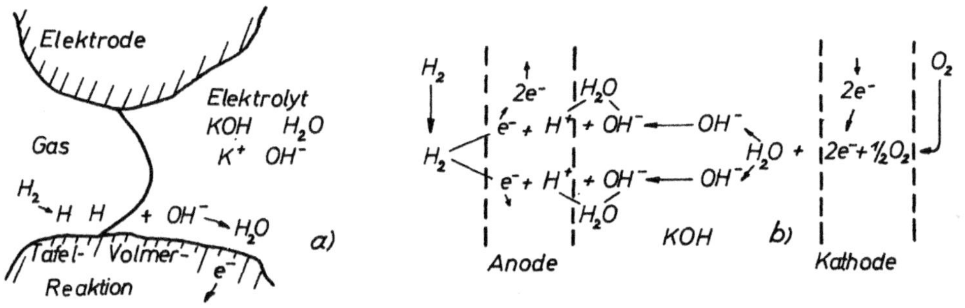

Abb. 2.1.2. a) Schematische Darstellung der Tafel-Volmer-Reaktion in einer Elektrodenpore an der Dreiphasengrenze. b) Reaktionsabläufe bei einer H_2/O_2 BZ mit alkalischem Elektrolyten (KOH), schematisch.

Das Elektron gelangt über den äußeren Stromkreis zur Sauerstoffelektrode, das als Reaktionsprodukt entstehende Wasser muß durch geeignete Maßnahmen aus dem Elektrolyten entfernt werden. Der beschriebene Reaktionsmechanismus wird vielfach als Tafel-Volmer-

Mechanismus bezeichnet. Abb. 2.1.2a zeigt die Tafel-Volmerreaktion in schematischer Darstellung, Abb. 2.1.2b die Reaktionsabläufe an den Elektroden einer H_2/O_2 Zelle mit alkalischem Elektrolyten (KOH).

2.1.4.2. Katalysatoren

Eine wesentliche Funktion bei der elektrochemischen Energieumwandlung kommt den Katalysatoren in den Elektroden zu. Diese sollen hohe Aktivität, Beständigkeit gegen Korrosion von Laugen oder Säuren (je nach Wahl des Elektrolyten) und gegen "Katalysatorgifte" sowie hohe Langzeitbeständigkeit aufweisen, elektrisch leitend, großtechnisch verfügbar und wirtschaftlich (billig) herstellbar sein - Forderungen, die nur schwer gleichzeitig erfüllbar sind.

Für die Wasserstoffelektrode eignen sich als Katalysatoren vor allem Nickel, Platin und Palladium, aber auch Legierungen dieser Metalle. Die Edelmetalle (Pt, Pd) sind sowohl bei alkalischen als auch bei sauren Elektrolyten einsetzbar. Nachteilig ist der hohe Preis und die geringe Verfügbarkeit. Nickel eignet sich nur für alkalische Elektrolyten.

Auf der Suche nach Nichtedelmetallkatalysatoren für alkalische Zellen stießen E. Justi und A. Winsel auf Raney-Nickel für die Wasserstoffelektrode und Raney-Silber für die Sauerstoffelektrode. Unter Raney-Metallen versteht man hochaktive poröse Metalle, die durch Sintern von Metallaluminiumlegierungen und anschließendem Herauslösen der Aluminiumanteile und verschiedene chemische Nachbehandlungen hergestellt werden. Diese Metallstrukturen weisen Oberflächen bis zu 100 m^2/g auf und ermöglichen Stromdichten bis zu einigen 100 mA/cm^2 Elektrodenoberfläche.

Die großtechnische Erzeugung von Wasserstoff erfolgt heute hauptsächlich durch katalytische Dampfreformierung aus Kohlenwasserstoffen wie Erdgas, Methan etc. oder in naher Zukunft vielleicht durch Kohlevergasung (siehe Abschn. 4.5.2). Charakteristisch bei diesen Verfahren ist die Tatsache, daß der so erzeugte Wasserstoff verschiedene Verunreinigungen aufweist (CO, CO_2 etc.), die, so keine aufwendige und teure Reinigung erfolgt, bei BZ mit alkalischem Elektrolyten zur Karbonatbildung führt. Bei Verwendung von sauren Elektrolyten brauchen CO- und CO_2-Anteile aus dem Wasserstoff nicht entfernt zu werden. Dies war der große Anreiz für die Verwendung von sauren Elektrolyten, wenngleich hier die Frage nach geeigneten Katalysatoren bis heute im Vordergrund des Interesses steht.

Die im sauren Elektrolyten als Katalysatoren geeigneten Edelmetalle sind jedoch für einen großtechnischen Einsatz zu teuer, außerdem ist Platin anfällig gegen Katalysatorgifte wie z.B. CO.

Die Suche nach edelmetallfreien Katalysatoren führte zur Entdeckung von Wolframkarbid WC (Fa. AEG) und der Kobalt-, Nickel- und Eisenphosphide (Fa. Siemens) als Anodenkatalysatoren. Als Kathodenkatalysator wurde von der Fa. AEG Aktivkohle mit extrem großer spezifischer Oberfläche (1200 bis 1300 m^2/g) verwendet. Eine Verbesserung der elektrischen Eigenschaften trat durch Aufbringen von Platin auf die Graphitoberfläche ein (4 mg Pt/cm^2). In Probezellen (5 cm^2 Elektrodenoberfläche) wurden mit Schwefelsäure ($2nH_2SO_4$) als Elektrolyt bei einer Betriebstemperatur von 160° C Stromdichten von 200 mA/cm^2 bei Zellspannungen um 0,5 V erhalten /2.1.3/. Bei den heute gefertigten BZ mit sauren Elektrolyten wird vielfach Phosphorsäure als Elektrolyt verwendet. Als Kathodenkatalysatoren kommen hingegen hauptsächlich Edelmetalle zur Anwendung.

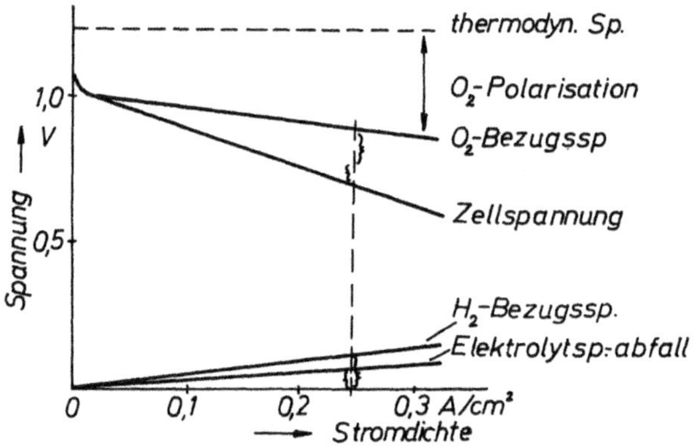

Abb. 2.1.3. Charakteristischer Verlauf der Spannungs-Strom(dichte)-Kennlinie einer H_2/O_2 BZ mit alkalischem Elektrolyten.

Abb. 2.1.3 zeigt den charakteristischen Verlauf der Spannungs-Strom(dichte)-Kennlinie einer H_2/O_2 Zelle mit alkalischem Elektrolyten. Eingezeichnet sind auch die durch die Polarisationserscheinungen (Überspannungen) hervorgerufenen Spannungsabfälle an der H_2- und O_2-Elektrode. Polarisationserscheinungen werden durch Diffusionsvorgänge und durch Effekte beim Phasenübergang zwischen Elektrode und Elektrolyt bei der chemischen Durchtrittsreaktion an den einzelnen Elektroden hervorgerufen. Besonders stark tritt diese Erscheinung bei der O_2-Elektrode auf. In Abb. 2.1.3 ist auch der bei Stromfluß auftretende Elektrolytspannungsabfall berücksichtigt.

2.1.4.3. Elektroden

Die elektrochemischen Reaktionen laufen an jenen Stellen der Elektrode ab, wo Brennstoff (bzw. Oxydationsmittel), Katalysator und Elektrolyt (Gas - Festkörper - Flüssigkeit) zusammentreffen. Diesen "Ort" bezeichnet man als sogenannte "Dreiphasengrenze". Die praktische Aufgabe besteht nun darin, die Ausbildung einer großflächigen Dreiphasengrenze zu ermöglichen, was durch die verschiedenen Elektrodenformen erreicht wird.

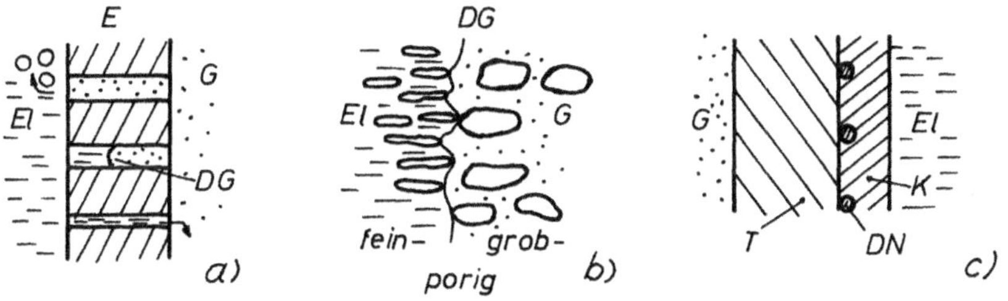

Abb. 2.1.4. Elektroden. a) Schnitt durch eine "Einschichtelektrode" mit verschiedenen Poren, b) hydrophile Doppelschichtelektrode, c) hydrophobe Elektrode. E ... Elektrode, El ... Elektrolyt, G ... Gas, DG ... Dreiphasengrenze, K ... Katalysatorschichte, DN ... Drahtnetz, T ... poröse Teflonträgerschichte.

Für die Ausbildung der Dreiphasengrenze sind poröse Elektroden mit entsprechend großer elektrochemisch aktiver Oberfläche erforderlich (Gasdiffusionselektroden). Die Dreiphasengrenze wird sich innerhalb einer "Pore" (Abb. 2.1.2a) nur dann einstellen können, wenn der Gasdruck von Brennstoff oder Oxydationsmittel gleich der Summe aus Kapillardruck und hydrostatischem Druck des Elektrolyten ist. Ist die Pore zu weit, so dringt Gas in den Elektrolytraum ein (Gasen der Zelle, Gefahr der Knallgasbildung bei H_2/O_2-BZ), ist eine Pore zu eng, so überwiegt der Kapillardruck des Elektrolyten, es tritt Flüssigkeit in den Gasraum ein (Überflutung der Zelle), außerdem tragen solche Poren nichts zur Energieumsetzung bei. Abb. 2.1.4a zeigt die geschilderten Verhältnisse. F.T. Bacon kam auf die Idee, sog."Doppelschichtelektroden" zu verwenden. Diese besitzen eine feinporige, hydrophile (flüssigkeitsaufsaugende) Schichte, die dem Elektrolyt zugekehrt ist, und eine grobporige, der Gasseite zugekehrte Schichte.

An der Grenze dieser beiden Schichten kann sich nun die Dreiphasengrenze gut ausbilden (Abb. 2.1.4b). In der von F.T. Bacon entwickelten und nach ihm benannten Zelle wurden erstmals solche Doppelschichtelektroden (poröse Nickelelektroden) eingesetzt. Es handelt sich bei dieser Zelle um eine H_2/O_2 Zelle mit alkalischem Elektrolyten (37 %ige KOH), die bei Temperaturen um 200° C und Drücken um 20 bis 30 bar arbeitet. Erwähnt sei, daß die im Apolloprogramm eingesetzten und von der Firma Pratt & Whitney (USA) entwickelten Zellen modifizierte - d.h. bei geringen Drücken arbeitende - Bacon-Doppelschichtelektroden aufwiesen.

Mehrschichtelektroden auf Kohlebasis mit Metallkatalysatoren wurden beispielsweise von der Union Carbide Corporation erzeugt. E. Justi und A. Winsel (Fa. Varta) entwickelten auf Raney-Metallbasis (siehe vorher) sogenannte Doppelskelett-Katalysator-Elektroden (DSK-Elektroden). Durch Pressen und Sintern von Raney-Nickel- und Carbonylnickel-Pulver wurden poröse H_2-Elektroden erzeugt, die auf der Elektrolytseite noch mit einer feinporigen Nickelschicht versehen sind. Ähnliche Elektroden mit Raney-Silber wurden für die Sauerstoffseite geschaffen.

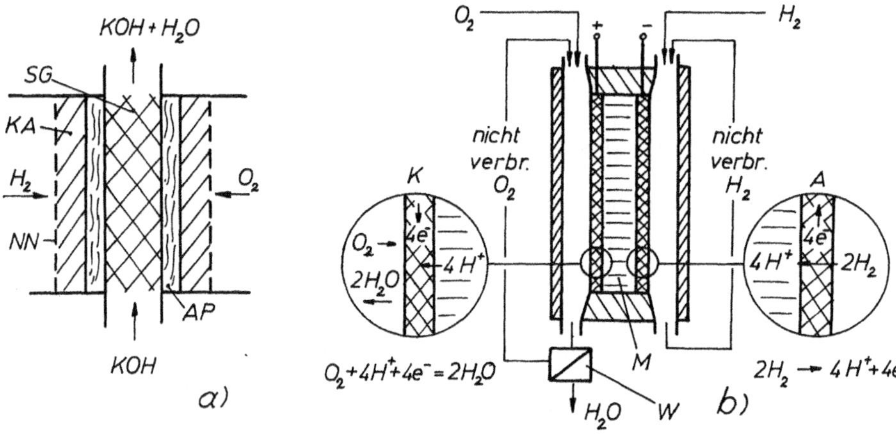

Abb. 2.1.5. a) Gestützte Pulverelektrode, b) Membranelektrode. AP ... Asbestpapier, KA ... Katalysatorpulver, SG ... Stützgerüst, NN ... Nickelnetz, A ... Anode, K ... Kathode, M ... kationenleitende Membran, W ... Wasserabscheider.

Von der Firma Siemens stammen die sog. "gestützten" Pulverelektroden (Abb. 2.1.5a). Hier wird auf ein Stützgerüst, das vom Elektrolyten durchströmt wird, beidseitig eine Asbestabdeckung aufgebracht, die sich mit Elektrolyt vollsaugt. Auf dieser Asbestabdeckung befindet sich das in einer Trägerschicht eingebettete

Katalysatorpulver, das z.B. mit einem Nickelnetz (zur Kontaktierung) abgedeckt wird. Der Vorteil dieser Elektroden besteht darin, daß hiebei keinerlei Sinterprozesse erforderlich sind und daß außerdem mit geringen Gasdrücken gearbeitet werden kann.

Eine andere Lösung stellt das von der General Electric (USA) entwickelte und in den BZ des Gemini-Raumflugprogramms verwendete Membranelektrodenprinzip dar (Abb. 2.1.5b). Als Elektrolyt dient eine Kationenaustauschermembran (H^+-ionenleitend). Die Elektroden, Drahtnetze mit Edelmetallkatalysatoren, sind beidseitig der Membran aufgebracht. Entwicklungen auf diesem Gebiete führten auch zu Ergebnissen, die der modernen Elektrolysetechnik Impulse brachten (siehe Abschn. 4.2.2.1).

Eine weitere Möglichkeit der Trennung von Gas- und Elektrolytseite besteht in der Anbringung von hydrophoben (wasser-, elektrolytabstoßend) Schichten an der Gasseite der Elektroden (hydrophobe Elektroden). Mit Teflon hydrophobierte Elektroden weisen extrem dünne Bauweise auf, sind überdies flexibel und auf der Gasseite wird kein Überdruck benötigt, da die Teflonschicht das Durchtreten des Elektrolyten in den Gasraum verhindert. Zur Stromabfuhr dient meist ein in die Elektrode integriertes Drahtgewebe (Abb. 2.1.4c).

Auch für Brennstoffzellen gilt, ähnlich wie bei Primär- und Sekundärzellen, daß die Spannung einer Zelle (eines Elementes) eher gering ist, es müssen daher in der Praxis mehrere Zellen in Serie geschaltet werden, um die nötige Verbraucherspannung liefern zu können. Die Einzelzellen werden also auch hier zu Batterien zusammengeschaltet. Abb. 2.1.6 zeigt zwei Möglichkeiten der Elektrodenanordnung innerhalb einer Batterie. Die einzelnen Zellen werden dann meist nach dem Filterpressenprinzip zu kompakten Batteriemodulen zusammengebaut (Abb. 2.1.6c), wobei beachtet werden muß, daß alle an der Energiewandlung beteiligten gasförmigen und flüssigen Komponenten stets voneinander getrennt bleiben müssen.

Aus der Abb. 2.1.6 ist ersichtlich, daß die Serienschaltung bei der bipolaren Anordnung wesentlich einfacher ist, allerdings ist die Trennung der beiden Gase schwieriger (mittels gasundurchlässiger Membran). Bei der Zusammenschaltung der einzelnen Zellen ist ein weiterer Punkt zu beachten. Meist erfolgt eine Umwälzung des Elektrolyten (z.B. zur Kühlung und zur Wasserabscheidung).

In diesem Falle bildet der Elektrolyt eine leitende Verbindung zwischen den einzelnen - auf unterschiedlichem elektrischen Potential befindlichen - Zellen, was zu Ausgleichsströmen und zusätzlichen Verlusten führt. Um diese gering zu halten, wird man die Strömungsquerschnitte des Elektrolytkreislaufes möglichst klein wählen, was allerdings die Umwälzpumpenleistung erhöht.

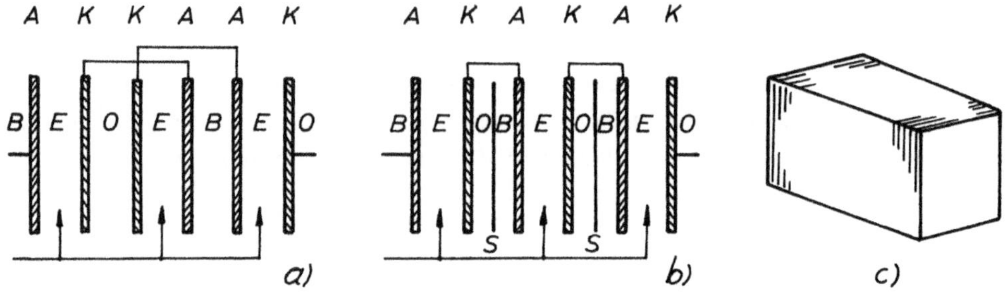

Abb. 2.1.6. Elektrodenanordnung. a) homopolare Anordnung, b) bipolare Anordnung, c) Zellanordnung in Filterpressenbauweise. A ... Anode, K ... Kathode, B ... Brennstoff, O ... Oxydationsmittel, E ... Elektrolyt, S ... gasundurchlässiger Separator.

Für den praktischen Betrieb einer BZ-Batterie sind eine Reihe von Zusatzeinrichtungen nötig, wie Umwälzpumpen für den Elektrolyten, Wärmetauscher, Regel-, Steuer- und Überwachungseinrichtungen usw. sowie der Brennstoff- und gegebenenfalls Sauerstoffbehälter, so nicht Luft als Oxydationsmittel verwendet wird. Dadurch werden solche Anlagen relativ umfangreich und das Leistungsgewicht sinkt durch diesen zusätzlichen Aufwand /2.1.4/.

2.1.4.4. Anwendungsmöglichkeiten

H_2/O_2-BZ haben sich bei Weltraummissionen (Apollo-, Geminiprojekt) bestens bewährt.

Für terrestrische Anwendungszwecke wurden verschiedenste kleinere Prototypanlagen - im Bereich von einigen Watt bis zu einigen Kilowatt - gebaut. So wurde beispielsweise von der Fa. Siemens eine 25 W H_2/O_2-Batterie 1967/68 ein Jahr lang als Energiequelle für einen Fernsehumsetzer eingesetzt, wo sie sich bestens bewährte. Die aus 34 Einzelzellen bestehende Anlage arbeitet seit damals ununterbrochen im Forschungszentrum Erlangen und dient zum Sammeln von Langzeiterfahrungen. In der Folge wurden 100 W Batterien ebenfalls für die Versorgung von Fernsehumsetzern, meteorologischen Stationen, Relaisstationen und andere unbemannte Signalstationen gebaut /2.1.4/. Weiters wurden anfangs der 70er Jahre

Anlagen mit Leistungen um 2 kW in Filterpressenbauweise entwickelt. Selbstverständlich wurden auch von anderen Firmen Batterien ähnlicher Bauart und Leistungsgröße gefertigt (Varta, AEG, Alsthom usw.)

In den USA wurde im Jahre 1967 mit großem finanziellen Aufwand das sog. TARGET-Programm (Team to Advance Research for Gas Energy Transformation) ins Leben gerufen. Hiebei handelt es sich um ein Projekt mit dem Ziele des "Allgashauses" (der Gesamtenergiebedarf eines Wohnhauses wird ausschließlich durch Gas gedeckt !). Die elektrische Energieerzeugung erfolgte mittels H_2/O_2-Brennstoffzellen,wobei der Wasserstoff aus Erdgas mit Hilfe eines zweistufigen Dampfreformers gewonnen wird. Da der Wasserstoff mit CO und CO_2 verunreinigt ist, sind hiefür nur Zellen mit saurem Elektrolyten geeignet (Phosphorsäure). Die BZ-Anlagen mit Leistungen von rund 14 kW wurden von der Firma Pratt & Whitney Aircraft (USA) entwickelt.

An Versuchen, BZ-Batterien als Energiequelle für Elektromobile einzusetzen, fehlte es bisher nicht, jedoch war bei allen Ausführungen die Leistungs- und Energiedichte der Zellen für die geforderten Reichweiten der Fahrzeuge zu gering und der technische Aufwand für die Speicherung von H_2 und O_2 zu groß. So wurde beispielsweise von der Firma General Motors (USA) probeweise ein Kleinbus mit einer 32 kW H_2/O_2-BZ-Anlage ausgerüstet /2.1.5/.

Günstiger liegen die Verhältnisse bei stationären Stromversorgungsanlagen. Projekte mit Leistungen bis zu 20 MW und mehr sind bereits im Planungsstadium. Mit dem verstärkten Einsatz von Wasserstoff als Energieträger würde solchen Anlagen größte Bedeutung zukommen.

2.1.5. Hydrazinzelle

Hydrazin (N_2H_4) ist eine wasserähnliche Flüssigkeit, Siedepunkt 114° C, mit hohem spezifischen Energieinhalt. In hochkonzentrierter Form (97 %) fand es als Raketentreibstoff Verwendung, für Brennstoffzellen wurde Ende der 60er Jahre meist Hydrazinmonohydrat $N_2H_4 \cdot H_2O$ (enthält 64 % Hydrazin) verwendet /2.1.6/. Aus einem Kilogramm $N_2H_4 \cdot H_2O$ könnten theoretisch rund 5 kWh elektrische Energie erzeugt werden, die praktischen Werte liegen jedoch wesentlich niedriger (1,5 bis 2 kWh/kg). Hydrazin ist hinsichtlich seiner Transporteigenschaften und der praktischen Handhabung mit Benzin vergleichbar. Hydrazin und Hydrazindämpfe sind giftig, was den Einsatz erschwert. Weiters ist es vor allem der extrem hohe Preis, der eine großtechnische Anwendung heute weitgehend verbietet.

In der Hydrazinzelle wird vorwiegend ein alkalischer Elektrolyt, meist 20 bis 30 %ige Kalilauge (KOH) verwendet, der "Brennstoff" Hydrazin wird dem Elektrolyten in geringen Mengen (0,5 bis 6 %) beigemischt und dadurch der Anode (Umsetzung erfolgt hier an einer Zweiphasengrenze, fest - flüssig) zugeführt.

Die Teilreaktionen, die an der Anode bzw. Kathode ablaufen, sind folgende:

$$N_2H_4 + 4OH^- \longrightarrow N_2 + 4H_2O + 4e^- \quad \text{(Anode)}$$
$$O_2 + 2H_2O + 4e^- \longrightarrow 4OH^- \quad \text{(Kathode)}$$

Als Bruttoreaktion ergibt sich

$$N_2H_4 + O_2 \longrightarrow N_2 + 2H_2O$$

Auf Grund der Tabelle 2.1.1 erhält man unter Beachtung der Tatsache, daß hier vier Ladungsträger pro Formelumsatz beteiligt sind, für die theoretische Leerlaufspannung U = 1,56 V. Praktisch liegt die Leerlaufspannung wesentlich niedriger, um 1,05 V.

Hydrazin ist ein guter "Wasserstoffträger", was sich auch bei der praktischen Umsetzung in der Zelle auswirkt, da Hydrazin relativ leicht katalytisch (ohne zur Stromerzeugung beizutragen) in Wasserstoff und Stickstoff zerlegt werden kann (exotherme Reaktion).

$$N_2H_4 \longrightarrow N_2 + 2H_2$$

Diese Reaktion bewirkt einen Spannungsverlust von 0,33 V. Ein weiterer Spannungsverlust (0,1 bis 0,2 V) wird durch das Auftreten von Wasserstoffperoxid (H_2O_2) als Zwischenstufe an der Sauerstoffelektrode verursacht. Nach W.G. Berl treten folgende Teilreaktionen an der Kathode auf.

$$O_2 + 2H_2O + 2e^- \longrightarrow H_2O_2 + 2OH^-$$
$$H_2O_2 \longrightarrow H_2O + 1/2\ O_2$$

Abb. 2.1.7 zeigt zwei mögliche Elektrodenanordnungen für Hydrazinzellen, wie sie Ende der 60er Jahre von der Union Carbide Corporation entwickelt wurden /2.1.6/.

Als Katalysator ist vor allem Platin für die Kathode geeignet, aus preislichen Gründen ist ein großtechnischer Einsatz aber kaum möglich. Union Carbide Corporation verwendete nur Kohle-

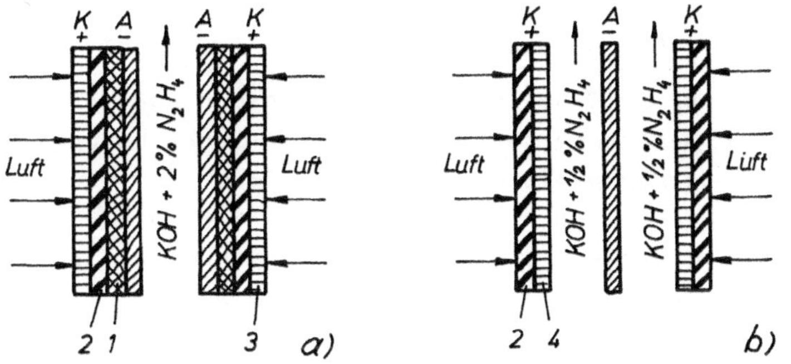

Abb. 2.1.7. Elektrodenanordnungen für Hydrazinzellen nach /3.1.6/. a) Hydrazinzelle mit 2 Kathoden und 2 Anoden; b) BI-Cell Ausführung, 2 Kathoden, 1 Anode. 1 ... Asbestschichte, 2 ... Aktivkohleschicht, hydrophobiert mit Teflon, 3 ... poröse Nickelschicht, hydrophobiert mit Teflon, 4 ... nichtaktive poröse Nickelschicht, benetzbar.

Nickel-Kathoden. Als Anodenkatalysator kommt Palladium, Raney-Nickel oder Nickelborid in Frage. Die Anode ist eine dünne poröse Nickelplatte, die auch den Katalysator enthält. Untersuchungen mit billigen Eisenkatalysatoren wurden ebenfalls durchgeführt.

Zellen mit Spannungen von 0,7 V bei Stromdichten um 200 mA/cm^2 und Batterien mit Leistungen von einigen kW wurden bereits gebaut (z.B. Allis-Chalmers Co.).

Der hohe Preis von Hydrazin und seine Toxizität werden auch in Zukunft kaum eine weite Verbreitung dieser Zellen zulassen.

2.1.6. Methanolzelle

Die Methanolzelle ist neben der H_2/O_2-Zelle und der Hydrazinzelle eine der meist untersuchten Zelltypen. Methanol könnte auch in Zukunft eine verstärkte Rolle als Sekundärenergieträger spielen (siehe Abschn. 4.3), wodurch dieser Zelltype heute ebenfalls vermehrte Bedeutung zukommt. Die Möglichkeit des direkten Umsatzes von Methanol in BZ bringt vor allem Vorteile hinsichtlich der Brennstoffspeicherung im Vergleich zu Wasserstoff. Der Umsatz kann sowohl in alkalischen Elektrolyten, wobei auch hier ein Elektrolytverbrauch durch das entstehende CO_2 (Carbonatbildung) auftritt, als auch in sauren Elektrolyten erfolgen. So verlockend der Betrieb mit sauren Elektrolyten auch wäre, ist es bisher auf breiter Basis nicht gelungen, Katalysatoren zu entwickeln, die ohne Verwendung von Edelmetallen hohe Stromdichten zulassen.

Die Gesamtreaktion in einer Methanolzelle lautet:

$$CH_3OH + 3/2\ O_2 \longrightarrow CO_2 + 2H_2O$$

Unter Zugrundelegung der in Tabelle 2.1.1 angegebenen theoretischen Werte und unter Beachtung der Tatsache, daß sechs Ladungsträger pro Formelumsatz abgegeben werden, erhält man eine thermodynamische Zellspannung von 1,21 V. Die praktisch erreichten Spannungen liegen aus Gründen der Reaktionskinetik und dem Auftreten von Überspannungen unter diesem Wert. Als Elektroden für alkalische Elektrolyte werden ähnliche Ausführungen wie für H_2/O_2 Brennstoffzellen verwendet.

Zellen mit Spannungen von 0,35 bis 0,4 V bei Stromdichten von 70 bis 90 mA/cm^2 wurden bereits Mitte der 60er Jahre von verschiedenen Firmen hergestellt. Der großtechnische Durchbruch ist auch bei dieser Zelle bisher nicht erfolgt, trotzdem wird der Methanolzelle für die Zukunft größere Bedeutung zugeschrieben.

2.1.7. Weitere Niedrigtemperaturzellen

2.1.7.1. Ammoniakzelle

Ammoniak ist ein Brennstoff, der leicht aus Wasser und Luft gewonnen werden kann, und der verfügbare Anteil an Wasserstoff ist groß. Außerdem läßt sich Ammoniak schon bei relativ niedrigen Drücken verflüssigen, was für die Speicherung Vorteile bringt. Die Bruttoreaktion verläuft nach der Gleichung

$$4NH_3 + 3O_2 \longrightarrow 2N_2 + 6H_2O$$

Versuchszellen wurden bereits gebaut, doch erlauben diese Zellen nur geringe Belastung und weisen niedrige Zellspannung auf. Die Fragen der Katalysatoren sind hier noch nicht gelöst.

2.1.7.2. Kohlenwasserstoffzellen

Eine direkte Umsetzung von Kohlenwasserstoffen in elektrische Energie wäre wegen des hohen Energiegehaltes und der hohen Energiedichte besonders wünschenswert. Versuchszellen mit Äthan, Propan, Butan wurden bei Arbeitstemperaturen von 100 bis 200° C bereits untersucht. Als Katalysatoren wurden hiebei fast ausschließlich Edelmetalle eingesetzt, da nur saure Elektrolyten verwendet werden können. Die Zellen haben bisher die technische Reife noch nicht erreicht.

2.1.7.3. Biochemische Brennstoffzellen

In den letzten Jahren steigt in zunehmendem Maße das Interesse an Biobrennstoffzellen als Stromquellen für implantierte elektronische Geräte (z.B. zur Versorgung von Herzschrittmachern). Eine Glukose-Sauerstoffzelle besteht aus porösen katalytisch aktiven Elektroden für die Umsetzung der körpereigenen Betriebsstoffe Glukose und Sauerstoff. Als Energieträger fungieren hier die Gewebeflüssigkeit und das Blut. Eine 1 mm dicke Zelle mit Elektroden von 4 cm Durchmesser lieferte bei Versuchen in körperähnlichen Flüssigkeiten bei einem Lastwiderstand von 2,7 kΩ rund 100 µW /2.1.7/. In den USA fanden Anfang der 70er Jahre bereits Tierversuche mit implantierten BZ statt /2.1.8/.

2.1.8. Hochtemperatur-Brennstoffzellen

BZ im Mitteltemperaturbereich mit schmelzflüssigen Elektrolyten (Salzschmelzen) scheinen wegen der großen Korrosionswirkungen der Salzschmelzen und der Schwierigkeit der Auffindung geeigneter Katalysatoren in Zukunft kaum größere Bedeutung zu erlangen (Näheres siehe /2.1.2/).

Bei den Hochtemperaturzellen kommen Festelektrolyte zum Einsatz. Die Temperaturen reichen bis um 1000° C und als Brennstoff eignen sich Kohlenwasserstoffe. Als Elektrolyt wird Zirkoniumoxid (ZrO_2) mit geringen Zusätzen von Calciumoxid (CaO), Yttriumoxid (Y_2O_3) oder Ytterbiumoxid (Yb_2O_3) verwendet, da reines Zirkoniumoxid bei Zimmertemperatur ein Isolator ist. Der spezifische Widerstand des Elektrolyten sinkt mit steigender Temperatur.

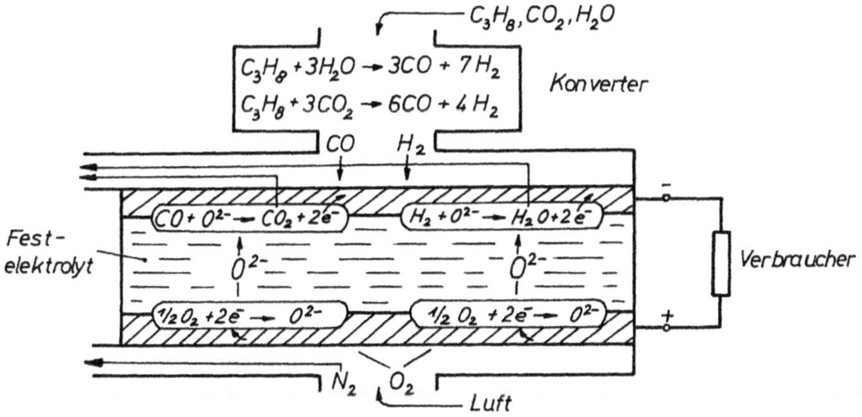

Abb. 2.1.8. Funktionsschema einer Hochtemperatur-BZ mit brenngasseitig vorgeschaltetem Konverter zur Umsetzung von Propan /2.1.10/.

Abb. 2.1.8. zeigt das Funktionsschema einer Hochtemperatur-BZ mit brenngasseitig vorgeschaltetem Konverter zur Umsetzung von Propan (C_3H_8), wie sie von der Fa. BBC anfangs der 70er Jahre entwickelt wurde /2.1.9, 2.1.10/. Als Oxydationsmittel diente Luft. Um Rußbildung zu vermeiden, muß für Langzeitbetrieb CO_2 und/oder H_2O-Dampf zum C_3H_8 zugesetzt werden. Das Vorhandensein von CO_2 und/oder H_2O-Dampf bewirkt, daß der Brennstoff in einem der BZ vorgeschalteten Konverter in Synthesegas ($CO + H_2$) umgewandelt wird.

$$C_3H_8 + 3H_2O \longrightarrow 3CO + 7H_2$$
$$C_3H_8 + 3CO_2 \longrightarrow 6CO + 4H_2$$

Die hiezu nötige Wärmemenge für diese endothermen Reaktionen kommt aus dem Wärmeinhalt der Abgase und teils durch eine Nachverbrennung sowie durch die bei Belastung auftetende Stromwärme. Die im Konverter gebildeten CO- und H_2-Moleküle gelangen durch die poröse Anodenschichte zur Phasengrenze Anode/Elektrolyt. Als Elektrolyt wird ZrO_2 mit 8 bis 10 Mol% Y_2O_3 oder Y_2O_3 und Yb_2O_3 verwendet.

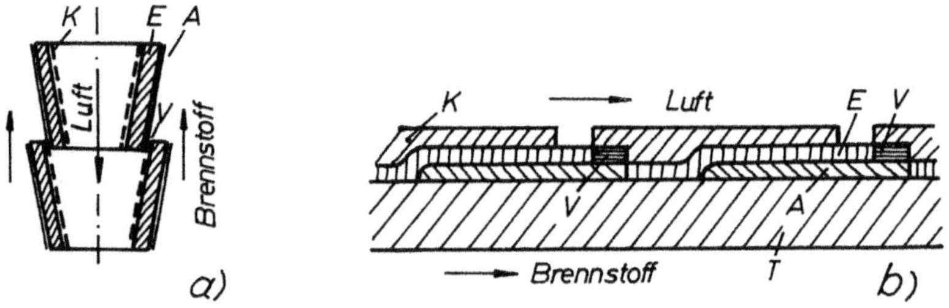

Abb. 2.1.9. Schnitt durch Hochtemperatur-Brennstoffzellen. a) Fa. BBC, b) Fa. Westinghouse Electric Corp.; A ... Anode, K ... Kathode, E ... Festelektrolyt, V ... el. Verbindung, T ... poröses Trägerrohr.

Im Falle der Entwicklung der Fa. BBC besteht eine Zelle aus einem konischen Elektrolytrohr (9 bis 12 mm Innendurchmesser, 16 mm Höhe, 1 mm Wandstärke) mit innenseitiger Kathode (Luftseite) und außenseitiger Anode (Brennstoffseite). Durch Ineinanderschieben dieser konischen Zellen erfolgt eine elektrische Serienschaltung zu einzelnen Brennstoffzellenmodulen (Abb. 2.1.9a). Die Spannung einer Einzelzelle betrug im Laborversuch je nach Leistungsentnahme 0,5 bis 1 V. Als Kathodenmaterialien wurden Lanthankobalt- oder Lanthannickeloxide verwendet, als Anodenmaterial Nickel. Die Leistungsdichte dieser Zellen betrug 100 bis 200 mW/cm^2.

Abb. 2.1.9b zeigt den Schnitt durch eine BZ von der Fa. Westinghouse Electric Corp.

Hochtemperatur-BZ eignen sich in erster Linie für große Leistungseinheiten (Erhaltung der notwendigen Temperatur für den Konverterteil und Batterieteil ist bei großen Volumina leichter; Verhältnis von Volumen zu kühlender Oberfläche ist günstiger), allerdings sind bisher nur Laborversuche bekannt geworden.

Literatur

2.1. 1. Bayer, F., Fabjan, Ch., Gutmann, G.: Elektrochemische Brennstoffzellen. EundM 86, 443-451 (1969).

2.1. 2. McDougall, A.: Fuel Cells, Energy Alternatives Series. The Macmillan Press Ltd. , London 1976.

2.1. 3. Böhm, H., Maas, K.: Methanol/Air Acid Fuel Cell System. Proc. of the 9th IECEC 1974, S. 836-840.

2.1. 4. Cnobloch, H., Nischik, H., Pantel, K.: 100 W-H_2/O_2-Brennstoffzellenanlage für wartungsarmen Betrieb. Siemens-Zeitschrift 45, 933-939 (1971).

2.1. 5. Kurth, F.: Möglichkeiten und Grenzen der Energiespeicherung auf dem Fahrzeug. Bull. SEV 63, 398-403 (1972).

2.1. 6. Kordesch, K.V.: Hydrazin-Luft-Batterie. EundM 86, 451-456 (1969).

2.1. 7. Rao, J.R., Richter, G., Sturm, F.v., Weidlich, E.: Bio-Brennstoffzellen als Stromquellen für implantierte elektronische Geräte. Berichte der Bunsen-Gesellschaft 77, 787-790 (1973).

2.1. 8. Euler, K.J.: Batterien einmal anders. etz-b 26, 210-212 (1974).

2.1. 9. Fischer W., Rohr, J., Steiner, R.: Hochtemperatur-Brennstoffzellen-Aggregat zum Umsatz von Kohlenwasserstoffen. BBC-Nachrichten 54, 4-12 (1972).

2.1.10. Eysel, H.H., Kleinschmager, H.: Elektrodenentwicklung für Hochtemperatur-Brennstoffzellen. BBC-Nachrichten 54, 13-18 (1972).

2.2. Solarzellen

2.2.1. Einleitung

Solarzellen stellen Anordnungen dar, die die Energie der Sonnenstrahlen (Photonen) "direkt", ohne Umweg über mechanische oder thermische Energie in elektrische Energie umwandeln. Dies geschieht durch Ladungsfreisetzung im Inneren von Festkörpern (Halbleitern) durch die Wechselwirkung der Photonen mit dem Kristallgitter.

Nach den Gesetzen der Quantentheorie kann man sich jede Strahlung aus einzelnen Elementarquanten (Photonen) aufgebaut denken, die einen definierten Energiebetrag $E = h\nu$ besitzen (h ist dabei das Planck'sche Wirkungsquantum und ν die Frequenz der Strahlung). Wellenlänge λ und Frequenz ν der Strahlung hängen über die Lichtgeschwindigkeit c nach der Beziehung $c = \lambda\nu$ zusammen. D.h., je kurzwelliger eine Strahlung ist, desto energiereicher sind die zugehörigen Photonen.

Die photoelektrische Umwandlung ist prinzipiell schon seit mehr als 100 Jahren bekannt (1839 erste Versuche durch Becquerel); weiters dienen Selenphotoelemente schon seit langem als Belichtungsmesser in Photoapparaten, doch liegt hier der Wirkungsgrad nur bei ca. 1 %. Erst mit der Entwicklung der modernen Halbleitertechnologie wurden Wirkungsgrade bei Halbleiterphotoelementen von 10 bis 20 % erzielt.

Im folgenden soll kurz auf das Prinzip der Energieumwandlung in speziellen Photoelementen, nämlich Solarzellen, eingegangen werden.

2.2.2. Grundlegende Wirkungsweise, Kenngrößen der Solarzellen

Wesentlich für die Energieumwandlung sind die Tatsachen, daß das eingestrahlte Licht im Halbleiter absorbiert werden kann, um Elektron-Lochpaare zu erzeugen; und das Vorhandensein eines p/n-Überganges, der zu einer Trennung der erzeugten Ladungsträger und dadurch zum Aufbau der gewünschten Photospannung führt. Die Grundlagen des p/n-Überganges werden hier als bekannt vorausgesetzt.

Abb. 2.2.1a zeigt den prinzipiellen Aufbau einer Solarzelle mit einem dicht an der Oberfläche befindlichen p/n-Übergang. Abb. 2.2.1b zeigt das zugehörige Energieschema im Bändermodell.

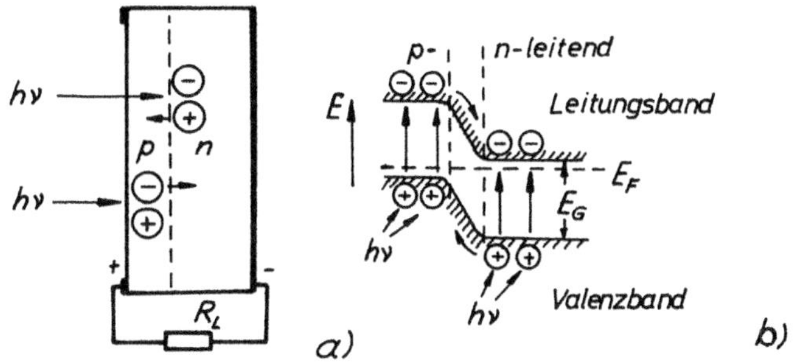

Abb. 2.2.1. Solarzelle mit p/n-Übergang. a) prinzipieller Aufbau, b) Energieverhältnisse, dargestellt im Bändermodell. E_F ... Fermienergie, E_G ... Gap-Energie (Bandabstand).

Bei Sonnenbestrahlung werden durch Photonen, deren Energie größer ist als der Bandabstand E_G (gap-energy) des betreffenden Halbleitermaterials, vor und hinter dem p/n-Übergang Elektron-Loch-Paare erzeugt. Die Minoritätsladungsträger (Löcher im n-Bereich, Elektronen im p-Bereich) gelangen durch Diffusion zum p/n-Übergang und werden durch das elektrische Feld über diesen getrieben. Dadurch wird der n-Bereich negativ und der p-Bereich positiv aufgeladen und es bildet sich eine Photospannung, die bei geschlossenem äußeren Stromkreis einen Strom über den Verbraucher treibt.

Leider gelangen nicht alle erzeugten Ladungsträger zum p/n-Übergang, da sie vorher durch Rekombination verloren gehen. Um die Rekombinationsverluste klein zu halten, müssen die Diffusionslängen der Minoritätsladungsträger möglichst groß gegenüber der Eindringtiefe des Lichtes sein.

Generell gilt, daß die mit der Strahlungsintensität S_o auf die Oberfläche (Reflexionskoeffizient ρ) auftreffende Strahlung zufolge Absorption mit steigender Eindringtiefe x nach folgendem Gesetz abnimmt:

$$S(x) = S_o(1 - \rho)\exp(-\alpha x)$$

Der Absorptionskoeffizient α ist von der Wellenlänge des Lichtes (Energie der Photonen) und vom Material abhängig. Abb. 2.2.2 zeigt den Absorptionskoeffizienten α für verschiedene, für Solarzellen wichtige Halbleiterwerkstoffe in Abhängigkeit der Photonenenergie E_{ph}.

Bei kleiner Photonenenergie ($h\nu < E_G$) tritt keine merkliche Absorption auf, erst bei Energien größer als der Bandabstand werden Photonen absorbiert und Ladungsträger freigesetzt.

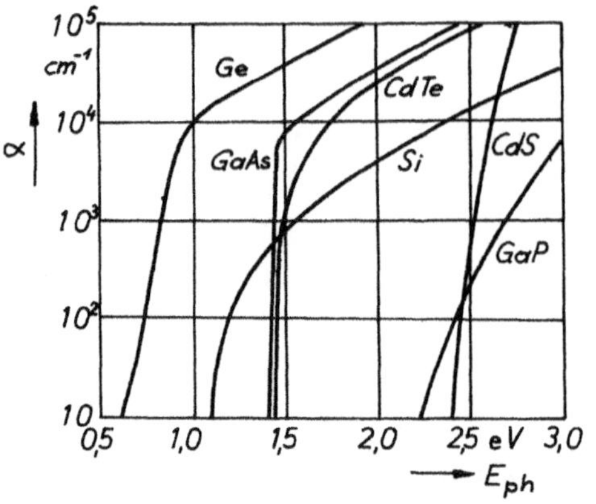

Abb. 2.2.2. Absorptionskoeffizient α in Abhängigkeit von der Photonenenergie E_{ph} für verschiedene Halbleitermaterialien (1 eV = $1{,}602 \cdot 10^{-19}$ J).

Der Photostrom wird daher erst bei Photonenenergien $> E_G$ einsetzen. Bei niedrigen Photonenenergien werden die Trägerpaare vorwiegend in tieferen Schichten (in Abb. 2.2.1a in der n-Schicht) erzeugt und bei steigender Photonenenergie - bei gleichzeitig steigendem Absorptionskoeffizienten - in der p-leitenden Oberflächenschicht.

Aus Abb. 2.2.2 ersieht man ferner, daß z.B. bei GaAs die Kurve des Absorptionskoeffizienten viel steiler verläuft als bei Si. Dies hat die praktische Folgerung, daß bei GaAs bereits in einer 3 µm dicken Schichte 95 % der Photonen mit einer Energie größer als E_G absorbiert werden, bei Si jedoch eine Schichte von ca. 1 mm Dicke notwendig wäre. Dies weist darauf hin, daß z.B. GaAs oder CdS sehr gut zur Herstellung von Dünnschichtzellen geeignet sind.

Die Größe des Photostromes I_{ph} läßt sich wie folgt anschreiben:

$$I_{ph} = q \; N_{ph}\langle E_G \rangle \; (1 - \rho)\left[1 - \exp(-\alpha L)\right] e$$

Dabei ist q das Verhältnis der Ladungsträger, die zum Photostrom beitragen, zu den erzeugten Ladungsträgern, N_{ph} die Zahl der sekundlich auf die Oberfläche des p/n-Überganges eingestrahlten Photonen mit einer Energie $> E_G$, L die Stärke der absorbierenden Halbleiterschichte und e die Elementarladung.

Wird die Zelle belastet, so führt der Spannungsabfall an der Last zu einem Diodenstrom I_D, in entgegengesetzter Richtung zum Photostrom. Wird eine ideale Durchlaßkennlinie vorausgesetzt, so gilt für I_D nach Shockley

$$I_D = I_o\left[\exp(-eU/kT) - 1\right]$$

I_o stellt den Sättigungsstrom in Sperrichtung dar (abhängig von Bandabstand und Temperatur), U die am p/n-Übergang liegende Spannung, k die Boltzmannkonstante, T die Absoluttemperatur. Der Strom I im Außenkreis ergibt sich zu

$$I = I_{ph} - I_D = I_{ph} - I_o\left[\exp(-eU/kT) - 1\right]$$

Im Kurzschlußfall (U = 0) erhält man den Kurzschlußstrom I_k bzw. die Kurzschlußstromdichte J_k zu

$$I_k = I_{ph} \; ; \quad J_k = I_k/A$$

wobei A die wirksame Zellenfläche ist.

Für die Leerlaufspannung U_o (I = 0) folgt aus der Beziehung für I

$$U_o = \frac{kT}{e} \ln\left[(I_{ph}/I_o) + 1)\right]$$

I_k und U_o stellen zwei wichtige Kenngrößen der Solarzellen dar. Abb. 2.2.3a zeigt den normierten Verlauf der I/U Kennlinie, Abb. 2.2.3b den Verlauf der Kurzschlußstromdichte und der Leerlaufspannung in Abhängigkeit der Bestrahlungsdichte bei Si-Solarzellen.

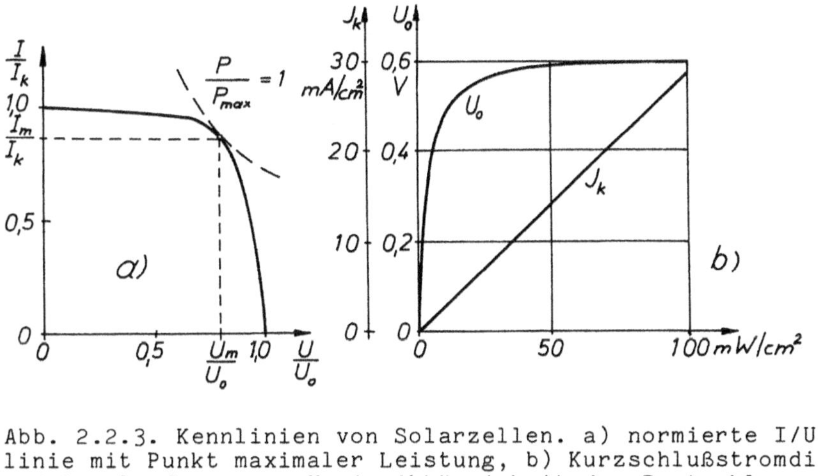

Abb. 2.2.3. Kennlinien von Solarzellen. a) normierte I/U Kennlinie mit Punkt maximaler Leistung, b) Kurzschlußstromdichte J_k und Leerlaufspannung U_o in Abhängigkeit der Bestrahlungsdichte für Si-Solarzellen.

Bei extraterrestrischer Sonnenbestrahlung (AMO ... air mass 0) rechnet man mit einer Bestrahlungsdichte von rund 140 mW/cm^2. Mit AM1 (air mass 1) bezeichnet man das Sonnenspektrum an der Erdoberfläche (Meeresniveau) und senkrechter Sonneneinstrahlung,

Bestrahlungsdichte ca. 100 mW/cm^2 (siehe Abschn. 3.1).

Die entsprechenden Kennlinien für andere Solarzellen sind im wesentlichen nur quantitativ von jenen für Si-Zellen (Abb. 2.2.3) verschieden.

Die <u>Leistung</u> am Lastwiderstand ergibt sich zu

$$P = U\,I = U\,(I_{ph} - I_D)$$

und hat für einen bestimmten Spannungswert U_m einen Maximalwert. Aus $\partial P/\partial U$ erhält man eine Beziehung für U_m

$$(I_{ph}/I_o) + 1 = \exp(U_m/U_T)\,(1 + (U_m/U_T))$$

wobei $U_T = kT/e$.

Durch Einsetzen der Beziehung für U_m in die Gleichung für P ergibt sich die maximale Leistung

$$P_{max} = (I_{ph} + I_o)\,U_m^2/(U_T + U_m)$$

Das Verhältnis von $P_{max} = U_m I_m$ zum Produkt $U_o I_k$ wird als <u>Füllfaktor</u> (fill-factor) FF bezeichnet.

$$FF = U_m I_m / U_o I_k$$

Der <u>maximale Wirkungsgrad</u> η_{max} ergibt sich aus dem Verhältnis der maximal erzeugten Leistung zur gesamten sekundlich eingestrahlten Sonnenenergie.

Vorige Gleichungen gelten bei idealisierter Kennlinie des p/n-Überganges und bei Vernachlässigung aller Ohmschen Widerstände. Berücksichtigt man auch ohmsche Verluste (Kontaktwiderstand, Bahnwiderstand des Halbleitermaterials usw.), so erhält man ein Ersatzschaltbild nach Abb. 2.2.4. Die theoretischen Beziehungen werden dadurch wesentlich komplizierter /2.2.1/.

Es zeigt sich, daß der maximale Wirkungsgrad mit zunehmendem

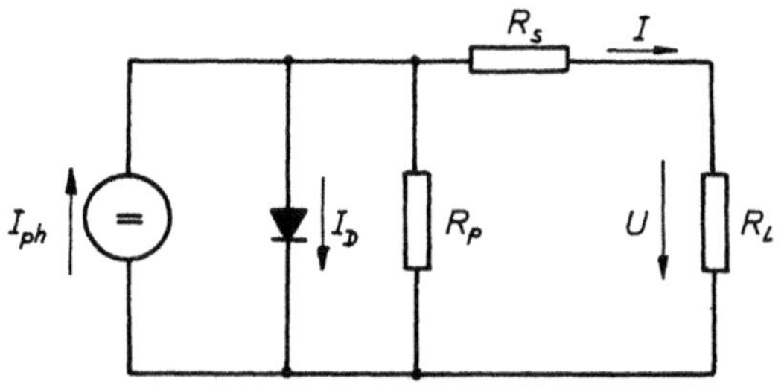

Abb. 2.2.4. Ersatzschaltbild für Solarzelle mit Lastwiderstand R_L. R_s, R_p berücksichtigen Ω-sche Verluste in der Zelle.

Bandabstand E_G des Halbleitermaterials wächst. Zufolge der Tatsache, daß die Zahl der Photonen mit entsprechend hoher Energie im Sonnenspektrum gleichzeitig abnimmt, gibt es einen Bereich des optimalen Bandabstandes. Dieser liegt zwischen 1 eV bis 2,5 eV (1 eV = $1{,}602 \cdot 10^{-19}$ J).

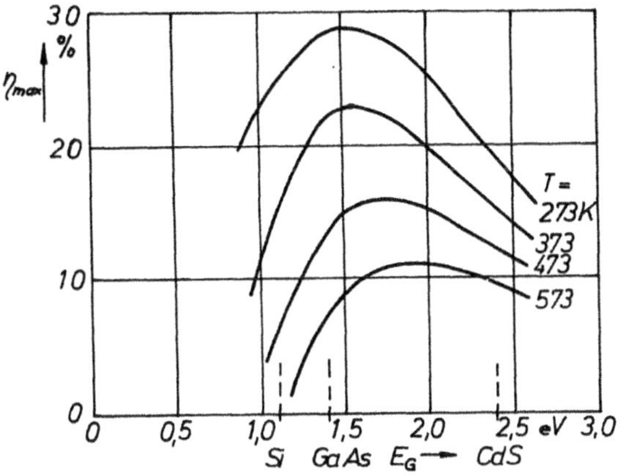

Abb. 2.2.5. Maximaler Wirkungsgrad in Abhängigkeit vom Bandabstand E_G bei verschiedenen Temperaturen.

Der theoretisch maximale Wirkungsgrad wurde in der Literatur verschiedentlich behandelt (z.B. von Loferski, Rappaport) und ist in Abb. 2.2.5 in Abhängigkeit vom Bandabstand bei terrestrischer Sonnenbestrahlung dargestellt /2.2.2/. Weiters ist die Abnahme des Wirkungsgrades bei Temperaturerhöhung ersichtlich, diese wirkt sich besonders bei geringen Bandabständen aus. Dabei sind Rekombinations- und Reflexionsverluste sowie ohmsche Verluste nicht berücksichtigt.

Halbleiterverbindungen wie GaAs, CdTe weisen recht günstige Wirkungsgrade auf, Si weist schon einen geringeren Wert auf und Ge liegt relativ schlecht (E_G für Ge liegt bei ca. 0,6 eV).

Der praktisch erreichbare Wirkungsgrad liegt nun bei manchen Solarzellen heute noch wesentlich unter dem theoretisch erreichbaren Wert. Ursachen dafür sind z.B. Reflexions-, Rekombinations- und Ohmsche Verluste, Abweichungen der Kennlinie des p/n-Überganges vom Idealverhalten, technologische Probleme bei der Herstellung usw.

Reflexionsverluste können durch geeignete reflexmindernde Schichten stark verringert werden. Ein Beispiel dafür ist die Comsat Non Reflecting (CNR)-Zelle mit "gezähnter" Oberfläche.

Der Stromabfuhr an der bestrahlten Oberfläche kommt entscheidende Bedeutung zu. Einerseits soll die Lichteinstrahlung möglichst wenig behindert, andererseits sollen die ohmschen Verluste möglichst klein gehalten werden. Es werden daher meist kamm- oder gitterartige Elektroden aufgebracht.

2.2.3. Si-Solarzellen

Si-Zellen stellen die heute am häufigst hergestellten Solarzellen dar. Der Grund liegt darin, daß Si derzeit das gebräuchlichste Halbleitermaterial für die gesamte Elektrotechnik darstellt und dadurch die Herstellungstechnologien weit fortgeschritten sind.

Der prinzipielle Aufbau der Zellen ist aus Abb. 2.2.1a ersichtlich.

Es werden vorwiegend Si-Einkristalle mit einem spezifischen Widerstand von 1 bis 10 Ωcm, dotiert mit Bor oder Phosphor, verwendet.
Bei Verwendung für Raumfahrtzwecke treten Strahlenschädigungen der Zellen durch Elektronen und energiereiche Korpuskularstrahlung auf. Es zeigte sich, daß n/p-Anordnungen (n-Seite der Strahlung zugekehrt) den p/n-Anordnungen überlegen sind. Durch Dotierung mit Lithium gelang es, Zellen herzustellen, bei denen Strahlenschäden "ausheilen" und dadurch geringere Degradationserscheinungen aufweisen.

Die erreichten Wirkungsgrade liegen in der Raumfahrtanwendung bei 12 bis 14 %, für terrestrische Anwendungen bei 10 bis 12 %. Die Leerlaufspannungen liegen unter 0,6 V, die Kurzschlußstromdichten um 30 mA/cm^2 bei einer Strahlungsdichte von 100 mW/cm^2 (siehe Abb. 2.2.3b). Die Füllfaktoren liegen bei 0,75 bis 0,78.

Die Größe der Zellen beträgt normalerweise 2x2 cm^2, seltener 2x4 cm^2 oder 2x6 cm^2 für Raumfahrtzwecke und einige cm im Durchmesser für terrestrische Anwendungen. Quadratische oder rechteckförmige Zellen ergeben bei Solargeneratoren eine bessere Flächenausnutzung als runde Zellen und werden daher in der Raumfahrt ausschließlich angewendet. Die geringen Abmessungen ergeben sich auf Grund der Herstellungstechnologie der Zellen, auf die nun kurz eingegangen wird.

Die Darstellung des Rohmaterials erfolgt auf chemischem Wege. Das gewonnene Material enthält noch Verunreinigungen und muß deshalb mittels physikalischer Verfahren einer Feinreinigung unterzogen werden, z.B. durch das Zonenschmelzverfahren /2.2.3/. Der so gewonnene Halbleiterwerkstoff liegt in polykristalliner Form vor und dient als Ausgangsprodukt für die Einkristallherstellung. Mit dieser ist auch die Dotierung auf den gewünschten Lei tungstyp und den geforderten spezifischen Widerstand verbunden. Zur Einkristallzüchtung existieren eine Reihe von Verfahren /2.2.3/, von denen das Bridgman-, das Ziehverfahren nach Czochralski, die tiegelfreie Einkristallzüchtung (floating zone technique) und die Herstellung von Kristallen in Bandform zu erwähnen sind.

Das Endprodukt der Einkristallzüchtung stellt bei den erstgenannten Verfahren ein zylinderförmiger Ingot von einigen cm Durchmesser dar.

Für die Herstellung der Solarzellen werden dünne Scheiben benötigt, die man durch Zerschneiden des Ingots und nachfolgender Oberflächenbehandlung mittels aufwendiger und zeitintensiver Verfahren erhält. Dabei geht Material verloren, außerdem können diese Scheiben aus Herstellungsgründen nicht unter einer bestimmten minimalen Stärke hergestelllt werden. Es war daher naheliegend, Kristalle in Bandform entsprechender Stärke und mit für die Weiterverarbeitung günstiger Oberflächenbeschaffenheit herzustellen.

Ein um die 60er Jahre von der Fa. Westinghouse Electric Corp. entwickeltes Verfahren ähnelt dem Ziehverfahren nach Czochralski. Hiebei werden aus einer unterkühlten Schmelze zwei parallele koplanare Dendriten gezogen und zwischen diesen bildet sich durch Oberflächenspannung ein dünner Schmelzfilm aus, der außerhalb der Schmelze erstarrt (Abb. 2.2.6a). Dieses zwischen den Dendriten entstehende Bändchen wird als "Web" bezeichnet. Die Erfolge waren eher bescheiden, in der Folge wurde es still um diese Herstellungsart und erst in jüngster Zeit wurden von verschiedensten Seiten Anstrengungen unternommen, neue Verfahren zu entwickeln, um großtechnisch Siliziumbänder billig herzustellen /2.2.4/.

Abb. 2.2.6b zeigt die prinzipielle Anordnung zur Bandherstellung. Durch Kapillarwirkung wandert die Schmelze nach oben und trifft auf einen Si-Kristall, wodurch das Kristallwachstum einsetzt. Die Ziehgeschwindigkeiten betragen bis zu 20 mm/min. Der japanischen Firma Tokio Shibaura Electric Co. ist es gelungen, auf ähnliche Weise Si-Bänder bis zu einer minimalen Stärke von 0,3 mm, einer

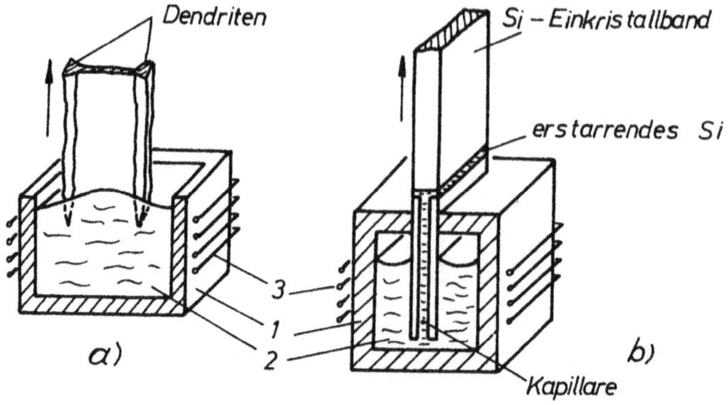

Abb. 2.2.6. Siliziumbandherstellung: a) Herstellung von Webs, b) Herstellung von Siliziumbändern. 1 ... Quarztiegel, 2 ... Schmelze, 3 ... Induktionsspule für Heizung.

Breite von 10 bis 30 mm und einer Länge von 60 bis 80 cm zu erzeugen. Es bleibt zu hoffen, daß diese Herstellungstechnologie die Kosten der Si-Solarzellen wesentlich herabsetzt.

Die Herstellung des p/n-Überganges, einer der wichtigsten Fertigungsschritte, erfolgt durch Diffusionsvorgänge oder durch Ionenimplantation.

Zwischen den einzelnen Fabrikationsschritten liegen jeweils eine Reihe von Kontrollmessungen zur Überwachung der geforderten Eigenschaften.

Das Aufbringen der Elektroden, der Antireflexionsschichte sowie etwaiger Schutzschichten bilden die weiteren Arbeitsgänge.

2.2.4. GaAs-Solarzellen

Galliumarsenid stellt eine der wichtigsten III-V Halbleiterverbindungen dar und ist neben der Anwendung für Solarzellen auch für die Nachrichtentechnik von größter Bedeutung. Zur Herstellung und Einkristallzüchtung eignen sich die bei der Siliziumherstellung erwähnten Verfahren. Die Erzeugung von GaAs in Bandform mit ähnlichen Verfahren wie bei Si ist erst im Entwicklungsstadium.

Die Herstellung von dünnen polykristallinen Schichten ist möglich und könnte vor allem für terrestrische Anwendungsfälle von großer Bedeutung sein.

Der p/n-Übergang der meisten bisher erzeugten GaAs-Solarzellen wurde durch Diffusion von Zink in n-dotiertes Grundmaterial hergestellt. Ein Problem stellt die starke Oberflächenrekombination bei GaAs dar, und da die Minoritätsladungsträger zufolge der geringen Eindringtiefe des Lichtes nahe der Oberfläche erzeugt werden, ist der Verlust an Ladungsträgern groß. Da diese außerdem kleine Diffusionslängen aufweisen, ist zu trachten, daß der p/n-Übergang in geringem Abstand ($< 0{,}5$ µm) von der Oberfläche liegt. Einen weiteren wichtigen Faktor stellt der Widerstand der dünnen Diffusionsschichte zwischen p/n-Übergang und Oberfläche dar. Es müssen zur Verringerung des Widerstandes kammartige Kontaktstreifen oder leitfähige lichtdurchlässige Schichten an der Oberfläche aufgebracht werden, damit der Stromdurchgang durch die Diffusionsschicht möglichst kurz ist.

Eine Möglichkeit, um beide Probleme in befriedigendem Maße zu lösen, besteht in der Aufbringung einer 1 bis 10 µm dicken lichtdurchlässigen und leitfähigen Ga-Al-As-Schichte mit einem Al-Anteil von 70 bis 90 %. Die so entstehenden $pGa_{1-x}Al_xAs$-pGaAs-nGaAs-Solarzellen zeigen günstigere Eigenschaften und Wirkungsgrade sowohl bei terrestrischer als auch bei extraterrestrischer Sonnenbestrahlung als normale GaAs-Zellen /2.2.1/.

GaAs-Zellen sind heute wesentlich teurer als Si-Solarzellen und selbst bei Übergang der Fertigung auf bandförmige Strukturen sind kaum ähnlich große Kostenreduktionen wie bei Si-Zellen zu erwarten, da der Kostenanteil des Grundmaterials (vor allem Gallium) einen wesentlich höheren Prozentsatz an Gesamtkosten darstellt, als dies bei Si-Zellen der Fall ist. GaAs-Zellen werden heute mit relativ kleinen Abmessungen (< 1 cm) hergestellt.

Ein besonderer Vorteil gegenüber Si-Zellen ist die Möglichkeit, auch bei höheren Temperaturen mit guten Wirkungsgraden zu arbeiten (siehe Abb. 2.2.5).

Gemessene Leerlaufspannungen von GaAs-Zellen liegen bei 0,9 bis 0,94 V, die Füllfaktoren um 0,76 bis 0,79. Die Stromdichten liegen wesentlich höher als bei Si-Zellen.

GaAs-Zellen werden vor allem bei Raumfahrtprogrammen zu sonnennäheren Planeten und für terrestrische Anwendungszwecke mit konzentriertem Sonnenlicht Bedeutung erlangen.

2.2.5. CdS-Cu_2S-Solarzellen

Obwohl die Wirkungsgrade (6 bis 8 %) dieser Zellen wesentlich unter jenen von Si- und GaAs-Zellen liegen, ist das Interesse an diesem Zelltyp in den letzten Jahren stark angestiegen, erhofft man sich doch hier kostengünstige Lösungen vor allem für terrestrische Anwendungszwecke; nach K.W. Boer, University of Delaware, USA, ca. 20 Cents/W bei einer jährlichen Produktion von 4×10^8 W !, nach J. Jordan /2.2.5/ 6 Cents/W bei Serienfertigung. Die relativ niedrigen geschätzten Kosten ergeben sich aus der Tatsache, daß es sich hier um großflächige, polykristalline Dünnschichtzellen handelt, wobei die einzelnen Herstellungsschritte relativ einfach sind und leicht zur Serienproduktionsreife entwickelt werden können. Der prinzipielle Aufbau der Zellen ist folgender: Auf eine Cu-, Mo- oder metallisierte Kunststoffolie (die gleichzeitig als negative Elektrode dient) wird eine polykristalline 20 bis 30 µm starke CdS-Schicht aufgedampft. Auf diese wird eine Cu_2S-Schicht (ca. 0,1 bis 0,5 µm) aufgebracht. Dies geschieht beispielsweise durch Eintauchen in eine Kupferchloridlösung bei Temperaturen um 80 bis 100° C und während einer Zeitdauer von 10 bis 30 s, je nach gewünschter Schichtstärke. Zur Stromabnahme müssen Elektroden (meist in Gitterform) aus Kupfer oder Gold auf die Cu_2S-Oberfläche aufgebracht werden. Darüber befindet sich eine ca. 20 µm starke lichtdurchlässige Schichte (Kapton, Aclar, Mylar etc.) als Schutz gegen die Atmosphäre. Die erreichbaren Solarzellengrößen liegen heute bei 50 bis 60 cm^2 bei Betriebswerten von 0,35 V und 0,8 bis 0,9 A.

Der Grund, warum bisher CdS-Cu_2S-Zellen nicht in größerer Stückzahl erzeugt wurden,und es auch noch einige Zeit dauern wird, bis diese Zelltype großtechnisch verfügbar ist, liegt darin, daß anfänglich starke Degradationserscheinungen verschiedenster Art und unter den unterschiedlichsten Betriebsbedingungen auftreten. Die Klärung und Beseitigung dieser Phänomene erforderte viel Aufwand, außerdem lagen die anfänglichen Wirkungsgrade unter 4 %.

2.2.6. Weitere Solarzellentypen

2.2.6.1. Schottky-Zellen (Schottky-Barrier Cells)

Wenn ein Metall mit einer Halbleiteroberfläche in Kontakt gebracht wird und die Metallschichte lichtdurchlässig ist, so entsteht eine Photospannung ähnlich wie an einem p/n-Übergang. Es können hiebei drei Photoeffekte auftreten: Licht kann im Metall absorbiert werden, Elektronen wandern über den Metall-Halbleiterübergang zum Halbleiter (bei Sonnenlicht ist dieser Effekt vernachlässigbar). Langwelliges Licht wird im Halbleiter absorbiert und erzeugt dort Elektron-Lochpaare; kurzwelliges Licht wird teilweise in der Übergangszone, teilweise im Halbleiter absorbiert und trägt so zum Photostrom bei. Als Metalle kommen in erster Linie Gold und Platin in Kombination mit Si oder GaAs in Betracht /2.2.1/.

Bei Belastung der Schottky-Zelle tritt ähnlich wie bei normalen p/n-Solarzellen ein Durchlaßstrom auf, der dem Photostrom entgegengerichtet ist.

Die Strom-Spannungscharakteristik verläuft ähnlich wie bei Si-Zellen. Auf eine gute Antireflexschichte - die Metalloberfläche führt zu hoher Reflexion - ist zu achten.

Die bisher gemessenen Wirkungsgrade liegen unter 10 %. So wurden mit Cr-pSi (2 Ωcm) bei AM1 ein Wirkungsgrad von 8,1 % und U_o = 0,5 V, I_k = 26 mA/cm^2; für Au-GaAs und Au-$GaAs_{0,6}P_{0,4}$ Leerlaufspannungen von 0,53 V bzw. 1 V bei Kurzschlußstromdichten über 18 mA/cm^2 gemessen. Schottky-Zellen könnten vor allem für terrestrische Anwendungszwecke große Bedeutung erlangen, denn der niedrigere Wirkungsgrad gegenüber Si- oder GaAs-Zellen wird durch den einfachen Aufbau und die geringeren Kosten wettgemacht.

2.2.6.2. Gitterförmige Solarzellen

Wird eine Halbleiterschicht mit Schottky-, Hetero- oder homogenen p/n-Übergängen in Streifenform kontaktiert, so entsteht eine Solarzelle wie sie in Abb. 2.2.7a dargestellt ist. Die vom Licht erzeugten Ladungsträger diffundieren in horizontaler und vertikaler Richtung zum Übergang. Ist der Abstand der Gitterstäbe kleiner als die Diffusionslänge der Minoritätsladungsträger, so ist die Wahrscheinlichkeit einer Rekombination klein. Ist die Oberflächenrekombinationsgeschwindigkeit der Grundsubstanz gering, ist die spektrale Empfindlichkeit dieser Zellen bei kurzwelligem Licht besser als bei herkömmlichen Zellen. Die wichtigsten Konstruktionsparameter dieser Zelltype sind die Gitterbreite, der

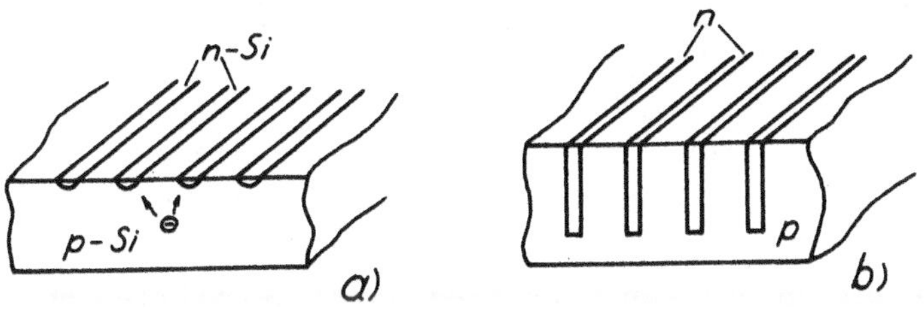

Abb. 2.2.7. Sonderformen der Solarzellen. a) Solarzelle mit gitterartigen n/p-Übergängen, b) vertikale Vielschichtenanordnung.

Gitterabstand und die Oberflächenrekombinationsgeschwindigkeit des Grundmaterials. Bisher wurde noch wenig über diesen Zelltyp veröffentlicht.

2.2.6.3. Solarzellen mit vertikaler Vielschichtanordnung (Multijunction Solar Cells)

Bei dieser Zellanordnung trifft das Licht parallel zu den p/n-Übergängen auf. Der Vorteil liegt in einer höheren Empfindlichkeit der Zellen bei allen Wellenlängen. Langwelliges Licht erzeugt bei normalen Zellen Ladungsträger tief unter dem p/n-Übergang, sodaß viele auf dem Wege zu diesem vorher rekombinieren. Dieser Effekt soll mit dieser Anordnung verringert werden. Abb. 2.2.7b zeigt die prinzipielle Anordnung solcher Zellen, wobei hier die einzelnen p/n-Übergänge parallelgeschaltet werden; gehen die n-Schichten durch die ganze Anordnung, ist Serien- oder Parallelschaltung der einzelnen Teilzellen möglich.

Darüber hinaus existieren noch eine Reihe von heterogenen Zelltypen, wobei hier die verschiedensten Materialpaarungen untersucht werden. Sonnenzellen aus organischem Material wurden bekannt und photochemische Zellen sind in Entwicklung.

2.2.7. Anwendungsmöglichkeiten der Solarzellen

2.2.7.1. Extraterrestrische Anwendungen

Eines der Hauptanwendungsgebiete war und ist die Verwendung in der Raumfahrt, wobei bisher fast ausschließlich Si-Zellen zur Anwendung kamen. Sie dienen hier zur Stromversorgung der verschiedensten Satelliteneinrichtungen wie z.B. der Meß- und Sendeanlagen /2.2.6/. Betrug die installierte elektrische Leistung anfänglich nur einige Watt, so sind inzwischen die Leistungen auf einige Kilowatt angestiegen und auch bei zukünftigen Satelliten und Raumfahrtprojekten werden die Siliziumzellen eine bedeutende Rolle spielen. Solarzellengeneratoren von 10 bis 20 kW Leistung sind heute herstellbar. Wurden ursprünglich die Zellen auf der Satellitenoberfläche angebracht, später auf Paddel, so ordnet man die Solarzellen für größere Leistungen heute auf eigenen Paneelen an, die der Sonne stets zugewandt werden können, um so eine optimale Ausnützung zu erreichen. Die Abmessungen der einzelnen Solarzellen bei den verschiedensten Satelliten betragen fast einheitlich 2x2 cm^2 bei einer Stärke von einigen Zehntel Millimeter. Es wurden auch Zellen mit einer Fläche von

$2x6 \, cm^2$ entwickelt (Telesunzelle /2.2.7/). Es ist leicht vorstellbar, welch erheblicher Aufwand und welche Probleme entstehen, um eine Vielzahl von Einzelelementen untereinander zu verbinden, damit die geforderten Spannungen und Ströme erhalten werden (Serien- und Parallelschaltung einzelner Solarzellengruppen). Die Parallelschaltung einzelner Gruppen erfolgt immer unter Vorhandensein von sogenannten Blockdioden, um Ausgleichsströme zwischen unterschiedlich belichteten Zellgruppen zu vermeiden. Solargeneratoren brauchen für eine Leistung von einem Kilowatt etwa eine Fläche von $10 \, m^2$.

Um solche Solarzellenflächen in den Raketenköpfen vernünftig unterbringen zu können, ist es notwendig, die Solarzellen samt den Verbindungsleitungen auf geeignetem Trägermaterial aufzukleben und in zusammengerollter oder gefalteter Form in den Weltraum zu transportieren, wo sie dann durch geeignete Mechanismen wieder entfaltet und aufgerollt werden. Mitte 1976 wurden von der Firma AEG-Telefunken (Wedel, Hamburg, BRD) die bisher größten gefertigten Solargeneratoren einer Erprobung unterzogen. Es handelt sich dabei um Solarzellenpaneele,bestehend aus zwei Flügeln mit einer Gesamtspannweite von 22 m und 2,8 m Breite. Zusammengerollt passen sie in ein Gehäuse mit den Abmessungen $286 \times 90 \times 45 \, cm^3$. Zwei solcher Solargeneratoren namens DORA (Double Roll Out Arrays) sollen die Stromversorgung der Nachrichtensatelliten der 80er Jahre sicherstellen. Mit jeweils 92 000 Si-Solarzellen bestückt, erzeugen die beiden Generatoren eine Leistung von anfänglich 9 kW, die im Laufe der Zeit zufolge der Weltraumstrahlung auf ca. 6 kW absinken wird. Eine weitere erschwerende Nebenbedingung stellt die Beständigkeit gegen ionisierende Strahlung im Weltraum dar. Es wurden hier eine Reihe von Maßnahmen durchgeführt, um diese Strahlenschäden möglichst zu vermeiden bzw. die Lebensdauer der Zellen auch unter diesen ungünstigen Bedingungen nicht zu stark zu verringern (z.B. Li-Dotierung). Man rechnet heute mit Lebensdauern im Weltraum von 10 bis 15 Jahren, wobei schon früher ein empfindlicher Leistungsabfall eintritt.

Dies ist vor allem für jene Großprojekte von entscheidendem Nachteil, die planen, Sonnenenergie im Weltraum mit Hilfe von Solarzellen in elektrische Energie umzuformen, um diese mittels Mikrowellenübertragung auf die Erde zu senden. Es sind Projekte mit Leistungen von 10 GW im Gespräch (Glaser-Projekt: Satellit-Solar-Power-Station /2.2.8/), wobei hier zwei Solarzellenpaneele von je 4x4 km^2 !! als Auffangfläche dienen sollten. Diese müßten, aus einzelnen Teilen vorgefertigt, mit geeigneten Raumfahrzeugen auf eine geostationäre Umlaufbahn (ca. 36 000 km Entfernung von der Erde) gebracht und im Weltraum zusammengesetzt werden.

Die Kosten der Solarzellen für die Raumfahrt liegen derzeit extrem hoch - ca. 3500 Schilling für das installierte Watt -, was natürlich durch die hohen Entwicklungs- und Herstellungskosten, durch hohe Sicherheitsanforderungen (Zuverlässigkeit), hohe Prüfkosten, relativ geringe Stückzahlen bei aufwendigen Herstellungsverfahren, Bedachtnahme auf günstiges Leistungsgewicht, Beständigkeit gegen ionisierende Strahlung usw. erklärt wird.

2.2.7.2. Terrestrische Anwendungszwecke

Solarzellengeneratoren für kleinste Leistungen (Milliwatt- bis Wattbereich) werden von den verschiedensten Firmen angeboten und ihr Einsatz reicht von Stromversorgungsanlagen für Leuchtbojen, Wetterstationen, Sendeanlagen, bis zu Transistortaschenradios, aufladbaren Taschenlampen, Rasierapparaten usw. Als Energiepuffer dienen in den meisten Fällen Ni-Cd-Akkumulatoren. Bei höheren Leistungen kommt dem Energiespeicher (zur Überbrückung der sonnenarmen oder sonnenlosen Zeit) immer größere Bedeutung zu /2.2.9/.

Auch auf diesen Anwendungsgebieten überwiegen heute zahlenmäßig noch Si-Zellen gegenüber Dünnschichtzellen. Der Preis liegt hier ungefähr bei 1000 Schilling je Watt.

Erwähnt sei in diesem Zusammenhang das Sonnenexperimentierhaus "Solar-One" in Delaware (USA), bei dem CdS-Cu_2S-Dünnschichtzellen eine Bleibatterie von 120 V und 80 Amperestunden laden. Der Umwandlungswirkungsgrad dieser Zellen beträgt im Mittel ca. 4 %, was durch die doppelte Anordnung von Plexiglasscheiben über den Solarzellen und die relativ hohe Zelltemperatur (bis 65° C) bedingt ist. Die Zellen werden durch einen Luftstrom gekühlt, der die Wärme an Salzspeicher oder direkt an die Wohnräume abgibt.

Untersuchungen der Firma AEG-Telefunken ergaben, daß eine jährliche Produktion eines Zellenumfanges von 50 kW vorausgesetzt, terrestrische Si-Solarzellen für einen Preis von ca. 300 bis 350 Schilling pro Watt hergestellt werden könnten /2.2.10/. In Tabelle 2.2.1 sind die Herstellungskosten von Si-Solarzellen aufgeschlüsselt. Eine jährliche Produktion von 50 kW entspräche einer Solarzellenfläche von 450 bis 500 m^2.

Tabelle 2.2.1. Kostenaufgliederung für Siliziumsolarzellen /2.2.10/

Anwendungszweck	Raumfahrt	terr. Anwendung
Produktionsvolumen (kW/a)	2	50
Gesamtkosten (DM/W)	500	45
Rohmaterial	35 (7 %)	12 (26 %)
Scheibenherstellung	40 (8 %)	3 (7 %)
Zellenherstellung	205 (41 %)	28 (63 %)
Kontrollen	220 (44 %)	2 (4 %)

Für großtechnischen Einsatz müßte der Preis je Leistungseinheit auf einige Prozent des obigen Betrages herabgesetzt werden. Gegenwärtig bemüht man sich, rationelle Fertigungsverfahren für derartige Zellen zu entwickeln /2.2.11/.

Ende 1976 gelang es der Fa. AEG-Telefunken, terrestrische Solargeneratoren aus großflächigen polykristallinen Siliziumsolarzellen zu entwickeln. Eine Einzelzelle ist 10x10 cm^2 groß. Der Wirkungsgrad solcher Zellen betrug etwa 10 % /2.2.12/. Mit Zellen dieser Art könnte eine wesentliche Preisreduktion gegenüber den in Tab. 2.1.1 angegebenen Werten erzielt werden.

Welchen Anteil Solarzellen in Zukunft zur Energieerzeugung beitragen, wird wesentlich von einer kostengünstigen Herstellung abhängen und auch davon, inwieweit solarthermische Kraftwerke (siehe Abschn. 3.1.7) konkurrenzfähig sind. Für kleinere Anlagen (im kW-Bereich) stellen sicherlich Solarzellen in Zukunft eine günstige Lösung dar.

Literatur

2.2.1. Hovel, H.J.: Semiconductors and Semimetals, Volume 11: Solar Cells. Academic Press, New York 1975.

2.2.2. Bloss, W.: Elektronische Energiewandler. Wissenschaftl. Verlagsgesellschaft m.b.H., Stuttgart 1968.

2.2.3. Hadamovsky, H.-F.: Halbleiterwerkstoffe, 2. Aufl. VEB Verlag für Grundstoffindustrie, Leipzig 1972.

2.2.4. Ciszek, T.F., Schwuttke, G.H.: Silicon Ribbons - a New Approach to Low Cost Single Crystal Silicon Solar Cells. Proc. of the Int.Conference on Photovoltaic Power Generation, Hamburg 1974, S. 159-175.

2.2.5. Jordan, J.F.: Development of Very Low Cost Solar Cells for Terrestrial Power Generation. Wie oben, S.221-337.

2.2. 6. Schreger, A.: Stromversorgungssysteme in Satelliten. Techn. Mitt. AEG-Telefunken 60, 425-429 (1970).

2.2. 7. Fischer, H., Fereth, R.: Telesun, die Solarzelle der Zukunft. Techn. Mitt. AEG-Telefunken 61, 351-352 (1971).

2.2. 8. Glaser, P.E.: Satellite Solar Power Station. Solar Energy 12, 353-361 (1969).

2.2. 9. Köthe, H.K.: Solargeneratoren für terrestrische Energieversorgung. etz-b 28, 396-400 (1976).

2.2.10. Fischer, H.: Sonnenenergie - großtechnische Erschließung durch Halbleiter. ÖIZ 19, 89-92 (1976).

2.2.11. Wolf, M.: Silicon Solar Cells Development. Referat auf Int. Conf. on Solar Energy, Toulouse 1976, S.113-140.

2.2.12. Neue Generation terrestrischer Solargeneratoren. etz-a 98, 172 (1977).

2.3. Thermoelektrische Energieumwandlung

2.3.1. Einleitung, Thermoelektrische Effekte

Bei der thermoelektrischen Energieumwandlung wird Wärme direkt in elektrische Energie umgewandelt - unter Ausnutzung eines von T. Seebeck (1822) entdeckten physikalischen Effektes. Seebeck entdeckte, daß bei Wärmezufuhr an der Verbindungsstelle zweier verschiedener Leitermaterialien eine Potentialdifferenz entsteht. Dieser Effekt wird seit langer Zeit in der Meßtechnik zur Temperaturmessung mittels Thermoelementen (metallische Leiterpaarungen, je nach Temperaturbereich verschieden, z.B. Eisen-Konstantan, Nickel-Chromnickel usw.) verwendet. Zur Energieumwandlung sind diese Elemente zufolge der geringen Spannung, der niedrigen Leistungsdichte und des schlechten Wirkungsgrades nicht geeignet. Erst mit der Entwicklung von Halbleitermaterialien wurde die thermoelektrische Energieumwandlung sinnvoll, die erreichbaren Wirkungsgrade liegen heute bei optimal ausgelegten Thermogeneratoren bei 10 bis 11 %. Die obere Temperaturgrenze der verwendeten Wärmequellen liegt - materialbedingt - bei rund 1000° C. In einem belasteten Thermoelement überlagern sich dem Seebeck-Effekt noch zwei weitere thermoelektrische Effekte, nämlich der Peltier- und der Thomson-Effekt.

Wird in einem offenen Zweileiterkreis (Leiter A, B), Abb. 2.3.1a, einer Verbindungsstelle (Temperatur T_H, Heißseite) Wärme zugeführt

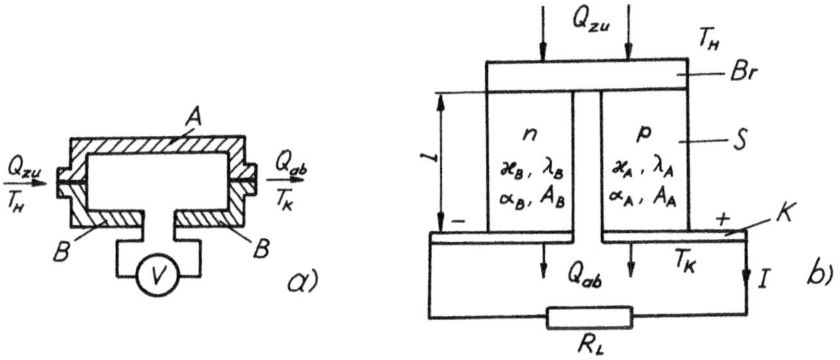

Abb. 2.3.1. a) Schematische Darstellung zum Seebeck-Effekt. b) Schematische Darstellung eines Halbleiter-Thermoelementes. A, B ... Leiterkombination, $T_{H,K}$ ... Temperatur an der Heiß- bzw. Kaltseite, Q ... Wärmemenge, Br ... "heiße" Brücke, S ... Halbleiterschenkel, K ... Kontakte auf der Kaltseite, R_L ... Lastwiderstand, V ... Voltmeter.

und an der anderen Verbindungsstelle (Temperatur T_K, Kaltseite) Wärme abgeführt, so entsteht an den freien Leiterenden eine Thermospannung U, die der Temperaturdifferenz $\Delta T = T_H - T_K$ proportional ist.

$$U = \alpha_{A,B}(T_H - T_K)$$

$\alpha_{A,B} = \alpha_A - \alpha_B$ bezeichnet man als Seebeck-Koeffizienten (Thermokraft) der Leiterkombination A,B (α_A, α_B sind die Seebeck-Koeffizienten (Volt/Kelvin) der Materialien A und B).

Peltier-Effekt (nach J. Peltier, 1834):
Durchfließt ein elektrischer Strom I die Verbindungsstelle zweier verschiedener Leitermaterialien (A, B), so wird je nach Stromrichtung an dieser Stelle zusätzlich zur Jouleschen Stromwärme Wärme absorbiert oder abgegeben. Die je Zeiteinheit umgesetzte Peltier-Wärme $\dot{Q}_P$ ergibt sich nach der Beziehung

$$\dot{Q}_P = \Pi_{A,B} I$$

wobei $\Pi_{A,B}$ den Peltier-Koeffizienten (Volt) der Leiterkombination darstellt.

Thomson-Effekt (nach W.Thomson (Lord Kelvin), 1845):
Wird ein homogener Leiter, in dem ein Temperaturgefälle ($T_H - T_K$) besteht, von einem Strom I durchflossen, so wird je nach Stromrichtung unabhängig von der erzeugten Jouleschen Stromwärme eine Thomson-Wärmemenge erzeugt oder aufgenommen. Für die je Zeiteinheit umgesetzte Thomson-Wärme $\dot{Q}_T$ gilt

$$\dot{Q}_T = \tau I(T_H - T_K)$$

wobei τ der Thomson-Koeffizient (Volt/Kelvin) ist.

Zwischen den drei Koeffizienten bestehen die Beziehungen (Thomsonsche Gleichungen):

$$\pi_{i,j} = \alpha_{i,j}T\,, \qquad T(d\alpha_i/dT) = \tau_i$$

2.3.2. Energetisches Verhalten eines thermoelektrischen Generatorelementes

Abb. 2.3.1b zeigt die schematische Darstellung eines Halbleiterthermoelementes, bestehend aus der heißen Brücke und den beiden p- und n-dotierten Halbleiterschenkeln (die Begründung der Verwendung von Halbleitern folgt in Abschnitt 2.3.3). Über Kontakte auf der Kaltseite erfolgt die elektrische Energieentnahme. In der Abb. 2.3.1 sind auch die Abmessungen und Materialkonstanten der Halbleiterschenkel eingetragen. Hiebei bedeuten A, l den Schenkelquerschnitt (m^2) bzw. die Schenkellänge (m), α den Seebeckkoeffizienten (V/K), λ die Wärmeleitfähigkeit (W/mK) und $\varkappa$ die elektrische Leitfähigkeit (S/m).

Die zufolge des Peltiereffektes auf der Heißseite absorbierte Wärmemenge Q_P beträgt beim Stromfluß I und der Zeit t

$$Q_P = \pi_{A,B} I\, t = \alpha_{A,B} T_H I\, t$$

Die, zufolge der Wärmeleitung zwischen Heiß- und Kaltseite über beide Schenkel transportierte Wärmemenge Q_W ergibt sich zu

$$Q_W = \lambda A \nabla T\, t = (\lambda_A A_A + \lambda_B A_B)\,\frac{T_H - T_K}{l}\,t = C(T_H - T_K)t$$

mit $C = (\lambda_A A_A + \lambda_B A_B)/l$.

Die Joulesche Stromwärme Q_J in beiden Schenkeln beträgt

$$Q_J = I^2(R_A + R_B)t = I^2 R_i t$$

mit $R_i = R_A + R_B$ und den Schenkelwiderständen

$$R_A = \frac{1}{\varkappa_A}\frac{l}{A_A} \quad \text{und} \quad R_B = \frac{1}{\varkappa_B}\frac{l}{A_B}$$

Somit beträgt die gesamte, an der Heißseite aufgenommene Wärmemenge,

$$Q = \alpha_{A,B} T_H I\, t + C(T_H - T_K)t - \frac{1}{2} I^2 R_i t$$

Hiebei ist berücksichtigt, daß die Joulesche Stromwärme je zur Hälfte zur Heißseite bzw. zur Kaltseite des Thermoelementes strömt.

Der Thomsoneffekt sowie der Widerstand der heißen Brücke werden dabei vernachlässigt, die Koeffizienten α, $\varkappa$, λ temperaturunabhängig angenommen.

Die Leerlaufspannung des Elementes beträgt $U = \alpha_{A,B}(T_H - T_K)$ und für die Stromstärke I durch den Lastwiderstand R_L erhält man

$$I = \alpha_{A,B}(T_H - T_K)/(R_i + R_L)$$

Die im Verbraucher umgesetzte Energie $W = I^2 R_L t$ ergibt sich nach Einsetzen der Beziehung von I zu

$$W = \alpha^2_{A,B}(T_H - T_K)^2 R_L t/(R_i + R_L)^2$$

Für den Wirkungsgrad eines Thermogenerators (abgegebene elektrische Energie/zugeführte thermische Energie) erhält man

$$\eta = \frac{W}{Q} = \frac{\alpha^2_{A,B}(T_H - T_K)^2 R_L}{(R_i + R_L)^2 \left[\alpha_{A,B} T_H I + C(T_H - T_K) - 0{,}5\ I^2 R_i\right]}$$

Wird das Widerstandverhältnis $r = R_L/R_i$ eingeführt und für I in die vorige Beziehung eingesetzt, so erhält man unter Verwendung des Carnotwirkungsgrades $\eta_c = (T_H - T_K)/T_H$ für η den Ausdruck

$$\eta = \eta_c \frac{r/(r + 1)}{1 + \frac{C R_i}{\alpha^2_{A,B}} \frac{(r + 1)}{T_H} - \frac{\eta_c}{2(r + 1)}}$$

Daraus ist ersichtlich, daß der Wirkungsgrad vom Widerstandsverhältnis r, von den Temperaturen der Heiß- und Kaltseite sowie von einer Kenngröße Z

$$Z = \alpha^2_{A,B}/(C\ R_i)$$

der "Effektivität des thermoelektrischen Generatorelementes" - die im wesentlichen die Materialkonstanten α , $\varkappa$, λ der Halbleiterschenkel enthält - abhängt.

Für thermoelektrische Materialien wird nun eine ähnlich aufgebaute Kenngröße z ("thermoelektrische Effektivität" (1/K) definiert, die die drei wesentlichsten Materialeigenschaften verknüpft.

$$z = \alpha^2 \varkappa / \lambda$$

2.3.3. Werkstoffe für Thermoelemente

Thermoelektrische Materialien müssen hohen Seebeck-Koeffizienten, hohe elektrische und niedrige thermische Leitfähigkeit besitzen. Diese Forderungen gehen aus der thermoelektrischen Effektivität z hervor, die möglichst groß sein soll, um gute Wirkungsgrade zu erreichen. Nun besitzen aber Materialien mit guter elektrischer Leitfähigkeit i.a. auch gute thermische, was den Forderungen teilweise widerspricht. Die Größen α , $\varkappa$, λ hängen wesentlich von der spezifischen Ladungsträgerkonzentration des Materials ab. Abb. 2.3.2 zeigt den prinzipiellen Verlauf der Materialeigenschaften α , $\varkappa$, λ und der Effektivität z in Abhängigkeit von der Ladungsträgerkonzentration n. Ist diese gering (Isolator), ist wohl α groß, hingegen $\varkappa$ sehr klein. Bei metallischen Leitern ist es umgekehrt. Das Optimum von z liegt also im Bereich der Halbleiter (n = 10^{18} bis 10^{20} Ladungsträger je cm^3). Durch die Möglichkeit der unterschiedlichen Dotierung (Elektronen- (n)

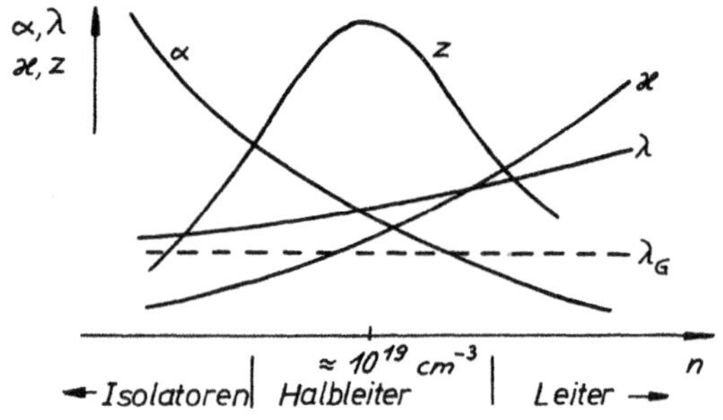

Abb. 2.3.2. Schematische Darstellung der verschiedenen Kenngrößen für thermoelektrische Materialien in Abhängigkeit von der Ladungsträgerkonzentration n. λ_G ... Gitterwärmeleitfähigkeit.

und Löcher- (p) Leitung) kann $\alpha_{A,B} = \alpha_A - \alpha_B$ dadurch vergrößert werden, daß α_B durch entsprechende Dotierung negatives Vorzeichen gegenüber α_A erhält. In diesem Falle gilt

$$\alpha_{A,B} = \alpha_A - (-\alpha_B) = \alpha_A + \alpha_B$$

Je nach dem Temperaturbereich eignen sich verschiedene Materialien für thermoelektrische Generatorelemente /2.3.1/.

Im Temperaturbereich bis 350° C kommen vor allem Wismut-Antimon-Tellur-Legierungen für p-leitendes und Wismut-Tellur-Selen-Legierungen für n-leitendes Material in Frage.

Im Temperaturbereich bis 500° C eignet sich besonders Bleitellurid, das sowohl p- als auch n-leitend hergestellt werden kann.

Für Temperaturen bis 1000° C eignen sich Germanium-Silizium-Legierungen, die ebenfalls als p- oder n-dotiertes Material vorliegen. Durch geeignete Wahl der Legierungsbestandteile von Ge und Si kann die Gitterwärmeleitfähigkeit und damit die Gesamtwärmeleitfähigkeit auf ein Minimum gebracht werden (z.B. $Ge_{0,3}Si_{0,7}$). So besitzen beispielsweise optimal dotierte $Ge_{0,3}Si_{0,7}$-Halbleitermaterialien (T = 300 K) wie $Ge_{0,3}Si_{0,7}$ + As (n-dotiert) Werte für α = -160 µV/K, $\varkappa$ = 650 S/cm, λ = 0,06 W/cmK und $Ge_{0,3}Si_{0,7}$ + B (p-dotiert) α = +130 µV/K, $\varkappa$ = 1000 S/cm, λ = 0,06 W/cmK /2.3.1/.

Bei höheren Temperaturen muß auf Oxydation der betreffenden Materialien geachtet werden, so die Elemente nicht in einer Schutzgasatmosphäre oder in Vakuum betrieben werden. Beispielsweise darf Bleitellurid wegen Oxydationsneigung nicht an Luft betrieben werden.

An das Material der Brücke werden folgende Forderungen gestellt:
- hohe thermische Leitfähigkeit, damit die zugeführte Wärme direkt an die Halbleiterschenkel gelangt
- hohe elektrische Leitfähigkeit, damit der gesamte Innenwiderstand des Elementes klein gehalten wird
- das Material der Brücke darf nicht in die Schenkel eindiffundieren
- das Material muß den gleichen thermischen Ausdehnungskoeffizienten wie das Schenkelmaterial besitzen, damit keine mechanischen Spannungen beim Aufheizen oder Abkühlen der Elemente entstehen
- Oxydations-, Korrosions- und Temperaturbeständigkeit bis zu den höchsten Betriebstemperaturen.

Es gibt praktisch kein Material, das alle Anforderungen im gleichen Maße erfüllt. Für hohe Betriebstemperaturen (Ge-Si-Elemente) werden als Brückenmaterial Legierungen von Silizium mit hochschmelzenden Metallen verwendet.

2.3.4. Halbleiterthermoelemente und Thermogeneratoren

Wie bereits erwähnt, werden für die Energieumwandlung nur Halbleiterthermoelemente verwendet (Abb. 2.3.1b). Zur Wirkungsweise von Halbleiterthermoelementen wäre sehr vereinfacht folgendes zu sagen: Die im kalten Zustand gleichmäßige Verteilung der negativen (Elektronen) und positiven (Löcher) Ladungsträger in den Halbleiterschenkeln wird durch die Wärmezufuhr an der heißen Seite gestört. Es bildet sich ein Diffusionsstrom aus Elektronen bzw. Löchern von der heißen zur kalten Seite des Elementes aus und bei Anschluß eines Verbrauchers kann dem Element elektrische Energie entnommen werden.

Abb. 2.3.3a zeigt die Abmessungen und Abb. 2.3.3b die Kennlinien

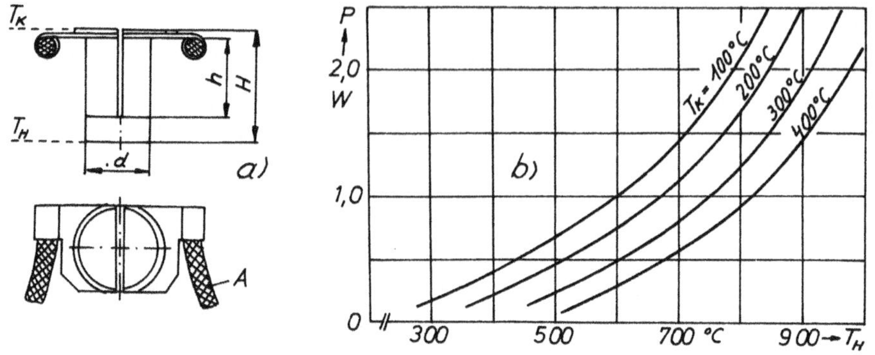

Abb. 2.3.3. Abmessungen (a) und Leistungskennlinien (b) eines Ge-Si-Thermoelementes (Fa. Siemens). d = 10 mm, h = 12 mm, H = 17 mm, A ... elektrische Anschlüsse.

eines Ge-Si-Thermoelementes der Fa. Siemens. Beispielsweise betragen bei $T_H = 850^\circ$ C und $T_K = 200^\circ$ C die maximale Leistung 1,8 W ($R_L = R_i$), U = 178 mV, I = 10,2 A, R_i = 17,4 mΩ und η = 6 %.

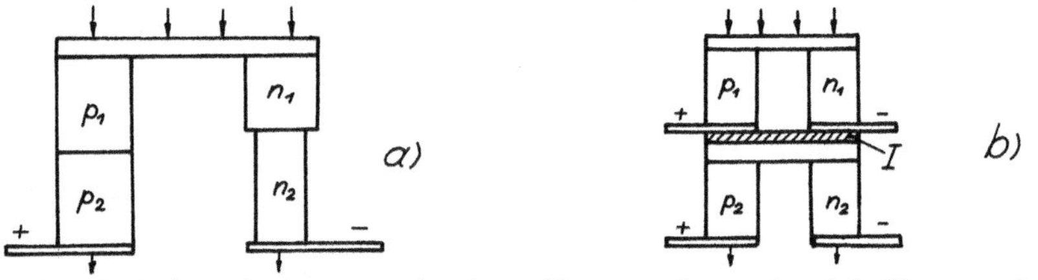

Abb. 2.3.4. a) Segmentiertes Thermoelement, b) Thermo-kaskade. I ... elektrische Isolation (thermisch gut leitend !).

Um die Temperaturdifferenz optimal auszunutzen, kann man verschiedene Schenkelmaterialien thermisch in Serie schalten und damit erreichen, daß in jedem Temperaturbereich Materialien mit optimalen z-Werten verwendet werden. Praktisch wird man zwei bis drei Unterteilungen des gesamten Temperaturbereiches vornehmen. Abb.2.3.4a zeigt ein <u>segmentiertes Thermoelement</u>, Abb.2.3.4b eine <u>Thermokaskade</u> in schematischer Form.

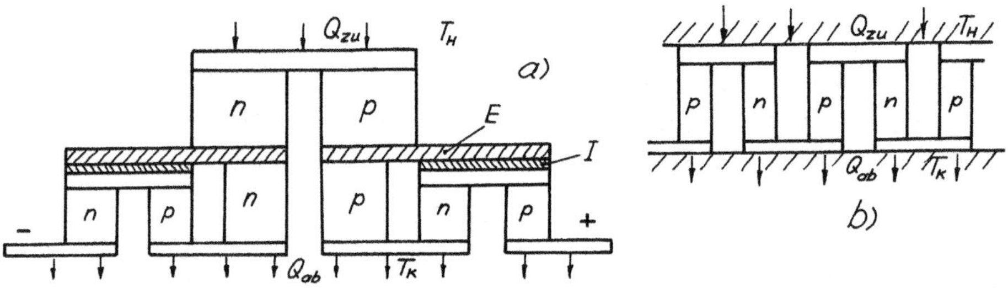

Abb. 2.3.5. a) Schematische Darstellung eines segmentierten und kaskadierten Thermoelementes, b) Anordnung von Thermoelementen innerhalb eines Thermogenerators. E ... elektrisch und thermisch gut leitende Schichte, I ... elektrische Isolation, thermisch gut leitend.

Eine weitere Verbesserung der Ausnützung der thermischen Energie und damit eine Wirkungsgradverbesserung ist durch eine Kombination von Segmentierung und Kaskadierung möglich. Abb. 2.3.5a zeigt schematisch ein Generatorelement wie es von der Fa. Siemens für den thermoelektrischen Radionuklidgenerator TRISTAN (Thermoelektrischer Radioisotopengenerator für Terrestrische Anwendungen) gemeinsam mit der Fa. Messerschmitt-Bölkow-Blohm (BRD) anfangs der 70er Jahre entwickelt wurde /2.3.2/. Ein Teil des Elementes ist als Ge-Si-Stufe für den Temperaturbereich von 900 bis 280° C ausgelegt, für den Temperaturbereich von 250 bis 30° C wurde Wismuttellurid als Schenkelmaterial verwendet. Der Wirkungsgrad eines solchen Elementes liegt bei 11 %. Die gesamte erzeugte elektrische Leistung dieses Radionuklidgenerators liegt bei 22 W, der Gesamtwirkungsgrad bei 7,5 % und sein Einsatz erfolgt in der Meeresforschung.

Zufolge der niedrigen Thermoelementspannung ist es für praktische Anwendungsfälle nötig, einzelne Elemente elektrisch in Serie zu schalten, um die erforderlichen Spannungen zu erhalten. Ein thermoelektrischer Generator besteht daher meist aus vielen elektrisch in Serie, thermisch aber parallel geschalteten Elementen (Abb. 2.3.5b).

Als Wärmequelle für Thermogeneratoren kann theoretisch jede beliebige verwendet werden, so sie die erforderlichen Temperaturen liefert.

2.3.5. Anwendungsmöglichkeiten

Zufolge des niedrigen Umwandlungswirkungsgrades sind Großanlagen mit thermoelektrischen Generatoren nicht sinnvoll. Das Hauptanwendungsgebiet liegt in der elektrischen Energieversorgung von unbemannten Signal- und Meßstationen terrestrischer oder extraterrestrischer Art, wo der erforderliche Energie- und Leistungsbedarf eher gering ist. Als thermische Energiequelle eignen sich in diesen Fällen - wegen der Forderung nach möglichst wartungsfreiem und zeitlich lang andauerndem Betrieb - vor allem Radionuklide (siehe Abschn. 2.5) oder für größere Leistungen (bis einige kW_e) kleine Kernreaktoren (z.B. Anlage SNAP 10 A - System for Nuclear Auxiliary Power). So sind bis heute eine große Anzahl von Radionuklidbatterien mit thermoelektrischer Energiewandlung in automatischen Wetterstationen, Leuchtbojen, Tiefseemeßstationen etc. und für Raumfahrtmissionen eingesetzt worden.

Im Zusammenhang mit Raumfahrtmissionen kommt der Temperatur auf der Kaltseite der Thermoelemente große Bedeutung zu. Da im Weltraum die Wärmeabfuhr nur durch Strahlung erfolgt (proportional T^4), ergibt sich daraus die Forderung nach einer möglichst hohen Kaltseitentemperatur, um die Abstrahlflächen aus Volums- und Gewichtsgründen möglichst klein halten zu können. Mit steigender Kaltseitentemperatur sinkt aber der Wirkungsgrad der thermoelektrischen Energieumwandlung, es muß also hier ein Kompromiß eingegangen werden.

Eine interessante Form von Thermogeneratoren für kleinste Leistungen (z.B. zur Versorgung von Herzschrittmachern) wurde von der Fa. Siemens in Erlangen (BRD) entwickelt. Hiebei werden die einzelnen "Teile" eines Thermoelementes (Halbleiterschenkel, Brücke, Kontakte an der Kaltseite) auf eine Kunststoffolie aufgedampft. Die entstehende "mäanderförmige Struktur" stellt die elektrische Serienschaltung einer Vielzahl von Einzelelementen dar (Abb. 2.3.6a).

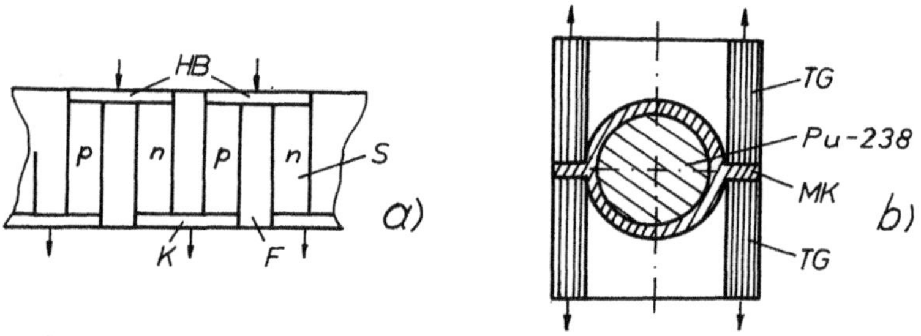

Abb. 2.3.6. Thermoelektrischer Isotopenkleinstgenerator (schematisch). a) Thermogenerator in Bandform, b) schematische Darstellung des Isotopengenerators (Fa. Siemens). HB ... heiße Brücke, K ... Kontaktverbindung auf der Kaltseite, S ... aufgedampfte Halbleiterschenkel, F ... Trägerfolie, TG ... aufgewickelter Thermogenerator, MK ... Metallkapsel mit Isotop Pu238.

Durch Einrollen des Thermogeneratorbandes entsteht ein Hohlzylinder, der mit der Heißseite auf eine kleine, mit Plutonium-238 (180 mg) gefüllte Metallkapsel (Wärmequelle) gesetzt wird, die Kaltseite bildet der menschliche Körper. Abb. 2.3.6b zeigt die Anordnung des Isotopengenerators mit zwei Thermogeneratoren der beschriebenen Art. Der Durchmesser und die Gesamthöhe betragen je ca. 25 mm. Die Ausgangsdaten eines solchen thermoelektrischen Isotopenkleinstgenerators betrugen in Laborversuchen 160 bis 200 µW bei 5 V Ausgangsspannung.

Literatur

2.3.1. Euler, K.J.: Energie-Direktumwandlung. Verlag Karl Thiemig, München 1967.

2.3.2. Renner, T., Winkler, J.: Ein thermoelektrischer Radionuklidgenerator für die Meerestechnik. Meerestechnik 3, Heft 2 (1972).

2.4. Thermionische Energieumwandlung

2.4.1. Einführung, Grundprinzip

Bei der thermionischen Energieumwandlung handelt es sich um eine direkte Umwandlung von thermischer Energie in elektrische Energie, basierend auf der "Glühemission", d.h. auf der Emission von Elektronen aus heißen Elektrodenoberflächen.

Ein thermionischer Energiewandler (Thermionikelement , -generator, -konverter, -diode) besteht im Prinzip aus zwei Elektroden, wobei der einen Elektrode (Emitter, Kathode) thermische Energie zugeführt wird. Diese Energiezufuhr bewirkt den Elektronenaustritt (Emission) aus der Elektrodenoberfläche und die Elektronen gelangen zur kälteren (Wärmeabfuhr) Elektrode (Kollektor, Anode). Dadurch baut sich eine Potentialdifferenz zwischen den Elektroden auf, bei Anschluß eines Verbrauchers gelangen die Elektronen über den äußeren Stromkreis wieder zum Emitter zurück.

Das Prinzip eines solchen Wandlers entspricht der, bereits seit T.A. Edison bekannten und in früheren Zeiten für Gleichrichterzwecke viel verwendeten Hochvakuumdiode. Bereits im Jahre 1915 beschäftigte sich W. Schlichter in seiner Dissertation "Die spontane Elektronenemission glühender Metalle und das glühelektrische Element" mit der thermionischen Energieumwandlung. Obwohl ihm die heutigen Kenntnisse über Kontaktpotentialdifferenzen und Raumladungskompensation fehlten, erkannte er bereits, daß eine im sog. Anlaufstromgebiet arbeitende Hochvakuumdiode prinzipiell bereits einen thermionischen Wandler darstellt, wenngleich die Stromdichte und die erzielbaren Wirkungsgrade extrem niedrig sind.

Um entsprechende Elektronenemission und damit Stromdichten zu erzielen, sind neben geeigneter Elektrodenbeschaffenheit vor allem hohe Temperaturen erforderlich. Diese liegen je nach Konvertertyp zwischen 1000 und 2500° C. Thermionikkonverter schließen temperaturmäßig an die obere Grenze der Thermoelemente an.

Die "Blütezeit" der Entwicklung von Thermionikkonvertern begann Ende der 50er Jahre und reichte bis in die Anfänge der 70er Jahre. Neben der bereits erwähnten Hochvakuumdiode, die nur von theoretischem Interesse für die thermionische Energieumwandlung ist, wurden Edelgas- und Cäsiumkonverter entwickelt. Besonders letzteren wurden große Zukunftschancen eingeräumt. 1972 wurde das bisher größte Projekt auf diesem Sektor, das Incore-Thermionic-Reactor-Project (siehe Abschn. 2.4.5), an dem einige Deutsche Firmen beteiligt waren, aus wirtschaftlichen Gründen eingestellt. Seit diesem Zeitpunkt laufen verschiedene Untersuchungen im kleineren Rahmen auf Laborebene.

2.4.2. Wirkungsweise, Kenngrößen

Wie bereits in der Einleitung erwähnt, besteht der Thermionikkonverter aus zwei Elektroden - Emitter und Kollektor -, wobei dem Emitter thermische Energie zugeführt und am Kollektor ein Teil dieser Wärme wieder abgeführt wird. Abb. 2.4.1a zeigt die Grundanordnung eines Thermionikelementes.

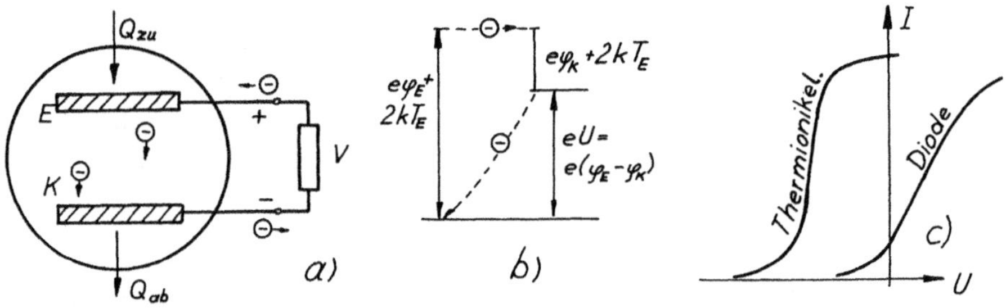

Abb. 2.4.1. a) Prinzipanordnung eines Thermionikkonverters, b) idealisiertes Energieschema der Elektronen im Konverter, c) Strom-Spannungskennlinie einer Hochvakuumdiode und eines Thermionikelementes. E ... Emitter, K ... Kollektor, V ... Verbraucher, $Q_{zu,ab}$ ... Wärmezufuhr, -abfuhr.

Zur Elektronenemission aus Metalloberflächen bedarf es der Überwindung des sogenannten Austrittspotentials φ des betreffenden Metalles durch die Elektronen. Die hiezu notwendige Energie - Austrittsarbeit $e\varphi_E$ (e ... Elementarladung, φ_E ... Austrittspotential des Emitters) erhalten die Elektronen im Falle des Thermionikkonverters durch thermische Energiezufuhr. Die aus der Metalloberfläche austretenden Elektronen besitzen eine mittlere kinetische Energie, die von der Emittertemperatur T_E abhängt. Diese beträgt $2kT_E$, wobei $k = 1{,}38 \cdot 10^{-23}$ J/K die Boltzmannkonstante ist. Die pro Elektron zugeführte mittlere thermische

Energie beträgt somit $e\varphi_E + 2kT_E$ /2.4.1/.

Die aus der Emitteroberfläche austretenden Elektronen gelangen im Idealfall durch eine raumladungsfreie Zone zum Kollektor, wo sie einen Teil ihrer im Emitter erhaltenen Energie (thermische Energiezufuhr) an den Kollektor beim "Eintritt" in Form von Wärme abgeben ($e\varphi_K + 2kT_E$). Die Energiedifferenz $e(\varphi_E - \varphi_K)$ kann in elektrische Energie umgewandelt werden. Die auftretende Spannung zwischen den beiden Elektroden beträgt bei verlustloser Umwandlung $U = \varphi_E - \varphi_K$. Abb. 2.4.1b zeigt das idealisierte "Energieschema" der Elektronen in einem verlustlos arbeitenden Thermionikkonverter. In Abb. 2.4.1c ist die Strom-Spannungskennlinie einer Hochvakuumdiode und eines Thermionikelementes schematisch dargestellt.

Aus vorigen Überlegungen ergibt sich die Tatsache, daß das Austrittspotential vom Emitter höher sein muß als jenes des Kollektors. Man könnte nun annehmen, daß eine möglichst hohe Potentialdifferenz (großes φ_E und kleines φ_K) anzustreben sei. Für die Energieumwandlung ist jedoch letztlich der Wirkungsgrad maßgebend, d.h., die abgegebene elektrische Energie bzw. Leistung im Verhältnis zu den thermisch zugeführten Größen. Es ist neben der erzielbaren Spannung U auch noch die Stromstärke und damit die Stromdichte J ein wesentlicher Faktor.

Die maximale Stromdichte (Sättigungsstromdichte) J_s (A/cm²) des Emitters ergibt sich auf Grund der Beziehung von Richardson:

$$J_s = A\, T_E^2 \exp\,(-e\varphi_E/kT_E)$$

wobei $A = 120$ A/cm²K² die Richardson-Konstante, T_E die Emittertemperatur in K, $e = 1{,}6\cdot 10^{-19}$ As die Elementarladung und φ_E das Austrittspotential des Emitters sind.

Hieraus erkennt man, daß mit steigendem Emitteraustrittspotential die Stromdichte sinkt. Außerdem wären bei hohen Austrittspotentialen extrem hohe Temperaturen nötig, um entsprechende Stromdichten zu erreichen. Dies führt zu Materialproblemen, außerdem ist die Zufuhr von thermischer Energie mit Temperaturen über 2000° C zum Emitter in der Praxis nur mit großem Aufwand möglich (siehe Wärmerohre, Abschn. 2.4.6), wenngleich hohe Emittertemperaturen zu besseren Wirkungsgraden führen. Beispielsweise betragen die Sättigungsstromdichten J_s bei einer Emittertemperatur von 2000 K und einem Austrittspotential von 3, 3,5 und 4 V, ermittelt mit Hilfe der Richardson-Beziehung, 13,2 A/cm²,

0,73 A/cm^2 und 40 mA/cm^2.

Bei Absenkung des Kollektoraustrittspotentials (durch geeignete Materialwahl) ist zu bedenken, daß es hiebei zu Elektronenemission des Kollektors zufolge der relativ hohen Kollektortemperaturen sowie zur Sekundärelektronenemission (Herausschlagen von Elektronen aus dem Kollektor durch die vom Emitter kommenden und auf den Kollektor auftreffenden Elektronen) kommen kann, was in beiden Fällen zur Verminderung des Gesamtstromes führt.

Der Wirkungsgrad η eines Thermionikkonverters ergibt sich aus dem Quotienten der abgegebenen elektrischen Leistungsdichte $p_{el} = J(\varphi_E - \varphi_K)$ und der zugeführten thermischen Leistungsdichte p_{th}. Für diese kann geschrieben werden

$$p_{th} = J(\varphi_E + 2kT_E/e) + V$$

wobei V die thermischen Verluste pro Flächeneinheit sind. Diese setzen sich aus Strahlungs- und Wärmeleitungsverlusten zusammen. Somit ergibt sich für den Wirkungsgrad

$$\eta = \frac{p_{el}}{p_{th}} = \frac{J(\varphi_E - \varphi_K)}{J(\varphi_E + 2kT_E/e) + V}$$

Es läßt sich einfach beweisen /2.4.1, 2.4.2/, daß η stets kleiner als der Carnotwirkungsgrad $\eta_c = (T_E - T_K)/T_E$ ist.

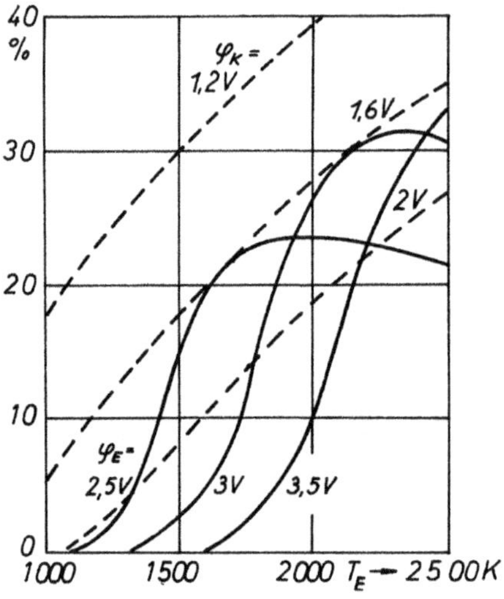

Abb. 2.4.2. Wirkungsgrad η in Abhängigkeit der Emittertemperatur T_E. —— Kurven für konstantes φ_E und φ_K = 1,6 V; – – – optimales η für verschiedene φ_K (Einhüllende) nach /2.4.3, 2.4.4/.

Abb. 2.4.2 zeigt die Abhängigkeit des Wirkungsgrades η von der Emittertemperatur für bestimmte Emitter- und Kollektoraustrittspotentiale nach A. Schock /2.4.3, 2.4.4/.

Praktische Wirkungsgrade liegen unter den nach obigen Beziehungen ermittelten Werten, da hiebei ohmsche Verluste in den Zuleitungen zu Emitter und Kollektor sowie Verluste durch Sekundäremission beim Kollektor nicht berücksichtigt wurden. Weiters führt die auftretende negative Raumladung zu einer Verminderung des Stromes. Die Raumladung entsteht durch die bereits aus dem Emitter ausgetretenen Elektronen und diese wirken bremsend (abstoßende Kraftwirkung) auf nachfolgende austretende Elektronen, wodurch der Stromtransport nahezu unterbunden würde. Für die Erzielung guter Wirkungsgrade und damit guter Energieumwandlung ist vor allem die Größe der Elektrodenaustrittspotentiale maßgebend, außerdem muß die Raumladungsbildung zwischen den Elektroden weitgehend verhindert werden. Dies gelingt entweder durch Ausführung extrem kleiner Elektrodenabstände (im µm-Bereich), die aber aus praktischen Gründen (Wärmedehnung etc.) kaum realisiert werden können oder durch Kompensation der Raumladung durch positive Ionen.

2.4.3. Cäsium-Konverter

Beim Cäsium-Konverter erfolgt die Raumladungskompensation durch Einspeisung von Cäsiumdampf in den Raum zwischen die Elektroden (siehe Abbild. 2.4.5). Dazu besitzt der Konverter ein Gefäß mit flüssigem Cäsium. Durch Temperaturregelung erreicht man einen bestimmten, für den Betrieb optimalen Cäsiumdampfdruck von einigen Millibar im Elektrodenraum. Ein Teil der Cäsiumatome (Cs) berührt die heißen Elektrodenoberflächen, gibt das in der äußersten Elektronenschale nur locker gebundene Elektron an die Elektrodenoberfläche ab (Langmuir-Taylor-Effekt), verläßt als positiv geladenes Cs-Ion die Oberfläche und trägt so zur negativen Raumladungskompensation bei. Ein Teil der Cs-Atome wird durch Stöße mit schnellen Elektronen ionisiert (Volumsionisation), wodurch ein weiterer Anteil von positiven Ionen zur Raumladungskompensation entsteht. Der durch die positiven Ionen entstehende Ionenstrom vermindert nur geringfügig den durch den Verbraucher fliessenden Summenstrom, da die Beweglichkeit der Ionen durch ihre höhere Masse wesentlich geringer ist als jene der Elektronen.
Das Cäsium hat aber noch eine sehr bedeutende Aufgabe im Cs-Konverter zu erfüllen. Aus Abb. 2.4.2 ist zu erkennen, daß für die

Erzielung eines optimalen Wirkungsgrades bei einer Emittertemperatur von rund 2000 K ein Emitteraustrittspotential von ca. 2,6 bis 2,7 V bei einem Kollektoraustrittspotential von 1,6 V notwendig ist. Die theoretische Ausgangsspannung wäre in diesem Fall rund 1 V. Hiebei tritt aber das Problem auf, daß Materialien, die eine so hohe Temperatur (2000 K) aushalten, wie z.B. Wolfram, Molybdän, Tantal, Niob, Rhenium, Austrittsspannungen von 4 bis 5 V besitzen. Diese würden bei 2000 K eine viel zu kleine Stromdichte liefern und könnten daher als Elektrodenmaterial nicht eingesetzt werden. Die Verwendung von Cäsiumdampf gestattet jedoch den Einsatz dieser Materialien für Elektroden, ja mehr noch, es ermöglicht die Verwendung bloß eines Materials (z.B. Wolfram) für beide Elektroden, was im ersten Moment wegen der vermeintlichen gleichen Austrittspotentiale (und damit U = 0) unsinnig erscheint.

Tatsächlich erfolgt aber eine Belegung der Elektrodenoberfläche mit Cs-Atomen, da je nach Elektrodentemperatur ständig eine bestimmte Anzahl von Cs-Atomen auf die Elektroden auftrifft und ein anderer Teil diese wieder verläßt. Dieser Vorgang ist abhängig vom Cs-Dampfdruck und von der Elektrodentemperatur. Es bildet sich ein thermisches Gleichgewicht von ankommenden Cs-Atomen und wegfliegenden Cs-Ionen aus. Dies führt zu einer Dipolschichte, deren Belegung von der Temperatur abhängt und dadurch zu einer Verminderung der Austrittsarbeit. Abb. 2.4.3 /2.4.5/ zeigt die Verringerung der Austrittsarbeit bei verschiedenen Cs-Dampfdrücken in Abhängigkeit der Elektrodenoberflächentemperatur für Wolfram.

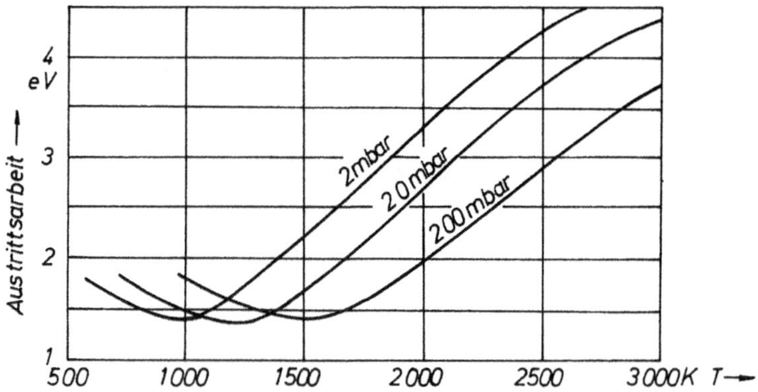

Abb. 2.4.3. Austrittsarbeit einer polykristallinen Wolframoberfläche in Cäsiumdampf als Funktion der Oberflächentemperatur für verschiedene Cs-Dampfdrücke /2.4.5/.

Aus der Abb. ist zu ersehen, daß die Austrittsarbeit des Kollektors und die Kollektortemperatur nicht beliebig verkleinert werden können. Praktische Werte für den Kollektor liegen bei Austrittspotentialen von 1,6 V (bzw. die Austrittsarbeit bei 1,6 eV, 1 eV = $1{,}602 \cdot 10^{-19}$ J) und Temperaturen zwischen 900 und 1100 K.

Da die Emittertemperatur höher liegt als die Kollektortemperatur, ist die Belegung schwächer, wodurch das "effektive" Austrittspotential höher liegt als jenes am Kollektor, da dort die Cs-Dipolschicht zufolge der niedrigeren Temperatur dichter ist.
Auf diese Weise gelingt es, unter Verwendung von Cs-Dampf und Elektrodenmaterialien, die die hohen Temperaturen aushalten, die für thermionische Energieumwandlung notwendigen Bedingungen hinsichtlich der Austrittspotentiale weitgehend zu schaffen. Ein weiterer Vorteil liegt darin, daß sich die Elektroden ständig "regenerieren"; die erforderliche Differenz der Austrittspotentiale wird hier nicht durch unterschiedliche Elektrodenmaterialien hergestellt, sondern ergibt sich entsprechend dem Cs-Dampfdruck.

Problematisch ist beim Cs-Konverter, daß zur Erreichung guter Wirkungsgrade extrem kleine Elektrodenabstände erforderlich sind (einige Tausendstel Millimeter). Die untere Grenze ausführbarer Abstände liegt bei einigen Zehntel Millimeter. Der kleine Elektrodenabstand erklärt sich aus der Tatsache, daß die Ionisierungsvorgänge im Raum zwischen den Elektroden ähnlich einer Bogenentladung ablaufen. Der "Brennspannungsabfall" dieses Niedervoltbogens (einige Zehntel Volt) ist umso höher, je größer der Elektrodenabstand ist. Weiters hängt die Brennspannung auch vom Cs-Dampfdruck ab. Hier liegt auch die Begründung, warum die auftretenden Spannungen und Wirkungsgrade dieser Elemente mitunter wesentlich unter den theoretisch möglichen Werten liegen.

An Versuchselektroden aus Wolfram wurden bei Emittertemperaturen von 1800 bis 2200 K und Kollektortemperaturen zwischen 800 und 1100 K Wirkungsgrade bis zu 20 % erreicht.

2.4.4. Edelgaskonverter

Der Edelgaskonverter ist ein mit Edelgas gefüllter Thermionikkonverter. Die Raumladungskompensation erfolgt durch Ionisierung des Edelgases in einer Hilfsentladungsstrecke; die entstehenden positiven Ionen diffundieren in den Elektrodenraum. Die Gasdrücke liegen unter einem Millibar. Die Anordnung der Hilfsentladungsstrecke in Relation zum Emitter-Kollektorraum ist dabei in

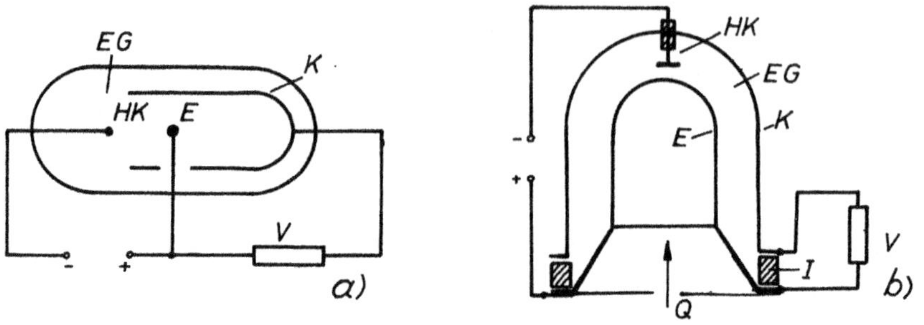

Abb. 2.4.4. Edelgaskonverter. a) Prinzipanordnung, b) Schnitt durch eine Anordnung nach W. Bloss. E ... Emitter, K ... Kollektor, EG ... Edelgas, HK ... Hilfskathode, V ... Verbraucher, I ... Isolation (Al_2O_3), Q ... Wärmezufuhr.

weiten Grenzen wählbar.

Abb. 2.4.4a zeigt das Prinzip eines Edelgaskonverters mit Hilfsentladungsstrecke, Abb. 2.4.4b den schematischen Aufbau eines von W. Bloss entwickelten Edelgaskonverters. In günstigen Fällen benötigt die Hilfsentladungsstrecke nur einige wenige Prozent der Ausgangsleistung einer derartigen Diode.

Die Arbeitstemperaturen des Edelgaskonverters liegen niedriger als beim Cs-Konverter (T_E um 1000° C). Um vernünftige Leistungen zu erhalten, benötigt man Elektrodenmaterialien mit niedrigen Austrittspotentialen. Bisher wurden hauptsächlich Halbleitermaterialien verwendet. Schwierigkeiten bereitet die Langzeitbeständigkeit (konstante Austrittspotentiale) der Elektroden, da sich hier nicht wie beim Cs-Konverter die Elektroden selbständig regenerieren. Vorteilhaft ist bei Edelgaskonvertern der größere Elektrodenabstand (einige Millimeter), was zu einfacheren, technisch gut realisierbaren Lösungen führt. Die bisher erzielten Wirkungsgrade sind vergleichbar mit jenen vom Cs-Konverter, die bisher erreichten Leistungsdichten liegen niedriger.

2.4.5. Anwendungsmöglichkeiten

In der bisherigen Forschungs- und Entwicklungstätigkeit auf dem Gebiete der thermionischen Energieumwandlung überwiegen Arbeiten am Cs-Konverter. Der Vorteil liegt vor allem in der Möglichkeit der Verwendung hochschmelzender Metalle als Elektrodenmaterial und der Regeneration der Elektrodenoberflächen durch die Cs-Beschichtung. Die Schwierigkeiten liegen beim Cs-Konverter vor allem in den geringen erforderlichen Elektrodenabständen und den damit auftretenden technischen Problemen wie z.B. die Wärmedehnung der heißen Elektroden gegenüber den sie umgebenden, auf niedrigen Temperaturen befindlichen Isoliermaterialien usw. Weiters ist die Cs-Atomosphäre korrosiv, was ebenfalls besondere Ansprüche an die verwendeten Materialien stellt. Die Dampfdrücke der eingesetzten Materialien müssen bei den hohen auftretenden Temperaturen möglichst gering sein. Am besten eignen sich reine Metalle oder Metalloberflächen aus W, Mo, Ta und Rh. Zusätzliche Forderungen treten auf, wenn das Thermionikelement direkt in Kernreaktoren eingebaut wird und die bei der Spaltung auftretende Wärme als Wärmequelle für den Emitter dient (Incore-Thermionic-Reactor). In diesen Fällen müssen die Materialien kleine "Einfangquerschnitte" für Neutronen aufweisen, um nicht als "Absorberstäbe" zu fungieren.

Von der Elektrodengestaltung her haben sich sowohl ebene als auch zylindrische (koaxiale) Elektrodenanordnungen bewährt.

Als Wärmequelle für den Emitter kann theoretisch jede beliebige herangezogen werden (analog wie bei Thermogeneratoren), wenn sie die erforderlichen Temperaturen liefert. Es wurden daher flammbeheizte, mit Radionukliden, mit Kernreaktoren oder auch mit Sonnenenergie betriebene Konverter gebaut.

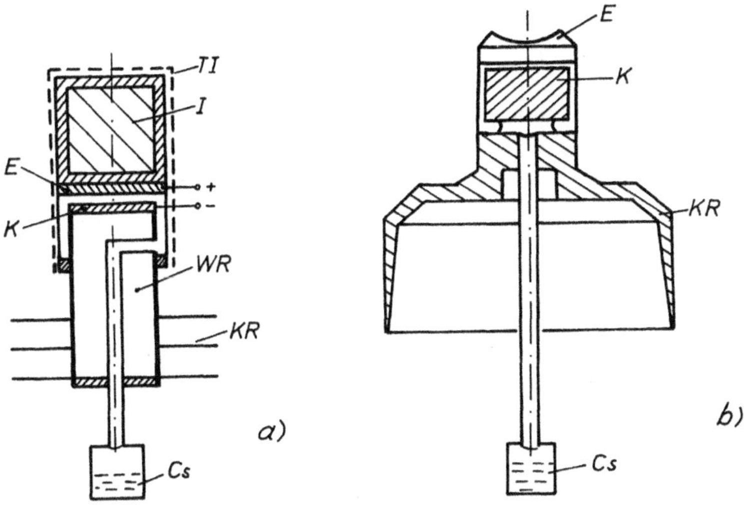

Abb. 2.4.5. Cs-Konverter in schematischer Darstellung. a) Isotopenkonverter, b) Solarkonverter. E ... Emitter, K ... Kollektor, I ... Isotop, TI ... thermische Isolation, WR ... Wärmerohr, KR ... Kühlrippen, Cs ... Cäsiumbehälter.

Abb. 2.4.5a zeigt die Anordnung eines mit Radionukliden beheizten Cs-Konverters. Um die hohen Temperaturen zu erzeugen, benötigt man energiereiche Radioisotope. Vorteilhaft ist, daß mit solchen Konvertern ein wartungsfreier Langzeitbetrieb möglich wäre (für Weltraum- und Meeresforschung). Der Vorteil gegenüber der thermoelektrischen Umwandlung liegt in den höheren Wirkungsgraden und vor allem in der höheren Temperatur der Abwärme, was sich vor allem im Weltraum günstig auswirkt (siehe Bemerkungen bei Thermogeneratoren).

Abb. 2.4.5b zeigt das Schema eines mit Sonnenenergie beheizten Cs-Konverters. Um die nötige Temperatur zu erreichen, muß hiezu die Sonnenstrahlung mit geeigneten Spiegel- oder Linsensystemen fokusiert werden.

Das angestrebte Ziel der Entwicklungsarbeiten war jedoch der direkte Einsatz von Thermionikelementen in Kernreaktoren im Leistungsbereich von 20 bis 200 kW_e, um damit wartungsfreie Energieversorgungsanlagen für Weltraummissionen zu erhalten. Zu beachten ist hiebei, daß Thermionikelemente höhere Leistungsdichten und Temperaturen benötigen, als dies in normalen Reaktorsystemen der Fall ist. Nach ermutigenden Versuchen in den USA und der UdSSR begannen im Jahre 1963 die Firmen Siemens, BBC und Interatom mit der Entwicklung eines 20 kW_e Incore-Thermionic-Reactors. Beim Reaktor handelte es sich um einen metallhydridmoderierten natriumgekühlten Leistungsreaktor. Als Brennstoff war hochangereichertes Uran in Form von Uranoxid vorgesehen. Der Reaktor war für die erste Ausbaustufe (20 kW_e) mit 19 Thermionikbrennelementen ausgerüstet, wobei jeder Brennstab aus sieben in Serie geschalteten Einzelthermionikelementen bestand. Der Reaktorkern hatte eine Höhe von ca. 45 cm und einen Durchmesser von rund 35 cm. Man rechnete mit einer spezifischen Anlagemasse von 60 kg/kW_e (Reaktor mit Thermionikelementen ca. 500 kg, Abschirmung 200 kg, Radiator zur Wärmeabfuhr ca. 500 kg) /2.4.6/.

Aus finanziellen und wirtschaftlichen Gründen mußten die sehr kostenintensiven Untersuchungen, die vom Deutschen Bundesministerium für Bildung und Wissenschaft gefördert wurden, 1972 eingestellt werden, da sich herausstellte, daß zur endgültigen Realisierung des Projektes ein Vielfaches der bis dahin aufgewendeten Mittel nötig gewesen wäre.

Es bleibt abzuwarten, wie sich die Forschungsarbeiten auf diesem sicherlich interessanten Gebiet weiterentwickeln. Es könnte sein, daß in Zukunft dem Edelgaskonverter zufolge der niedrigeren Temperaturen größere Bedeutung zukommt.

2.4.6. Wärmerohre

Ein Problem stellt bei Thermionikkonvertern der Transport der Wärmeenergie zum Emitter bzw. der Abtransport vom Kollektor wegen der kleinen Elektrodenabmessungen dar. Eine Möglichkeit bietet das sog. Wärmerohr (heat-pipe).

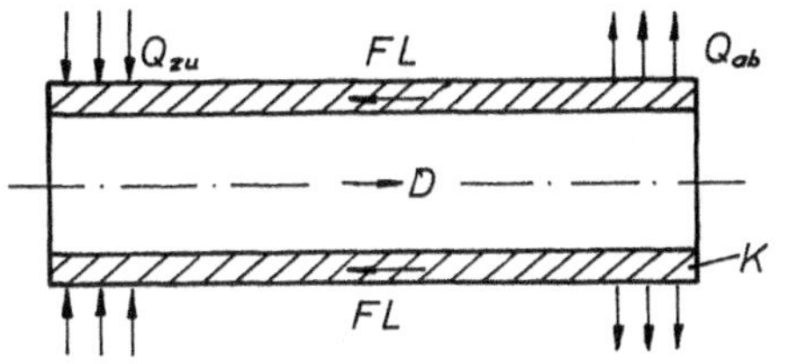

Abb. 2.4.6. Wärmerohr (schematisch). D ... Wärmeträger (dampfförmig), FL ... Wärmeträger (flüssig), K ... Kapillarschicht, $Q_{zu,ab}$ ... Wärmezu-, -abfuhr.

Abb. 2.4.6 zeigt schematisch den Schnitt durch ein Wärmerohr. Das Grundprinzip der Wärmeübertragung ist dabei folgendes: Im Rohr befindet sich ein Wärmeträgerfluid, das an der Wärmequelle Wärme aufnimmt und verdampft. Der Dampf strömt zur Wärmesenke, gibt dort die thermische Energie ab, kondensiert und das Wärmeträgerfluid gelangt durch ein Kapillars-ystem, das an der Rohrinnenwandung angeordnet ist, zur Wärmequelle zurück. Der Wärmetransport erfolgt hier fast verlustlos, das Wärmerohr ist zwischen Wärmeaufnahme- und -abgabestelle thermisch zu isolieren. Je nach Temperatur der Wärmequelle ist das Wärmeträgerfluid zu wählen. Bei niedrigen Temperaturen finden leicht verdampfende Flüssigkeiten wie z.B. verschiedene Frigensorten, bei höheren Temperaturen flüssige Metalle (K, Na, Pb, In und Ag) Verwendung.

Heute werden Wärmerohre schon vielfach zum Wärmetransport bei Halbleiterbauteilen (Dioden, Thyristoren etc. in der Leistungs-Elektronik /2.4.7/ oder zur Wärmeabfuhr bei elektrischen Maschinen /2.4.8/, um nur einige Anwendungsmöglichkeiten zu nennen, verwendet.

Literatur

2.4.1. Bloss, W.: Elektronische Energiewandler. Wissenschaftliche

Verlagsgesellschaft,Stuttgart 1968.
2.4.2. Kluge, W.: Physik und Technik thermionischer Energiewandler. VDI-Zeitschrift 107, 205-213 (1965).
2.4.3. Schock, A.: Journal of Applied Physics 32, 1564 (1961).
2.4.4. Euler, K.J.: Energie-Direktumwandlung. Verlag Thiemig, München 1967.
2.4.5. Langpape, R.: Thermionische Energiewandler, EundM 86, 480-487 (1969).
2.4.6. Budnick, D.: Kernkraftwerk für den Einsatz im Weltraum. Siemens Zeitschrift 44, 483-488 (1970).
2.4.7. Gammel, G., Heidtmann, U.: Anwendung von Wärmerohren in der Leistungselektronik. BBC-Nachrichten 55, 143-152 (1973).
2.4.8. Corman, J.C. u.a.: Heat Pipe Cooled Induction Motor. IEEE Trans. PAS 93, 1069-1075 (1974).

2.5. Radionuklidbatterien

2.5.1. Einleitung, Grundbegriffe

Radionuklidbatterien (-generatoren) wandeln die Strahlungsenergie, die beim Zerfall eines Radionuklids (radioaktives Isotop) frei wird, direkt oder über mehrere Stufen in elektrische Energie um.

Mit dem Ansteigen der Verwendung von Kernenergie für friedliche Zwecke (Kernkraftwerke zur Erzeugung elektrischer Energie, Kernreaktoren zur Wärmeerzeugung etc.) steigt auch die Zahl der in den Reaktoren gebildeten Spaltprodukte. Diese können unter anderem zur Energieversorgung von Radionuklidbatterien herangezogen werden. Radionuklide sind instabile Isotope, die unter Aussendung energiereicher Strahlung in ein stabiles Isotop eines anderen Elementes übergehen. Je nach Art der Strahlung unterscheidet man zwischen α-Strahlern (Ausstrahlung von positiven Heliumkernen), ß-Strahlern (Elektronenemission) und γ-Strahlern (Aussendung von elektromagnetischer Strahlung).

Radionuklide werden heute vielfach auch auf dem Gebiete der Medizin zu Bestrahlungszwecken, in der Materialprüfung, für Meßzwecke usw. angewendet.

Wesentliche Kenngrößen für Radionuklide sind die Halbwertszeit $T_{1/2}$ und die Aktivität A (Einheit s^{-1}, die Sekunde hoch minus eins ist gleich der Aktivität einer radioaktiven Quelle mit einer Kernumwandlung in einer Sekunde; die frühere Einheit war Curie (Ci), 1 Ci = $3{,}7\cdot10^{10}$ s^{-1} (Zerfälle je Sekunde)) bzw. die spezi-

<u>fische Aktivität a</u> (bezogen auf die Masseneinheit).

Unter der <u>Halbwertszeit</u> $T_{1/2}$ versteht man jene Zeit, nach der sich die Hälfte der radioaktiven Atomkerne umgewandelt hat. Für den radioaktiven Zerfall gilt

$$n = n_o \exp(-\lambda t),$$

wobei n_o die Zahl der radioaktiven Atome zur Zeit t = 0 ist, n die Zahl der radioaktiven Atome zum Zeitpunkt t, λ ist die <u>Zerfallskonstante</u> des betreffenden Radionuklids. Für die Halbwertszeit erhält man aus voriger Beziehung ($n = n_o/2$).

$$T_{1/2} = (\ln 2)/\lambda$$

Ein Nuklid kann beim Zerfall eine ganze Reihe von Zwischenstufen durchlaufen, bis es in ein stabiles Isotop eines anderen Elementes übergeht. Beispielsweise gelangt Strontium-90, ein viel verwendeter ß-Strahler, nach zwei Stufen in ein stabiles E ndprodukt.

$$^{90}Sr \xrightarrow[T_{1/2} = 28a]{ß} {}^{90}Y \xrightarrow[T_{1/2} = 65h]{ß} {}^{90}Zr$$

Die Halbwertszeit beim Zerfall in Yttrium-90 liegt bei 28 Jahren, beim weiteren Zerfall von Yttrium-90 in Zirkon-90 beträgt diese nur 65 Stunden. Es existieren auch Isotope mit Halbwertszeiten von Bruchteilen von Sekunden, diese sind jedoch für die Energieumwandlung kaum von Interesse. Hier sind vor allem vernünftige Halbwertszeiten und entsprechende Leistungsdichten der Nuklide von ausschlaggebender Bedeutung. Weitere wesentliche Faktoren stellen die Fragen der Abschirmung und der Preis des Nuklides dar.

Einer der Hauptvorteile von Radionuklidbatterien ist der wartungsfreie Betrieb. Daraus folgt die Tatsache, daß die Halbwertszeit des verwendeten Nuklides ein Mehrfaches der gewünschten Betriebsdauer der Batterie betragen muß, um während des Betriebes möglichst konstante Leistung zu liefern. Sinnvolle Halbwertszeiten liegen bei einigen 100 Tagen bis maximal 100 Jahren. Je größer die Halbwertszeit eines Nuklides ist, desto geringer ist meist die Leistungsdichte p (bezogen auf die Volumseinheit)

$$p = \rho a E$$

wobei ρ die Dichte des radioaktiven Materials, a die spezifische Aktivität und E die mittlere Energie der α-, ß-Teilchen oder der Photonen ist.

2.5.2. Verwendete Nuklide

Die Auswahl der Nuklide für Radioisotopenbatterien erfolgt in erster Linie nach dem Einsatzzweck. Für extraterrestrische Zwecke stehen vor allem hohe Betriebssicherheit und geringes Gewicht der Batterien im Vordergrund, für terrestrische Anwendungsfälle kommt vor allem dem Strahlenschutz (Abschirmung) und dem Preis große Bedeutung zu. Auf Grund der Abschirmung kommen hauptsächlich α - und ß-Strahler in Frage, wobei zu beachten ist, daß manche Nuklide dieser Gruppe auch geringfügig γ-Strahlen emittieren. In diesen Fällen werden als Abschirmmaterial Elemente hoher Ordnungszahl wie beispielsweise Blei verwendet, was zu aufwendigen und schweren Abschirmungen führt.

Ein häufig verwendetes Nuklid ist der bereits erwähnte ß-Strahler Strontium-90 mit einer Halbwertszeit von 28 Jahren und einer spezifischen Leistung von rund 1 W/g. Strontium-90 wird meist in Form von Strontiumoxid $SrTiO_3$ verwendet (0,23 W/g, 0,84 W/cm^3). Die meisten bisher ausgeführten thermoelektrischen Radionuklidbatterien (z.B. TRISTAN, siehe Abschn. 2.3.4) enthalten dieses Isotop als Energieträger. Wegen der auftretenden Bremsstrahlung ist eine stärkere Abschirmung erforderlich.

Für die thermionische Energiewandlung wären wegen der hohen Temperaturen Nuklide entsprechender Energiedichte nötig. Als Nuklide kämen Polonium-210, Thorium-228 oder Cer-144 in Frage. Weiters Actinium-227 und Uran-232. Da thermionische Wandler derzeit von geringer Bedeutung sind, ist das Interesse an thermionischen Radionuklidbatterien derzeit auf die Laborebene beschränkt.

Sehr gute Eigenschaften besitzt Plutonium-238, ein α-Strahler hoher Energiedichte (z.B. PuO_2, spez. Leistung 0,44 W/g) mit einer Halbwertszeit von 86 Jahren. Pu238 wird durch die Bestrahlung von Neptunium-237, das bei der Aufbereitung bestrahlter Brennelemente anfällt, gewonnen. Durch die komplizierten Herstellungsverfahren ist es extrem teuer und kann daher für Nuklidbatterien größerer Leistungen nicht eingesetzt werden. Für kleinste Leistungseinheiten (z.B. Herzschrittmacherbatterien) ist es bestens geeignet, außerdem ist praktisch keine Abschirmung erforderlich.

2.5.3. Umwandlungsmethoden

2.5.3.1. Direkte Methoden

Elektrostatische Aufladung:

Verwendet man einen α- oder ß-Strahler als Emitter und fängt die emittierten Ladungen an einer den Emitter umgebenden Elektrode (Kollektor) auf, so entsteht eine Potentialdifferenz zwischen dem emittierenden Nuklid und der auffangenden Elektrode.

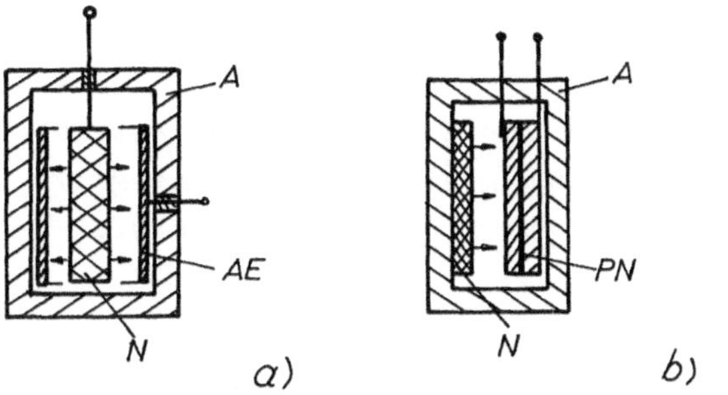

Abb. 2.5.1. Radio-nuklidbatterien mit direkter Energieumwandlung (schematisch). a) Elektrostatische Aufladung, b) Sperrschichtanordnung. N ... Nuklid, AE ... Auffangelektrode, PN ... p/n-Halbleiterübergang, A ... Abschirmung.

Abb. 2.5.1a zeigt die prinzipielle Anordnung einer solchen Energiequelle, basierend auf der Ladungstrennung durch die Emission von α- oder ß-Teilchen. Im Falle eines α-Strahlers lädt sich der Kollektor positiv gegenüber dem Emitter auf, bei Verwendung eines ß-Strahlers negativ. Der Raum zwischen Kollektor und Emitter kann Vakuum oder auch ein festes Dielektrikum sein. Als Isotope kommen der α-Strahler Pu238 und die ß-Strahler Pm147 und Kr85 sowie Sr90 in Betracht. Es wurden verschiedentlich solche Zellen gebaut, mit Abmessungen von 10 bis 40 mm. Die erreichbaren Spannungen liegen im kV-Bereich, die Kurzschlußströme im Nano- bis Picoamperebereich. Die Anwendungsmöglichkeiten solcher Batterien sind sehr beschränkt (als Zeit- oder Impulsgeber) und ihre Bedeutung eher gering.

Halbleiteranordnung (Sperrschichtanordnung):

Eine andere Möglichkeit der direkten Energieumwandlung besteht darin, an einem p/n-Halbleiterübergang (Sperrschichte) durch α- oder ß-Strahlen Ladungsträger (Elektronen, Löcher, ähnlich wie bei Solarzellen durch die Photonen) zu erzeugen. Als Halbleiter eignen sich Silizium und Kadmiumsulfid. Abb. 2.5.1b zeigt die prinzipielle Anordnung einer derartigen Radionuklidbatterie.

Es ist zu beachten, daß α-Strahler (z.B. Pu238) im allgemeinen durch die hohe Energiedichte der Strahlung den p/n-Übergang rasch zerstören, es eignen sich daher ß-Strahler niedriger Energiedichte (z.B. H3, Pm147), die praktisch zu keiner Strahlungsschädigung des Halbleiterüberganges führen (Beta-Zelle). Miniaturbatterien mit Leistungen von einigen 100 μW wurden bereits gebaut, ihre Anwendung könnte auf dem Gebiet der Versorgung von Herzschrittmachern oder Kleinstgeräten (z.B. Uhren) liegen.

2.5.3.2. Indirekte Umwandlungsmethoden

Bei diesen Umwandlungsverfahren dient die Energie der abgestrahlten Teilchen nur mittelbar zur Erzeugung elektrischer Energie. Es erfolgt also eine Energieumwandlung über eine Zwischenstufe.

Photoelektrische Umwandlung:
Bei dieser Methode dient die Strahlungsenergie des Nuklids zum Anregen einer lumineszierenden Substanz (Luminophor), die ihrerseits Licht emittiert, das dann in geeigneten Photoelementen (p/n-Halbleiterphotoelemente, ähnlich wie Solarzellen aufgebaut) in elektrische Energie umgewandelt wird. Durch die Hintereinanderschaltung zweier Umwandlungsprozesse mit jeweils schlechtem Wirkungsgrad ist der Gesamtumwandlungswirkungsgrad extrem klein, solche Nuklidbatterien haben daher für die Praxis wenig Bedeutung. Abb. 2.5.2a zeigt schematisch eine derartige Anordnung.

Thermionische Umwandlung:

Die kinetische Energie der α- oder ß-Teilchen wird durch einen Abbremsvorgang in einer Metallkapselung (Emitter) in Wärme umgesetzt und diese dient zur thermischen Elektronenemission aus der Metalloberfläche. Dem Emitter steht ein Kollektor gegenüber, der

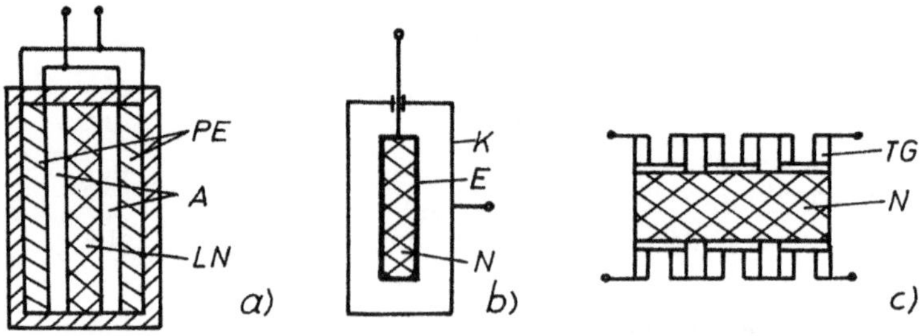

Abb. 2.5.2. Radionuklidbatterien mit mittelbarer Energieumwandlung. a) Photoelektrische -, b) thermionische -, c) thermoelektrische Energieumwandlung. LN ... Leuchtstoff und Nuklid, A ... lichtdurchlässige Abschirmung, PE ... Photoelement, N ... Nuklid, E ... Emitter, K ... Kollektor, TG ... thermoelektrischer Generator.

die Elektronen auffängt. Das Prinzip eines derartigen thermionischen Radionuklidgenerators ist das in Abschn. 2.4 beschriebene. Abb. 2.5.2b zeigt eine Prinzipskizze eines thermionischen Radionuklidgenerators, Abb. 2.4.5a (Abschn. 2.4) zeigt den Schnitt durch einen mit Nukliden "beheizten" Cs-Konverter.

Thermoelektrische Umwandlung:

Ähnlich wie bei thermionischer Energieumwandlung wird hier die kinetische Energie der emittierten Teilchen zuerst in Wärme umgewandelt und diese dann über Thermoelemente in elektrische Energie (Abb. 2.5.2c). Dieses Umwandlungsverfahren wurde bis zur technischen Reife entwickelt /2.5.1, 2.5.2/. Thermoelektrische Radionuklidbatterien dienen heute vielerorts zur wartungsfreien Energieversorgung von Sende- und Meßstationen, Leuchtbojen, zur Energieversorgung von terrestrischen (z.B. auch für Zwecke der Meeresforschung) und extraterrestrischen Forschungsprojekten im Leistungsbereich von µW (Herzschrittmacher /2.5.3/, siehe auch Abschn. 2.3.5, Abb. 2.3.6) bis zu einigen 100 W. In den einzelnen Ländern wurden ganze "Generatorgenerationen" entwickelt, die unter den verschiedensten Namen bekannt wurden.

Beispielsweise in den USA: SNAP (System of Nuclear Auxiliary Power); in Europa: RIPPLE (Radio Isotope Power Pulsed Light Equipment), GISELA (Generateur Isotopique d'Electricitè Auxiliaire), EURIG (Euratom Radio Isotpe Generator), TRISTAN (Thermoelektrische Radio-Isotopenbatterie für terrestrische Anwendungen).

Das am meisten verwendete Nuklid bei thermoelektrischen Radionuklidbatterien ist Sr90 in Form von $SrTiO_3$.

Literatur

2.5.1. Myatt, J., Penn, A.W., Poole, M.J.: Thermoelektrische Radionuklidgeneratoren. Kerntechnik 14, 391-394 (1972).

2.5.2. Renner, T., Winkler, J.: Ein thermoelektrischer Radionüklidgenerator für die Meerestechnik. Meerestechnik 3, Heft 2 (1972).

2.5.3. Lefevre, J. u.a.: Un stimulateur cardiaque isotopique au plutonium 238. Revue Generale Nucléaire 1, 123-130 (1975).

2.6. MHD-Energieumwandlung

2.6.1. Grundlagen

Das Prinzip der magnetohydrodynamischen (MHD) Energieumwandlung ist analog jenem bei rotierenden elektrischen Maschinen. Allerdings liegen hier keine ausgeprägten Leiter vor, sondern ein leitfähiges Medium, das sich senkrecht zu einem Magnetfeld bewegt, wodurch eine Spannung induziert wird, die über Elektroden (Konduktionstyp) oder induktiv (Induktionstyp) "ausgekoppelt" werden kann.

Als leitfähige Medien kommen heiße, ionisierte Gase (Plasmen) oder flüssige Metalle in Frage. Die ersten Untersuchungen auf dem Gebiete der MHD-Umwandlung wurden bereits von Faraday durchgeführt. Er ordnete unter anderem Elektroden an den Ufern der Themse an und wollte die Spannung, die im fließenden Wasser durch das Erdmagnetfeld induziert wird, messen. Neben dem Begriff MHD-Umwandlung treten manchmal Bezeichnungen wie MPD- (magnetoplasmadynamische), MFD- (magnetofluiddynamische) oder MGD- (magnetogasdynamische) Energieumwandlung auf.

Anfang der 60er Jahre stürzte man sich förmlich auf das Gebiet der MHD-Umwandlung. Es gab in der Folge unzählige Veröffentlichungen auf diesem Sektor, nicht zuletzt deshalb, weil die MHD-Umwandlung für jeden Theoretiker ein weites Betätigungsfeld eröffnet. Die Theorie ist äußerst kompliziert, es treten strömungstechnische, thermodynamische, plasmaphysikalische und elektrodynamische Erscheinungen in Wechselwirkung auf, deren vollständige mathematische Beschreibung fast unmöglich ist.

Die hohen erforderlichen Temperaturen des gasförmigen Arbeitsmediums (2000 bis 3000 K) führten jedoch zu technologisch nur schwer zu lösenden Materialproblemen. Vom Konzept her wären MHD-Generatoren für große und größte Leistungseinheiten geeignet, das angestrebte Ziel wäre die Anordnung von MHD-Anlagen als Vorschaltstufe von konventionellen thermischen Kraftwerken, um den Gesamtwirkungsgrad solcher Anlagen zu heben.

Im folgenden soll kurz in vereinfachter Weise auf die prinzipiellen elektrodynamischen Zusammenhänge bei MHD-Wandlern eingegangen werden.

Der MHD-Generator unterscheidet sich grundsätzlich von einem rotierenden Generator dadurch, daß hier keine metallischen Leiter (Drähte, Wicklungen) vorliegen, sondern ein leitfähiges Medium mit der elektrischen Leitfähigkeit $\varkappa$, das sich mit der Geschwindigkeit $\vec{v}$ (in x-Richtung, der Pfeil über der physikalischen Größe deutet deren Vektoreigenschaft an) in einem Kanal bewegt und dabei von einem dazu senkrecht stehenden Magnetfeld $\vec{B}$ (in z-Richtung) durchsetzt wird (Abb. 2.6.1a).

Durch die Bewegung des elektrisch leitfähigen Mediums im Magnetfeld wird eine elektrische Feldstärke induziert,

$$\vec{E}_{ind} = \vec{v} \times \vec{B}$$

die zu einer Ablenkung der Ladungsträger (Elektronen und positive Ionen) und zu einer Bewegung derselben zu den Elektroden führt. Im Leerlauf (Stromdichte $\vec{J} = 0$) ist die durch die Ladungstrennung entstandene elektrische Feldstärke $\vec{E}$ entgegengesetzt gleich der induzierten $\vec{E}_{ind}$.

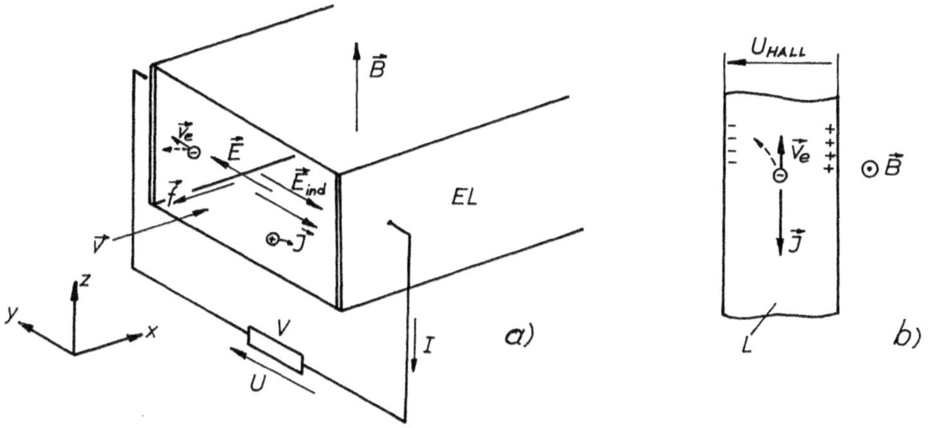

Abb. 2.6.1. a) Grundanordnung eines MHD-Generators, b) Hall-Effekt. U, I ... Spannung, Strom durch den Verbraucher V, EL ... Elektroden, L ... elektrischer Leiter, U_{Hall} ... auftretende Hall-Spannung, ⊙ ... Vektor zeigt aus der Bildebene heraus; sonstige Bezeichnungen siehe Text.

Für die Stromdichte $\vec{J}$ gilt allgemein der Zusammenhang

$$\vec{J} = \varkappa\,(\vec{E} + \vec{v} \times \vec{B}) = \varkappa\,\vec{E}'$$

wobei $\vec{E}' = \vec{E} + \vec{v} \times \vec{B}$. Im Leerlauf gilt, $\vec{J} = 0$ und für die zwischen den Elektroden auftretende Feldstärke $\vec{E}$ gilt

$$\vec{E} = -\vec{v} \times \vec{B},$$

für den Kurzschlußfall ($\vec{E} = 0$) ergibt sich $\vec{J} = \varkappa\,(\vec{v} \times \vec{B})$.

Auf einen stromdurchflossenen Leiter im Magnetfeld wirkt stets eine Kraft. Die Kraftdichte $\vec{f}$ ergibt sich aus der Beziehung

$$\vec{f} = \vec{J} \times \vec{B}$$

und wirkt im Falle der eingezeichneten Richtungen (Generator) von Abb. 2.6.1a entgegen der Strömungsrichtung des Mediums (Bremskraft). Hätte die Stromdichte umgekehrte Richtung (Energiezufuhr), so würde die resultierende Kraft beschleunigend auf das Plasma wirken (Grundprinzip des Plasmaantriebes). Die Leistungsdichte, die dem MHD-Generator entnommen werden kann, ist

$$p_{el} = -\vec{J} \cdot \vec{E}$$

wobei der Wert des inneren Produktes für den Generator stets positiv ist, da $\vec{J}$ und $\vec{E}$ stets einen Winkel größer als 90° einschließen.

Bei den bisherigen Betrachtungen wurde die Wirkung des Magnetfeldes $\vec{B}$ auf die Ladungsträger (Elektronen, die Wirkung auf die Ionen kann wegen deren höherer Masse und geringerer Beweglichkeit vernachlässigt werden) nicht berücksichtigt. Die Elektronen bewegen sich mit der Geschwindigkeit $\vec{v}_e$ im Magnetfeld $\vec{B}$ und damit entsteht eine zusätzliche Feldstärke- und Kraftkomponente $\vec{F}_e$ auf die Elektronen senkrecht zu $\vec{v}_e$ und $\vec{B}$ ($\vec{F}_e = -e(\vec{v}_e \times \vec{B})$), wodurch die Elektronen abgelenkt werden. Diese Erscheinung tritt immer bei Stromfluß in einem Leiter, der sich in einem Magnetfeld befindet, auf, so dieses nicht in Leiterrichtung wirkt (<u>Hall-Effekt</u>, an den Leiterseiten bildet sich eine Potentialdifferenz aus - <u>Hall-Spannung</u>; Abb. 2.6.1b).

Die resultierende Feldstärke $\vec{E}''$ ergibt sich mit Berücksichtigung des Hall-Terms $\vec{v}_e \times \vec{B}$ zu

$$\vec{E}'' = \vec{E}' + \vec{v}_e \times \vec{B}$$

Für die Elektronenstromdichte $\vec{J}_e$ ($\approx \vec{J}$, da Ionenstrom vernachlässigt) erhält man

$$\vec{J} \approx \vec{J}_e = \varkappa(\vec{E} + \vec{v} \times \vec{B} + \vec{v}_e \times \vec{B})$$

weiters gilt für die Stromdichte $\vec{J}$ unter voriger Vernachlässigung

$$\vec{J} = -e\, n_e \vec{v}_e$$

mit der Elektronendichte n_e und der Elementarladung e. Für die "skalare" elektrische Leitfähigkeit $\varkappa$ gilt der Zusammenhang

$$\varkappa = \mu_e n_e e$$

wobei μ_e die Beweglichkeit der Elektronen darstellt. Aus den letzten beiden Gleichungen ergibt sich $\varkappa \vec{v}_e = -\mu_e \vec{J}$, sodaß für $\vec{J}$

geschrieben werden kann:

$$\vec{J} = \varkappa \vec{E}' - \mu_e \vec{J} \times \vec{B}$$

Mit den vereinfachenden Annahmen, daß $\vec{v}$ nur eine x-Komponente, $\vec{B}$ nur eine z-Komponente besitzt (Abb. 2.6.1a) und wenn weiters zur Vereinfachung $v_x = v$ und $B_z = B$ geschrieben wird, erhält man für die Komponenten J_x, J_y, J_z der Stromdichte $\vec{J}$ die folgenden Zusammenhänge

$$J_x = \frac{\varkappa}{1 + \beta^2} \left[E_x - \beta(E_y - v\,B)\right]$$

$$J_y = \frac{\varkappa}{1 + \beta^2} \left[\beta E_x + (E_y - v\,B)\right] \qquad (1)$$

$$J_z = \varkappa\, E_z$$

wobei $\beta = \mu_e B$ der Hall-Parameter ist (Beta!).

2.6.2. Kanalkonfigurationen

2.6.2.1. Faraday-Generator

Abb. 2.6.2a zeigt die Elektrodenanordnung, Abb. 2.6.2b die Vektoren der einzelnen physikalischen Größen bei Belastung des Generators.

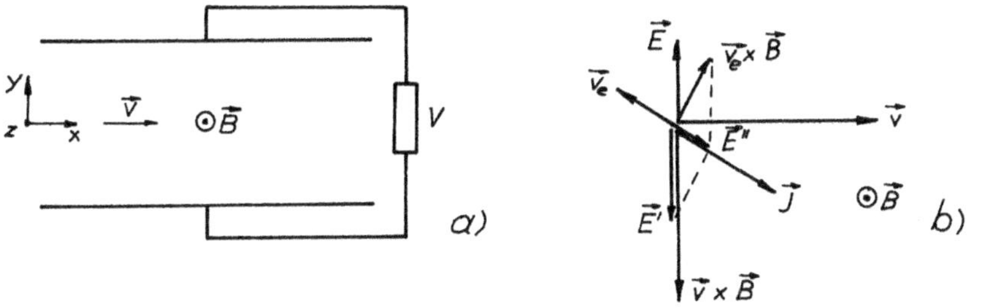

Abb. 2.6.2. a) Elektrodenanordnung beim Faraday-Generator, b) Vektordarstellung der verschiedenen Größen.

Es ist üblich, eine dimensionslose Größe K einzuführen, die als Lastfaktor (loading factor) bezeichnet wird. K ist definiert als das Verhältnis von Klemmenspannung bei Belastung zu Leerlaufspannung oder auch gleich der Feldstärke zwischen den Elektroden bei Belastung zur induzierten Feldstärke im Leerlauf.

Für den Faraday-Generator ergibt sich $K = E_y/(v\,B)$. Weiters ist wegen der metallischen Elektroden $E_x = 0$, sodaß für die Komponente des Stromes in y-Richtung aus dem Gleichungssystem (1) der Ausdruck folgt

$$J_y = \frac{\varkappa}{1 + \beta^2} (E_y - v\,B)$$

Für die elektrische Leistungsdichte erhält man

$$p_{el} = -J_y E_y = -\frac{\varkappa}{1 + \beta^2} E_y (E_y - v\,B)$$

und nach Einführung des Lastfaktors K

$$p_{el} = \frac{\varkappa}{1 + \beta^2} K(1 - K) v^2 B^2$$

Der Hall-Effekt bewirkt bei diesem Generatortyp eine empfindliche Absenkung der erzielbaren Leistungsdichte. Es treten Ströme in x-Richtung auf, die zu Verlusten führen. Um diese Verluste weitgehend zu vermeiden, baut man die Elektroden aus einzelnen elektrisch voneinander isolierten Segmenten auf ⟶ segmentierter Faraday-Generator.

2.6.2.2. Segmentierter Faraday-Generator

Abb. 2.6.3a zeigt die Elektrodenanordnung und Abb. 2.6.3b die Vektoren der verschiedenen physikalischen Größen bei Belastung des Generators. Unter der Annahme einer unendlich fein unterteilten Elektrode muß $J_x = 0$ sein. Damit folgt aus dem Gleichungssystem (1) für E_x

$$E_x = \beta(E_y - v\,B)$$

Dies in die Stromdichte J_y eingesetzt, liefert

$$J_y = \varkappa (E_y - v\,B)$$

Der Lastfaktor ist auf Grund der Definition gleich wie beim Faraday-Generator mit durchgehenden Elektroden $K = E_y/(v\,B)$.

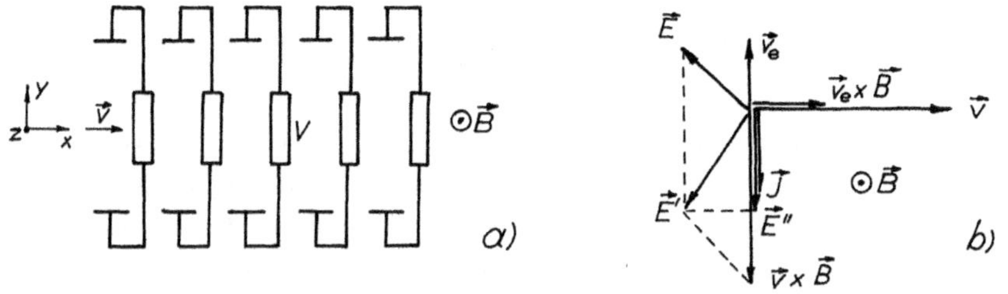

Abb. 2.6.3. a) Elektrodenanordnung beim segmentierten Faraday-Generator, b) Vektordarstellung der physikalischen Größen.

Für die elektrische Leistungsdichte ergibt sich in diesem Falle (Elektrodensegmente unendlich schmal)

$$p_{el} = \varkappa K(1 - K)v^2B^2$$

Die erzielbare Leistungsdichte ist hier wesentlich größer als im vorigen Fall, nachteilig ist die Tatsache, daß praktisch für jedes Elektrodenpaar ein eigener Verbraucher vorgesehen ist. In der Praxis, wo die Gleichenergie ins Drehstromnetz eingespeist werden müßte, bedeutet dies einen erheblichen Aufwand an Wechselrichtern (siehe Hinweis bei der sowjetischen Anlage U-25).

2.6.2.3. Hall-Generator

Gegenüberliegende Elektroden werden bei diesem Generatortyp kurzgeschlossen ($E_y = 0$). Der Verbraucher liegt zwischen erstem und letztem Elektrodenpaar. Diese Type nützt besonders den Hall-Effekt aus. Abb. 2.6.4a zeigt die schematische Anordnung der Elektroden und des Verbrauchers, Abb. 2.6.4b die verschiedenen physikalischen Größen des Generators.

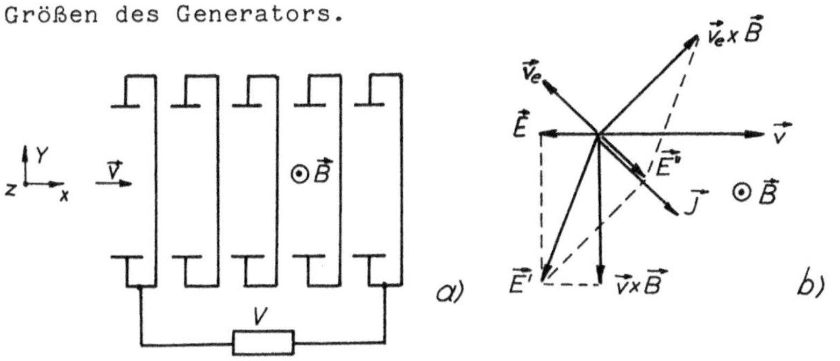

Abb. 2.6.4. a) Elektrodenanordnung beim Hall-Generator, b) Vektordarstellung der physikalischen Größen.

Für die Leistungsdichte gilt hier $p_{el} = -J_xE_x$ und aus dem Gleichungssystem (1) erhält man für J_x unter der Bedingung $E_y = 0$ und für p_{el}

$$J_x = \frac{\varkappa}{1 + ß^2} (E_x + ß\, v\, B)$$

$$p_{el} = - \frac{\varkappa}{1 + ß^2} E_x(E_x + ß\, v\, B)$$

Für den Lastfaktor K folgt auf Grund der Definition $K = E_x/E_{x,L}$, wobei $E_{x,L}$ die Leerlauffeldstärke in x-Richtung ist. $E_{x,L}$ ergibt sich aus der Bedingung $J_x = 0$ und $E_y = 0$ zu $E_{x,L} = -ß\, v\, B$ und damit $K = -E_x/(ß\, v\, B)$.

Damit ist die elektrische Leistungsdichte

$$p_{el} = \frac{\varkappa}{1 + 1/ß^2} K(1 - K)v^2B^2$$

Man erkennt, daß für große Hall-Parameter ß die Anordnung günstig ist. Um diesen Effekt gut zu nutzen, bedarf es aber sehr hoher magnetischer Induktionen.

Neben den hier beschriebenen Kanalkonfigurationen existieren noch eine Reihe weiterer Möglichkeiten für Konduktionsgeneratoren, die aber den Rahmen dieses Abschnittes sprengen würden /3.6.1/.

Wie aus den Formeln für die Leistungsdichte ersichtlich ist, kommt es vor allem auf die Größe der elektrischen Leitfähigkeit und der Strömungsgeschwindigkeit des Arbeitsmediums sowie auf die Induktion im MHD-Kanal an. Je größer diese Werte sind, desto günstiger verläuft die Energieumwandlung.

Um die Leitfähigkeit des Arbeitsmediums zu erhöhen, wird man in erster Linie bei gasförmigen Medien hohe Arbeitstemperaturen anstreben (thermische Ionisation - Materialprobleme !) bzw. dem Arbeitsmedium leicht ionisierbare Substanzen (Saatmaterial, Impfstoff, z.B. Alkalimetalle) beigeben. Eine andere Möglichkeit bestünde in der Verwendung von flüssigen Metallen als Arbeitsmedium, allerdings treten hier große Probleme bei der Erzeugung der nötigen hohen Strömungsgeschwindigkeiten auf (siehe Abschn. 2.6.3.3). Die Erzielung einer hohen Strömungsgeschwindigkeit im MHD-Kanal bei gasförmigen Medien bereitet kaum Schwierigkeiten.

Kritischer ist die Situation bei der Erzeugung starker Magnetfelder, wobei hier noch zu bedenken ist, daß MHD-Generatoren in erster Linie für große Leistungen (MW-Bereich) in Frage kämen, wodurch auch die Kanalquerschnitte entsprechende Dimensionen aufweisen. Zur Erzielung von Magnetfeldern mit Induktionen von einigen Tesla kommen praktisch nur supraleitende Magnetspulen in Betracht. Der Bau solcher Spulen ist prinzipiell heute möglich, wenngleich auch hier noch etliche Probleme zu lösen sind. Erschwerend ist, daß im Kanal Temperaturen um 2000 bis 3000 K herrschen, die supraleitenden Magnetspulen jedoch auf 4 K gehalten werden müssen, was an die thermische Isolierung größte Anforderungen stellt.

Die größten Schwierigkeiten treten jedoch im Zusammenhang mit den Elektrodenmaterialien auf. Diese sollen elektrisch gut und thermisch schlecht leitend sein (damit dem Plasma keine thermische Energie an den Wandungen entzogen wird), müssen die hohen Temperaturen aushalten, dürfen nicht oxydieren und sollen außerdem der durch das Saatmaterial korrosiv wirkenden Gasatmosphäre über lange Zeit standhalten. Zirkonoxid (ZrO_2) mit entsprechenden

Zusätzen wie Yttriumoxid (Y_2O_3) kann bis ca. 2200° C als Elektrodenmaterial verwendet werden, wenngleich die Standzeit solcher Elektroden noch lange nicht befriedigend ist. Die Kanalwandungen unterliegen den gleichen thermischen und chemischen Einflüssen wie die Elektroden, auch hier sind keramische Materialien wie Zirkonoxid oder Magnesiumoxid noch am besten geeignet. Vielfach werden die Elektroden und Kanalwände gekühlt, was zu unterschiedlichen Plasmatemperaturen, aber auch zu großen thermischen (mechanischen) Spannungen der Materialien führt.

2.6.3. MHD-Energieumwandlungsanlagen

Hier sind vor allem drei große Gruppen von Anlagenkonzepten zu unterscheiden: Das offene und geschlossene MHD-Energieumwandlungssystem und MHD-Anlagen mit flüssigem Arbeitsmedium.

2.6.3.1. Offene MHD-Anlagen

Es handelt sich hier um MHD-Generatoranlagen, bei denen das Arbeitsmedium (in erster Linie Verbrennungsgase) nicht mehr zur Wärmequelle zurückgeführt wird. Nach Durchströmen des MHD-Kanals gelangt es nach Abgabe der Wärmeenergie in entsprechenden Wärmetauschern und anschließender Reinigung in die Atmosphäre (offener Kreislauf).

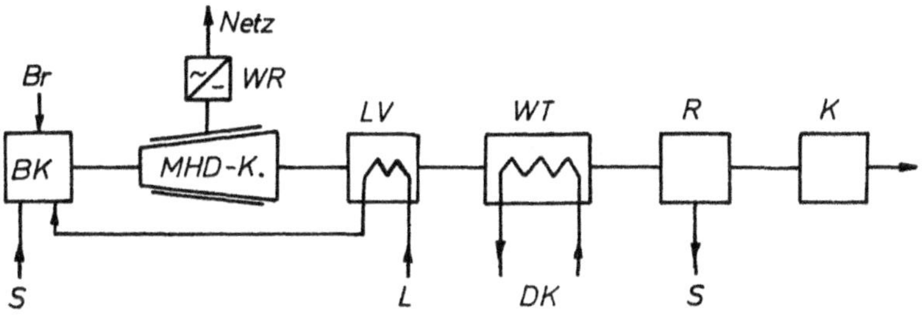

Abb. 2.6.5. Offene MHD-Anlage. BK ... Brennkammer, Br ... Brennstoff, S ... Saatmaterial, WR ... Wechselrichter, LV ... Luftvorwärmer, L ... Luft, WT ... Wärmetauscher für konventionellen nachgeschalteten Dampfkreis (DK), R ... Reinigungsanlage, K ... Kühlung der Abgase.

Abb. 2.6.5. zeigt das vereinfachte Schema eines "offenen" MHD-Kreislaufes. Um möglichst hohe Gastemperaturen und damit entsprechende Leitfähigkeit zu erreichen ($T > 2500°$ C), muß dem Brennstoff entweder reiner Sauerstoff (in der Praxis wäre dies zu teuer) oder vorerwärmte Luft (1500 bis 1700° C) zugesetzt werden. Die Verbrennung findet in eigens konzipierten Brennkammern statt, in denen auch die Zufuhr des Saatmaterials zur Erhöhung der elektrischen Leitfähigkeit erfolgt. Als Saatmaterial eignen sich zufolge der hohen Temperaturen billige Stoffe mit relativ geringen Ionisierungsenergien wie z.B. Na (Ionisierungsenergie 5,1 eV), K (4,4 eV) oder Verbindungen dieser Elemente (z.B. K_2CO_3). Nach dem Verlassen des MHD-Kanals dienen die heißen Flammgase zur Luftvorwärmung. In einem eigenen Wärmetauscher wird den heißen Gasen möglichst ein Großteil der thermischen Energie entzogen und einem nachgeschalteten Dampfkraftwerk zugeführt. Nach Reinigung der Verbrennungsgase und Ausscheidung des Saatmaterials sowie nach erfolgter Kühlung gelangen die Abgase ins Freie.

Durch die Vorschaltung von MHD-Anlagen vor konventionelle kalorische Kraftwerke wären Energieumwandlungswirkungsgrade von 50 bis 60 % möglich. Selbstverständlich wäre auch eine nachfolgende Energieumwandlung in Gasturbinen denkbar. Allerdings führen die korrosiven Abgase hier sicherlich zu weiteren Problemen. In allen Fällen sind es die hohen Temperaturen und die korrosive Atmosphäre, die die thermische Nutzung der aus dem MHD-Kanal ausströmenden Gase erschweren /2.6.2/.

Diese Generatorkonzeption hat nach heutigem Ermessen von allen MHD-Anlagenkonzepten die größten Chancen auf eine großtechnische Realisierung und bereits im Jahre 1973 wurde durch eine Kommission für technisch wissenschaftliche Zusammenarbeit zwischen den USA und der UdSSR ein Programm zur gemeinsamen Arbeit auf diesem Gebiet erstellt.

In den USA wurden die größten Erfolge bei der Untersuchung und Entwicklung einzelner Komponenten von MHD-Anlagen erreicht. Von der Firma "Avco Everett" wurde in einigen Probeläufen des MHD-Generators "Mark V" eine elektrische Leistung von 32 MW erzielt. Ein anhaltender Betrieb konnte in den USA bisher nicht erreicht werden.

In den UdSSR läuft seit einigen Jahren ein wissenschaftliches Programm, das die Schaffung großer Kraftwerke mit MHD-Generatoren mit offenem Kreislauf zum Ziele hat. Nach Abschluß der ersten Untersuchungen an der MHD-Modellanlage U-02 wurde mit dem Bau der experimentellen industriemäßigen MHD-Anlage U-25 begonnen. Diese stellt eine Zwischenstufe auf dem Weg zu großen MHD-Kraftwerken dar. Die Probeanlage soll im Endausbau eine elektrische Leistung von 25 MW liefern. Am 28. März 1971 erfolgten die ersten Versuche im Leerlaufbetrieb. Danach wurden die erzeugten

Leistungen schrittweise gesteigert. Nach Erreichen von 1 bis 1,5 MW wurde die Betriebsdauer ebenfalls erhöht. Leistungen von 3 bis 6 MW bei effektiven Arbeitszeiten von mehr als 12 Stunden wurden erreicht /2.6.3/.

Die MHD-Anlage U-25 arbeitet nach folgendem Schema: Atmosphärische Luft wird bis zu 40 % mit Sauerstoff angereichert, anschließend mit Kompressoren auf einen Druck von rund 3 bar gebracht, dann in einem regenerativen Lufterhitzer auf 1200 bis 1250° C erhitzt und zusammen mit dem die Leitfähigkeit erhöhenden Impfstoff (K_2CO_3) in die Brennkammer geleitet. Dort erfolgt die Verbrennung von Erdgas. Das so entstehende leitfähige Verbrennungsgas (Niedrigtemperaturplasma) tritt mit rund 2500° C aus der Brennkammerdüse aus und gelangt mit einer Geschwindigkeit von rund 1000 m/s in den MHD-Generatorkanal. Dieser ist dem Typ nach ein segmentierter Faraday-Generator mit 48 Elektrodenpaaren. Die Kanalabmessungen betragen am Eingang 0,38x0,77 m^2 und am Ausgang 0,38x1,88 m^2. Die Länge des Arbeitsabschnittes beträgt 5 m. Der Kanal befindet sich in einem normalleitenden Magnetsystem mit Stahljoch. Die Induktion beträgt ca. 2 T bei einem Luftspalt von 0,76 m (Kanalhöhe + Kanalwandungen + Isolationssystem). Die Speisung des Magnetsystems erfolgt über ein Gleichrichteraggregat mit 5000 A bei 550 V. Die Elektroden sind aus intensiv gekühlten metallischen Moduln aufgebaut. Je zwei Elektrodenpaare arbeiten gemeinsam auf einen Wechselrichter, der die erzeugte Gleichenergie in Drehstromenergie umformt. Insgesamt arbeiten 24 Wechselrichter, die von Computern gesteuert werden, parallel ins Drehstromnetz.

Das aus dem MHD-Generatorkanal mit hohem Wärmeinhalt austretende heiße Gas gelangt in einen Dampferzeuger, wo es Dampf von 540° C und 100 bar erzeugt. Nach Reinigung der Abgase und Ausscheidung des Saatmaterials gelangen diese nach Abkühlung in die Atmosphäre. Das als Impfstoff dienende Kaliumkarbonat wird als 50 %ige wässerige Lösung verdampft und in disperser Form der Brennkammer bzw. am Generatoreingang zugeführt.

Die bisher erreichten Leistungen lagen bei rund 6 MW bei Arbeitszeiten bis über 12 Stunden. Eine weitere Leistungssteigerung auf 13 MW führte zu einer halbstündigen Versuchsdauer /2.6.4/.
Sinn dieser Anlage ist die Entwicklung und Erprobung neuer Materialien und Technologien, um vernünftige Betriebszeiten zu erreichen.

2.6.3.2. Geschlossene MHD-Anlagen (Edelgasanlagen)

Bei diesen Anlagen wird das Arbeitsmedium, man denkt in erster Linie an Edelgas (z.B. Helium, Argon), dem ein besonders leicht ionisierbares Saatmaterial mit geringer Ionisierungsarbeit (z.B. Cäsium, Ionisierungsarbeit 3,9 eV) zugegeben wird, in einem geschlossenen Kreislauf geführt. Als Wärmequelle kämen Höchsttemperaturreaktoren mit Arbeitstemperaturen zwischen 1500 und 2000 K !! in Frage. Das Edelgas würde hier gleichzeitig die Rolle des Kühlmediums des Reaktors übernehmen, wodurch Helium besonders geeignet wäre. Abb. 2.6.6. zeigt die prinzipielle Anordnung einer derartigen Anlage. Der Cäsiumdampf müßte aus dem abgekühlten Helium vor Eintritt in den Reaktor entfernt werden (Korrosionsgefahr) und dem heißen Helium vor dessen Eintritt in den MHD-Kanal zugesetzt werden.

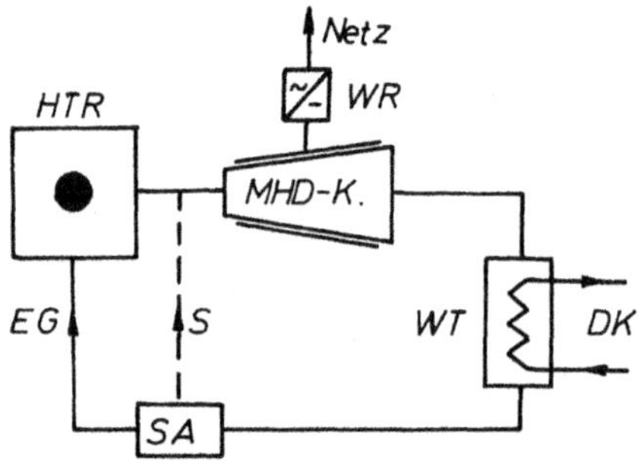

Abb. 2.6.6. Geschlossener MHD-Kreislauf. HTR ... Hochtemperaturreaktor, EG ... Edelgas, WR ... Wechselrichter, WT ... Wärmetauscher für nachgeschalteten konventionellen Dampfkreis (DK), SA ... Saatmaterialabscheider, S ... Saatmaterial.

Kleine Versuchsanlagen wurden bereits gebaut, allerdings erfolgte die thermische Energiezufuhr mittels konventioneller Wärmequellen. Nach heutigem Kenntnisstand, scheint es fraglich, ob jemals Kernreaktoren mit solch hohen Temperaturen realisiert werden können.

2.6.3.3. Flüssig-Metall-MHD-Anlagen

Bei diesem MHD-Anlagenkonzept würde eine elektrisch leitende Flüssigkeit (flüssige Metalle) ebenfalls in geschlossenem Kreislauf geführt. Vorteilhaft wäre hiebei die Tatsache, daß die elektrische Leitfähigkeit flüssiger Metalle um einige Zehnerpotenzen höher liegt als jene von heißen Flammgasen mit Saatmaterialbeimengungen. Dies hätte zur Folge, daß mit niedrigeren Temperaturen (geringere Materialbeanspruchung) und kleineren Geschwindigkeiten (allerdings auch bei 50 bis 100 m/s, um vernünftige elektrische Spannungen zu erreichen) gearbeitet werden könnte, außerdem wären <u>induktive MHD-Wandler</u> möglich. Bei diesen erfolgt die Energieauskopplung nicht galvanisch über Elektroden, sondern ähnlich wie bei einem Asynchrongenerator auf induktivem Wege. Denkt man sich eine normale Drehstromwicklung eines Asynchronmotors aufgeschnitten (Abb. 2.6.7a) und eben aufgerollt, so entsteht bei Speisung mit einem Drehstromsystem ein sogenanntes Wanderfeld (bei der rotierenden Asynchronmaschine ein Drehfeld). Ordnet man nun beidseitig des MHD-Kanals eine derartige Wanderfeldwicklung an (Abb. 2.6.7b), so wird im Falle, daß sich das flüssige Metall rascher bewegt als das Wanderfeld, in der Wanderfeldwicklung elektrische Energie erzeugt, die direkt ins Drehstromnetz geliefert werden kann (analog dem übersynchronen Betrieb der Asynchronmaschine).

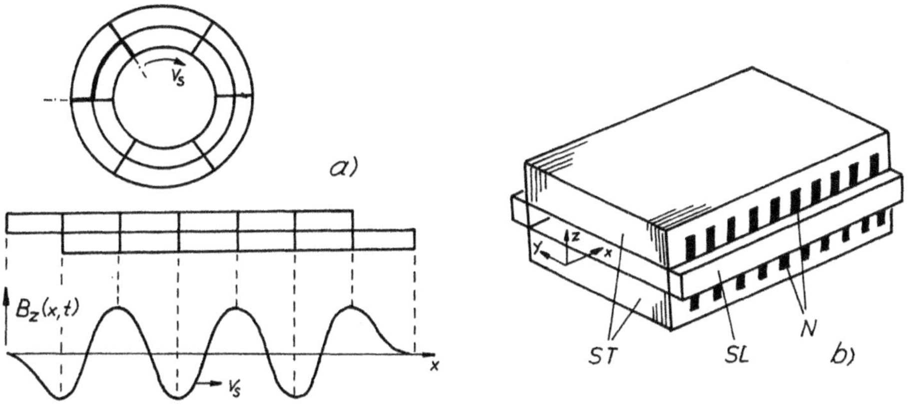

Abb. 2.6.7. a) Entstehung eines Wanderfeldes durch Aufrollen einer Drehstromwicklung, b) Prinzipanordnung eines induktiven MHD-Wandlers. v_s ... synchrone Wanderfeldgeschwindigkeit, SL ... gut leitender Seitenleiter, entspricht den Kurzschlußringen bei Asynchronmaschinen, N ... Nuten für die Wanderfeldwicklung, ST ... lamellierte Statorjoche.

Den geschilderten Vorteilen stehen nun einige teils gravierende Nachteile und Probleme gegenüber. Erstens bedarf es bei dieser Energieumwandlung der Lieferung von magnetischer Blindenergie aus dem Netz oder aus parallel geschalteten Kondensatoren, analog dem Asynchrongenerator, nur mit dem Unterschied, daß hier zufolge der großen "Luftspalte" (auch das Arbeitsmedium und die Kanalwandungen sind aus paramagnetischen Stoffen) extrem hohe Blindströme auftreten, die den Leistungsfaktor und die Verlustbilanz entscheidend verschlechtern.

Das wesentliche Problem stellt aber die Erzeugung entsprechender Geschwindigkeiten der flüssigen Metalle dar. Es wurde versucht, durch Verdampfen eines Teiles des flüssigen Metalles und anschließendem Einleiten des Dampfes in die Flüssigkeit diese zu beschleunigen, unter gleichzeitiger Kondensation des Metalldampfes. Die erzielten Ergebnisse sind aber nicht sehr ermutigend, sodaß dem Flüssigmetall-MHD-Generator kaum eine großtechnische Anwendung bevorsteht.

Abschließend sei erwähnt, daß auch Projekte für Spitzenlastgeneratoren (kurzzeitige Leistungsabgabe ans Netz) und Stoßgeneratoren (Impulsleistungslieferung) entwickelt wurden. Der Einsatz solcher Anlagen wäre in Zukunft denkbar, wenngleich ihr Einsatz großtechnisch nicht von Bedeutung ist.

Literatur

2.6.1. Euler, J.K.: Magneto-Hydrodynamische Stromerzeuger. Atom und Strom 17, 137-142 (1971).

2.6.2. Morozow, G.N. u.a.: Besonderheiten eines Kraftwerksdampferzeugers für einen MHD-Generator. Archiv für Energiewirtschaft 31, 513-520 (1977).

2.6.3. Kirillin, W.: Einige Resultate der Forschung an der energetischen magnetohydrodynamischen Anlage U-25. Elektrie 30, 3-6 (1976).

2.6.4. Scheindlin, A.E. u.a.: Some Results of Research Carried Out of the Soviet U-02 and U-25 Open-Cycle MHD Facilities. IEEE-PAS 95, 970-976 (1976).

3. Nichtkonventionelle Energienutzungsverfahren

3.1. Sonnenenergie

3.1.1. Die Sonne als Energiequelle

3.1.1.1. Sonnenstrahlung, Grundbegriffe

Die Sonne stellt eine für menschliche Begriffe unerschöpfliche Energiequelle dar. Sie besitzt Kugelform mit einem Durchmesser von rund $1{,}39 \cdot 10^6$ km und ihre mittlere Entfernung von der Erde beträgt $1{,}5 \cdot 10^8$ km. Die Temperaturen im Inneren der Sonne (Kernregion) werden auf 8 bis 40 Millionen Kelvin geschätzt, wobei die Dichte dieser Region rund 80 bis 100 kg/dm^3 beträgt. Für die Energielieferung zeichnen verschiedene Fusionsprozesse verantwortlich, wobei die Verschmelzung von Wasserstoff zu Helium die wichtigste Energiequelle darstellt. Sekundlich werden rund 657 Millionen Tonnen Wasserstoff in 653 Millionen Tonnen Helium übergeführt. Bei der Verschmelzung tritt je Sekunde ein Massendefekt von 4 Millionen Tonnen auf, der in Energie umgewandelt und von der Sonne abgestrahlt wird. Die Dichte und Temperatur der Gasschichten nehmen nach der Sonnenoberfläche hin ab, die mittlere Dichte der Sonne beträgt rund 1,4 kg/dm^3 und die mittlere Innentemperatur ungefähr $16 \cdot 10^6$ K. Den äußeren Bereich der "Sonnenoberfläche" bildet die sog. "Sonnenatmosphäre", wobei hier wiederum verschiedene Gasschichten unterschieden werden (von innen nach außen: Photosphäre, Chromosphäre, Korona). Die "wirksame" Temperatur der Sonnenoberfläche liegt bei rund 6000 K und für viele Betrachtungen genügt es, die Sonne als strahlenden "schwarzen" Körper mit einer Temperatur von 6000 K anzusehen. Tatsächlich entsteht die Sonnenstrahlung durch Emission aus verschiedenen Sonnenschichten mit unterschiedlichen Temperaturen, wobei Absorptionserscheinungen beim Durchgang der Strahlung nach außen auftreten, die außerdem wellenlängenabhängig sind. Die Erde empfängt nur einen Bruchteil der von der Sonne in den Weltraum abgestrahlten Energie, wobei diese jährlich immerhin das 20 000- bis 25 000-fache des jährlichen Energiebedarfs auf der Erde beträgt.

In Abb. 3.1.1. zeigt Kurve a die spektrale Verteilung der extraterrestrischen (außerhalb der Erdatomosphäre) Sonnenstrahlung. Das Integral der spektralen Strahlungsdichte über die Wellenlänge λ liefert die Gesamtintensität der extraterrestrischen Sonnenstrahlung (= extraterrestrische Solarkonstante) und auf Grund neuerer Messungen ergab sich hiefür der Wert I_o = 1353 W/m^2 /3.1.1/.

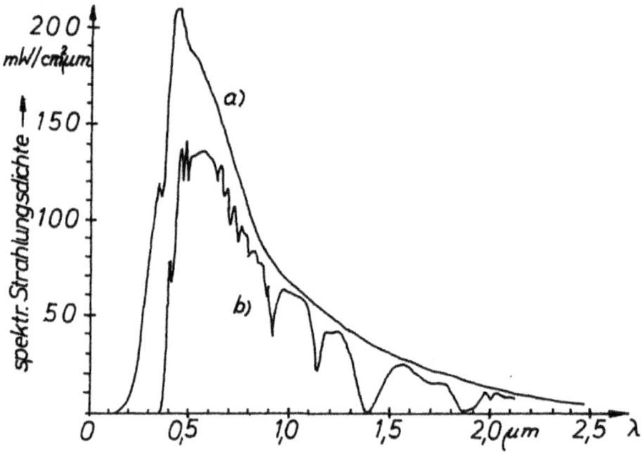

Abb. 3.1.1. Spektrale Verteilung der Sonnenstrahlung. a) Extraterrestrische Verteilung (AMO), b) Strahlung auf Erdoberfläche bei senkrechtem Sonnenstand und Meeresniveau (AM1).

Die extraterrestrische Solarkonstante stellt jene sekundliche Energiemenge dar, die durch eine senkrecht zur Strahlungsrichtung stehende Fläche von 1m^2 im erdnahen Weltraum (außerhalb der Erdatmosphäre) tritt. Dieser Wert ist ein Mittelwert, der die jahreszeitlichen Schwankungen der Entfernung Erde - Sonne berücksichtigt. In früheren Veröffentlichungen findet man häufig noch I_o = 1,37 kW/m^2.

Rund 7 % der Gesamtstrahlung (95 W/m^2) liegen im Ultraviolettbereich (0 bis 0,38 µm), 47 % (640 W/m^2) im sichtbaren (0,38 bis 0,78 µm) und 46 % (618 W/m^2) im infraroten Bereich. Beim Durchgang durch die Erdatmosphäre wird die Sonnenstrahlung durch verschiedene Einflüsse wie Streuung an Luftmolekülen, Staub- und Wasserteilchen usw. sowie Absorption durch O_2, O_3, CO_2 und Wasserdampf geschwächt. Diese Abschwächung ist natürlich auch von der Weglänge der Strahlung durch die Atmosphäre abhängig. Dies wird durch eine - an sich willkürlich definierte - Kenngröße, die Luftmasse m (Luftmassezahl, air mass AM) berücksichtigt. m ist die relative Weglänge der Strahlung durch die Erdatmosphäre, d.h. die Weglänge, bezogen auf den vertikalen Weg der Sonnenstrahlung durch die Erdatmosphäre bis zum Meeresniveau beim Stand der Sonne im Zenit (m = 0 (AMO) Sonnenstrahlung an der Außenseite der Erdatmosphäre = extraterrestrische Strahlung, m = 1 (AM1) Strahlung auf Meeresniveau bei Sonnenstand im Zenit, Sonnenhöhe h = 90°). In Abb. 3.1.1 stellt Kurve b die spektrale Verteilung der auf die Erdoberfläche (m = 1, AM1) auftreffenden Sonnenstrahlung dar.

Jenen Teil der Sonnenstrahlung, der ohne Richtungsänderung die Atmosphäre durchsetzt, bezeichnet man als direkte Strahlung, als diffuse (Himmelsstrahlung) jene Strahlung, die durch Streuung in der Atmosphäre aus allen Richtungen auf die Erdoberfläche trifft. Die Summe beider Strahlungsanteile wird Globalstrahlung genannt.

Zur Messung der Globalstrahlung dienen Pyranometer (Solarimeter), die direkte Sonnenstrahlungsmessung wird mittels Pyrheliometer (Aktinometer) durchgeführt. Eines der Grundprinzipe dieser Strahlungsmeßgeräte beruht auf der Messung der Temperaturerhöhung von die Strahlung gut absorbierenden Flächen. Dies geschieht meist durch Thermoelemente; die erzeugte elektrische Spannung ist ein Maß für die eingestrahlte Energie. Das Pyrheliometer mißt die direkte Strahlung innerhalb eines kleinen Raumwinkels und besitzt daher eine Vorrichtung, die die Meßfläche stets senkrecht zur direkten Sonnenstrahlung bringt (Nachführeinrichtung). Die diffuse Strahlung kann mittels eines Pyranometers, bei dem die direkte Strahlung durch geeignete Maßnahmen abgeblendet wird, gemessen werden. Die meteorologischen Stationen der verschiedenen Länder führen innerhalb ihrer Bereiche an zahlreichen Orten Strahlungsmessungen durch, die Ergebnisse - meist Globalstrahlungswerte auf horizontaler Fläche - werden in Tabellenwerken zusammengefaßt und jährlich veröffentlicht. Auf Grund dieser Messungen werden unter anderem Jahresgänge der Tagessummen der auf eine waagrechte Fläche an dem betreffenden Ort eingestrahlten Sonnenenergie (z.B. kWh/m^2 Tag) ermittelt.

Abb. 3.1.2 zeigt den Verlauf der Jahresgänge der Tagessummen der extraterrestrischen Strahlung auf eine waagrechte Fläche für verschiedene Breitegrade der nördlichen Erdhalbkugel nach /3.1.2/.

Ein weiterer wichtiger Begriff ist die Sonnenscheindauer (je Tag, Monat oder Jahr) an einem bestimmten Ort. Hier unterscheidet man zwischen der astronomisch möglichen, der effektiv möglichen und der tatsächlich auftretenden Sonnenscheindauer. Die astronomisch mögliche Sonnenscheindauer kann theoretisch aus den Sonnenaufgangs-

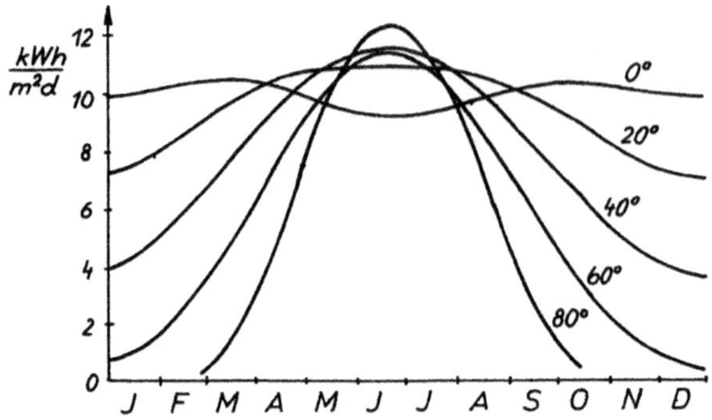

Abb. 3.1.2. Jahresgang der Tagessummen der extraterrestrischen Sonnenstrahlung auf eine horizontale Fläche für verschiedene geographische Breiten der nördlichen Erdhalbkugel nach /3.1.2/.

und Sonnenuntergangszeiten auf Grund der geographischen Breite eines Ortes ermittelt werden (z.B. 48° n. Br. ... 4474 h/a /3.1.2/). Die effektiv mögliche Sonnenscheindauer berücksichtigt die geographische Lage des Ortes (Berg, Tal etc., sog. Horizontüberhöhung) und wird meist durch Messung der Sonnenaufgangs- und Untergangszeiten (an wolkenlosen Tagen) ermittelt. Die relative Sonnenscheindauer ergibt sich als Quotient der tatsächlich auftretenden mittleren Sonnenscheindauer, meist über einige Jahre gemittelt, innerhalb eines bestimmten Zeitraumes (Monat, Jahr) zur effektiv möglichen Sonnenscheindauer innerhalb des gleichen Zeitraumes. Die Sonnenscheindauer ist für die Beurteilung der Nutzungsmöglichkeiten von Sonnenenergieanlagen von größter Bedeutung. Für weitere Details siehe z.B. /3.1.2/ oder /3.1.1/.

3.1.1.2. Berechnung der Sonnenstrahlung auf geneigte ebene Flächen

Für die Berechnung der Sonnenstrahlung auf beliebig geneigte Flächen ist die Kenntnis des Sonnenstandes notwendig. Auf Grund der geometrischen Zusammenhänge der Erdbewegung um die Sonne (Erdachse um 23,5° gegen die Senkrechte der Bahnebene geneigt etc.) ergeben sich mit Hilfe der sphärischen Trigonometrie die folgenden Beziehungen für den Sonnenhöhenwinkel h (Winkel zwischen Sonneneinstrahlung und Horizontalebene) und Azimut a (Winkel zwischen der Projektion der Sonnenstrahlen auf die Horizontalebene und der geographischen Südrichtung) für einen bestimmten Ort (Abb. 3.1.3a)

$$\sin h = \sin\varphi \, \sin\delta + \cos\varphi \, \cos\delta \, \cos\omega$$
$$\sin a = \cos\delta \, \sin\omega \, / \cos h$$

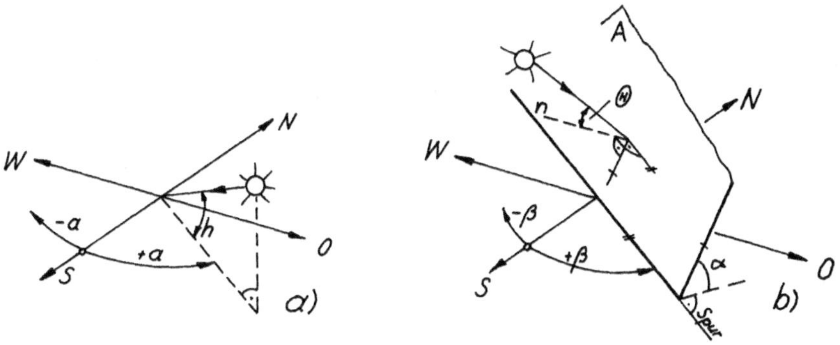

Abb. 3.1.3. a) Festlegung der Winkel und Orientierung (h ... Sonnenhöhe, a ... Azimut), b) Festlegung der allgemeinen Lage einer Fläche (n ... Flächennormale, Spur: Schnittgerade der allgemeinen Ebene mit der Horizontalebene).

wobei φ die geographische Breite und δ die Deklination (Winkel zwischen Sonne bei Sonnenhöchststand und Äquatorebene, $-23{,}5^\circ \leq \delta \leq 23{,}5^\circ$) ist, ω, der Stundenwinkel (1 Stunde $\hat{=}$ 15°), $\omega = 0$, der Sonnenhöchststand (Mittag, Sonnenzeit), wird vormittags positiv und nachmittags negativ gezählt. Bezüglich des Vorzeichens des Azimutwinkels a siehe Abb. 3.1.3a. Für die Deklination erhält man auf Grund einer Näherungsformel von Cooper den Wert

$$\delta = 23{,}5 \sin \left(360^\circ \frac{284 + n}{365}\right)$$

wobei n die Nummer des betreffenden Tages innerhalb des Jahres ist.

Die Strahlungsintensität I_A auf eine beliebig geneigte Fläche A ergibt sich ganz allgemein bei Kenntnis der Strahlungsintensität I aus einer bekannten Richtung (z.B. Sonnenstand) zu

$$I_A = I \cos \Theta$$

wobei Θ der Winkel zwischen der Strahlungsrichtung von I und der Flächennormalen n von A ist (Abb. 3.1.3b).

Für die Sonneneinstrahlung auf eine horizontale Fläche gilt der einfache Zusammenhang

$$\cos \Theta = \sin h$$

und für eine beliebig geneigte Fläche (Neigungswinkel α gegen Horizontalebene, ß Winkel der Spur gegenüber Südrichtung, siehe Abb. 3.1.3b) ergibt sich:

$$\cos \Theta = \sin h \cos \alpha - \sin \alpha \cos h \quad \sin (a-ß)$$

Für ß = 0 weist die Fläche nach Westen, für ß = 90° nach Süden, für ß = -90° nach Norden und für ß = $\pm 180^\circ$ nach Osten.

Weist die Fläche A keine fixe Orientierung auf, sondern wird die Fläche dem Sonnenstand nachgeführt (z.B. bei konzentrierenden Kollektoren siehe Abb. 3.1.4), so ist zu beachten, daß bei zylindrischen konzentrierenden Systemen die Brennlinie, die Scheitellinie des optischen Systems (Konzentrator) sowie die Sonne in einer Ebene liegen müssen. Auf Grund dieser Tatsache ergeben sich folgende Fälle der Aufstellung solcher Kollektoren und damit die zugehörigen cos Θ -Werte:

Drehung um eine waagrechte Ost-West-Achse (Abb. 3.1.4b).

$$\cos\Theta = \cos h\,(\cos^2 a + \tan^2 h)^{1/2}$$

Drehung um eine waagrechte Nord-Süd-Achse ($\alpha = 0^\circ$)

$$\cos\Theta = (1 - \cos^2 h\,\cos^2 a)^{1/2}$$

Drehung um eine Achse parallel zur Erdachse

$$\cos\Theta = \cos\delta$$

Drehung um eine Achse in Nord-Süd-Richtung mit beliebiger Neigung α gegen die Horizontalebene (Abb. 3.1.4a).

$$\cos\Theta = \left[1-(\sin h\ \sin\alpha - \cos\alpha\ \cos h\ \cos a)^2\right]^{1/2}$$

Drehung um zwei Achsen, damit die Sonnenstrahlen immer senkrecht auf die Fläche A auftreffen

$$\cos\Theta = 1$$

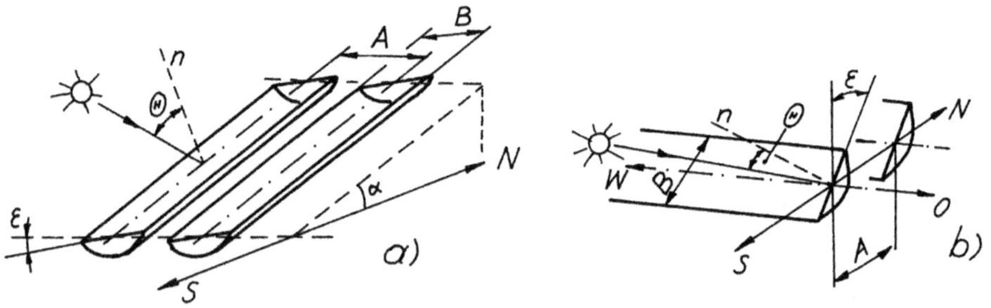

Abb. 3.1.4. Konzentrierende Kollektoren, Winkelbezeichnungen. a) Aufstellung in Nord-Süd-Richtung, b) Aufstellung in Ost-West-Richtung, n ... Flächennormale.

Neben der Kenntnis des cos Θ ist für die Berechnung der Strahlung I_A auf eine geneigte Fläche die Größe der (direkten) Sonnenstrahlung I auf eine zur Einstrahlung senkrechte Fläche notwendig.

Wie bereits erwähnt, wird die Strahlung beim Durchgang durch die Atmosphäre geschwächt. Dies kommt im folgenden Ansatz zum

Ausdruck

$$I = I_o \exp(-amT)$$

wobei a der Extinktionskoeffizient, aus Meßergebnissen approximiert /3.1.3/

$$a = 9{,}95\ 10^{-2} - 4{,}44\ 10^{-2}\ (\log m)^{1{,}25}$$

und m die relative Luftmasse ist. Für nicht zu flache Sonneneinstrahlung gilt bei Vernachlässigung der Erdkrümmung mit guter Näherung

$$m = 1/\sin h$$

T stellt den von F. Linke /3.1.4/ eingeführten Trübungsfaktor dar. T = 1 bedeutet ideale Atmosphäre (nur Rayleigh-Streuung), für die "reale" Atmosphäre nimmt T Werte von 2 bis 4 an (abhängig von Luftverschmutzung), wobei T ortsabhängig und jahreszeitlichen Schwankungen unterworfen ist. Anhaltswerte für T sind meteorologischen Handbüchern oder /3.1.2/ zu entnehmen.

Wie erwähnt, wird an zahlreichen Orten die Globalstrahlung auf eine horizontale Fläche gemessen. Man darf nun streng genommen diesen Wert nicht unmittelbar für die Berechnung der Strahlung auf eine beliebig geneigte Fläche heranziehen, da vorige Formeln nur für direkte, nicht aber für diffuse Strahlung gelten. Es ist daher die Globalstrahlung auf eine horizontale Ebene I_{Gh} zuerst in einen direkten Strahlungsanteil I_{dh} und in einen diffusen (Himmelsstrahlung) I_{Hh} aufzuteilen (entweder auf Grund von Messungen oder Erfahrungswerten). Es gilt:

$$I_{Gh} = I_{dh} + I_{Hh}$$

Für den direkten Strahlungsanteil I_{dA} auf eine geneigte Fläche A erhält man

$$I_{dA} = I_{dh} \cos \Theta / \sin h$$

und für den Anteil der Himmelsstrahlung /3.1.1/

$$I_{HA} = I_{Hh}(1 + \cos \alpha)/2$$

wobei hier angenommen wird, daß die Himmelsstrahlung gleichmäßig aus allen Richtungen auf die unter dem Winkel α gegen die Horzizontalebene geneigte Fläche A trifft. Die gesamte Strahlung ergibt sich aus der Summe der einzelnen Anteile

$$I_A = I_{dA} + I_{HA}$$

Mit Hilfe obiger Beziehungen ist es nun grundsätzlich möglich, die Strahlungsintensität auf eine beliebig geneigte Fläche für jeden Zeitpunkt zu ermitteln.

3.1.2. Nutzungsmöglichkeiten der Sonnenenergie

Im folgenden wird nur schlagwortartig ein Überblick über die wichtigsten nichtkonventionellen Nutzungsmöglichkeiten gegeben, ohne näher auf die einzelnen Verfahren einzugehen. Dies geschieht in den einzelnen Abschnitten.

- Erzeugung von Wärmeenergie:
  Mittels geeigneter Vorrichtungen (Kollektoren); Unterscheidung je nach Wärmeträger und erzielbaren Temperaturen. Anwendung für Warmwasserbereitung, Heizung und Kühlung von Gebäuden sowie zur Erzeugung von Prozeßwärme. Bei starker Konzentration der Sonnenenergie erhält man Sonnenöfen.
- Erzeugung mechanischer Energie:
  Sonnenmotoren, im Prinzip Dampfmaschinen oder Heißluftmotoren, Anwendung zum Betrieb einfacher Maschinen, wie z.B. Pumpen.
- Erzeugung elektrischer Energie:
  Direkte Erzeugung mittels Solarzellen, für terrestrische Anwendungen; Kleinanlagen, in Zukunft eventuell Großanlagen bei entsprechender Preisreduktion. Für extraterrestrische Anwendung: Kleinanlagen für Satelliten, Großprojekte wie Solar-Satellite Power Station (Glaser Projekt).
  Indirekte Erzeugung: Thermomechanische Umwandlung in Klein- und Großkraftwerken (Sonnenturmprojekt), Nutzung des Temperaturgradienten tropischer Meere, Helio-Hydroelektrisches Kraftwerk (in einem vom offenen Meer abgetrennten Becken verdunstet Wasser durch Sonneneinstrahlung, wodurch der Beckenspiegel gegenüber dem Meeresspiegel absinkt. Die entstehende Höhendifferenz kann in Turbinen in elektrische Energie umgewandelt werden /3.1.13/).
- Erzeugung von Wasserstoff:
  Mittels Photolyse oder auf dem Wege thermochemischer Spaltungsverfahren.
- Süßwasser-, Salzgewinnung:
  Gewinnung von Trink- und Brauchwasser aus Meerwasser oder verschmutztem Wasser bzw. Gewinnung von Salz aus Meerwasser durch Destillation (Verdunstung).
- Biologische Nutzungsmöglichkeiten.

Der Vollständigkeit halber sei erwähnt, daß Wasserkraftwerke,

Wind-, Gezeiten-, Wellen-, Gletscherkraftwerke ohne die Wirkung der Sonnenenergie unmöglich wären. Ebenso sind unsere fossilen Brennstoffe auf die Wirkung der Sonnenenergie zurückzuführen, nicht zuletzt basiert unsere Nahrungsmittelproduktion und die Sauerstofferzeugung der grünen Pflanzen auf Sonnenenergienutzung.

3.1.3. Komponenten zur Sonnenenergienutzung im Bauwesen

3.1.3.1. Sonnenkollektoren

Sonnenkollektoren sind Vorrichtungen, die die Energie der Sonnenstrahlung in thermische Energie umwandeln und diese auf ein Wärmeträgermedium übertragen. Je nach dem Verhältnis der Größe der Absorberfläche zur Einstrahlungsfläche des Kollektors unterscheidet man zwischen Flachkollektoren und konzentrierenden Kollektoren.

3.1.3.1.1. Flachkollektoren

Da bei diesen Kollektoren keinerlei Konzentration der Strahlung auftritt, ist der Flachkollektor sowohl für die Absorption von direkter als auch von diffuser Strahlung geeignet. Der Grundaufbau des Flachkollektors ist denkbar einfach (Abb. 3.1.5a).

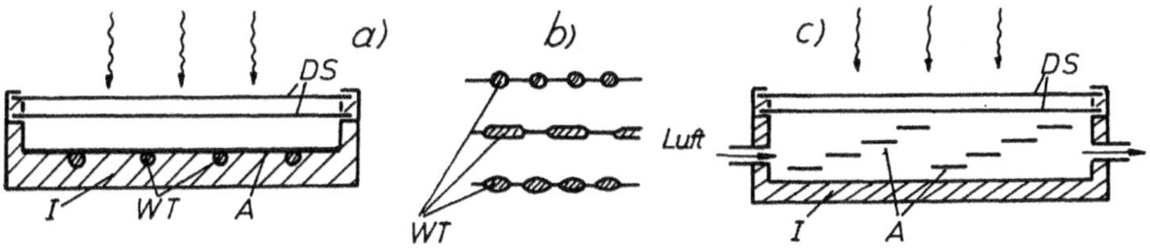

Abb. 3.1.5. a) Grundaufbau eines Flachkollektors, b) verschiedene Absorberflächen mit Flüssigkeit als Wärmeträger, c) Kollektor mit Luft als Wärmeträgermedium; A ... Absorber, I ... thermische Isolation, DS ... Deckscheiben, WT ... Wärmeträger.

Das Kernstück ist die Absorberfläche, die die Sonnenstrahlen möglichst gut absorbieren soll und die Wärme möglichst umgehend dem Wärmeträger - z.B. Wasser in Rohrleitungen - zuführt. Weiters wird man trachten, die thermischen Verluste durch Wärmeleitung, Konvektion und Strahlung möglichst klein zu halten. Dies führt dazu, daß Flachkollektoren auf der Absorberrückseite gute thermische Isolation aufweisen. Um die Konvektions- und Strahlungsverluste an der Vorderseite klein zu halten, besitzt der Kollektor sonnenseitig eine oder zwei lichtdurchlässige Deckscheiben (je nach Kollektorarbeitstemperatur). Hiefür eignen sich besonders

Glas durch seine athermane Eigenschaft und in letzter Zeit entwickelte Kunststoffe mit glasähnlichen Eigenschaften. Aufgabe dieser Deckscheiben ist, die Sonnenstrahlen möglichst ungehindert durchtreten zu lassen (kleine Reflexion und Absorption) und die vom Absorber emittierte (langwellige) Wärmestrahlung möglichst zu reflektieren. Letzteres wird durch Aufdampfen geeigneter dünner Schichten (z.B. Indiumoxid In_2O_3) auf die dem Absorber zugekehrten Deckscheibenoberflächen weitgehend erreicht.

Auf Grund physikalischer Gegebenheiten sind Körper, die Strahlung gut absorbieren, auch gute Selbststrahler, d.h., je besser die Oberfläche einem schwarzen Körper ähnelt, desto größer sind auch die Abstrahlungsverluste (proportional der 4. Potenz der Absoluttemperatur der Oberfläche). Dies führt nun dazu, daß Flachkollektoren nur für niedrige Temperaturen ($< 100^\circ$ C) geeignet sind, es sei denn, man verwendet Absorber mit selektiven Oberflächen. Darunter versteht man Oberflächen, die die Sonnenstrahlung gut absorbieren und Wärmestrahlen ($\lambda > 3$ μm) schlecht emittieren. Beispielsweise lassen sich durch Aufbringen von verschiedenen Metalloxidschichten auf Metalle Absorberflächen herstellen, bei denen das Verhältnis von Absorptionsvermögen α der Sonnenstrahlung zum Emissionsvermögen ε der langwelligen Strahlung des warmen Kollektors bei den für Flachkollektoren typischen Temperaturen Werte von $\alpha : \varepsilon = 10:1$ und mehr erreicht /3.1.5/. Andere Möglichkeiten bestehen im Aufbringen geeigneter dünner Schichten, die als Interferenzfilter wirken oder durch Herstellen einer geeigneten Oberflächenbeschaffenheit (Riefen, etc.) und durch diverse Oberflächenbehandlungen (Aufbringen von galvanischen Schichten, Lacken etc.). Je höher der Grad der Selektivität liegt, desto teurer sind diese Kollektoren in der Herstellung, allerdings sind höhere Arbeitstemperaturen und bessere Wirkungsgrade als bei normalen Flachkollektoren erreichbar, und es muß bei jedem Anwendungsfall sorgfältig geprüft werden, ob die erhöhten Kollektorkosten wirtschaftlich gerechtfertigt sind. Weitere Fragen betreffen die Langzeitbeständigkeit solcher selektiver Oberflächen, Erfahrungen liegen noch nicht in genügendem Maße vor.

Der Kollektorwirkungsgrad ist definiert als Quotient der vom Kollektor abgegebenen Nutzleistung $\dot{P}_N$ pro Flächeneinheit, zu der von der Sonne auf den Kollektor eingestrahlten Strahlungsintensität P_i ($P_i \mathrel{\hat=} I_A$). Genaue Berechnungen des Wirkungsgrades sind relativ aufwendig, für Abschätzungen reichen vielfach auch die nachfolgenden Beziehungen.

Die abgegebene Nutzleistung P_N je Flächeneinheit des Kollektors ergibt sich aus der absorbierten Leistung, vermindert um die thermischen Verluste durch Wärmedurchgang durch die Deckscheiben und durch Wärmestrahlung.

$$\begin{aligned} P_N &= P_i(1-\rho)\alpha\tau - k(T_A - T_U) - \sigma\varepsilon(T_A^4 - T_U^4) \\ &= P_i(1-\rho)\alpha\tau - (T_A - T_U)\left[k + \sigma\varepsilon(T_A^2 + T_U^2)(T_A + T_U)\right] \\ &= P_i(1-\rho)\alpha\tau - \bar{k}\,\Delta T \end{aligned}$$

Hierin bedeuten: ρ, τ... Reflexionsfaktor bzw. Durchlässigkeit der Deckscheiben, α, ε... Absorptions- und Emissionskoeffizient der Absorberfläche, σ ... Stefan-Boltzmann-Konstante, k ... Wärmedurchgangskoeffizient Absorberfläche-Umgebung, $\Delta T = T_A - T_U$ ... Temperaturdifferenz zwischen mittlerer Absorber- und Umgebungstemperatur. Für den Wirkungsgrad ergibt sich nun in vereinfachter Schreibweise

$$\eta = P_N/P_i = (1-\rho)\alpha\tau - \bar{k}\,\Delta T/P_i$$

wobei hier $\bar{k}$ einen fiktiven Wärmedurchgangskoeffizienten darstellt, der auch die Strahlungsanteile berücksichtigt und von den Temperaturen abhängig ist. In der Praxis wird für $\bar{k}$ ein Mittelwert für den entsprechenden Kollektortyp unter Berücksichtigung des Temperaturbereiches angegeben. Bei handelsüblichen Kollektoren liegt der Faktor $(1-\rho)\alpha\tau$ zwischen 0,7 und 0,8 (bei Einscheibenkollektoren meist der höhere Wert), der $\bar{k}$-Wert bei Einscheibenkollektoren um 8 W/m^2K, bei Doppelscheibenkollektoren bei ca. 4 W/m^2K. Von den Firmen werden vielfach die Wirkungsgrade in Abhängigkeit der Temperaturdifferenz (Kollektorvorlauftemperatur minus Umgebungstemperatur) angegeben, wobei die eingestrahlte Sonnenintensität als Parameter dient oder der Wirkungsgrad in Abhängigkeit von $\Delta T/P_i$. An der Ausarbeitung von Normen für die Prüfung von Kollektoren wird derzeit an verschiedenen Stellen gearbeitet. Die vereinfachte Beziehung für η liefert bei hohen Temperaturen zu günstige Werte, da dann die Strahlungsverluste schon einen wesentlichen Anteil an den Gesamtverlusten ausmachen. Genauere Wirkungsgradberechnungen sind z.B. in /3.1.1/ enthalten.

Im folgenden sollen einige Typen von Flachkollektoren vorgestellt werden. Abb. 3.1.5a zeigt bereits eine mögliche Form, wobei hier eine Flüssigkeit (Wasser, Wasser und Glykol, Öl) als Wärmeträger durch Rohre, die an der Absorberunterseite angebracht sind, strömt. Um einen besseren Übergang zum Wärmeträgermedium zu erreichen, kann der Absorber selbst vom Wärmeträger durchflossen werden (Abb. 3.1.5b). Dem Erfindergeist für verschiedenste Profile sind hier weite Grenzen geöffnet. Zu beachten ist bei allen Ausführungsformen, daß zufolge Erwärmung des Absorbers Längenänderungen auftreten und diese dürfen zu keiner Beschädigung des Kollektors führen. Erschwerend ist hiebei die Tatsache, daß der Kollektor aus verschiedenen Werkstoffen aufgebaut ist (Glas, Metall, Isolierstoff etc.), die alle unterschiedliche Ausdehnungskoeffizienten besitzen. Weiters ist bei Kollektoren mit flüssigen Wärmeträgern darauf zu achten, daß diese auch nach Montage völlig entleert werden können. Die Kollektoren können in Serie oder parallel geschaltet werden, wobei bei letzteren auf gleiche Strömungswiderstände zu achten ist. Neben Flüssigkeiten kann natürlich auch Luft als Wärmeträger verwendet werden. Abb. 3.1.5c zeigt ein Beispiel eines "Luftkollektors", wobei hier lamellenartig angeordnete Absorberflächen von Luft durchströmt werden.

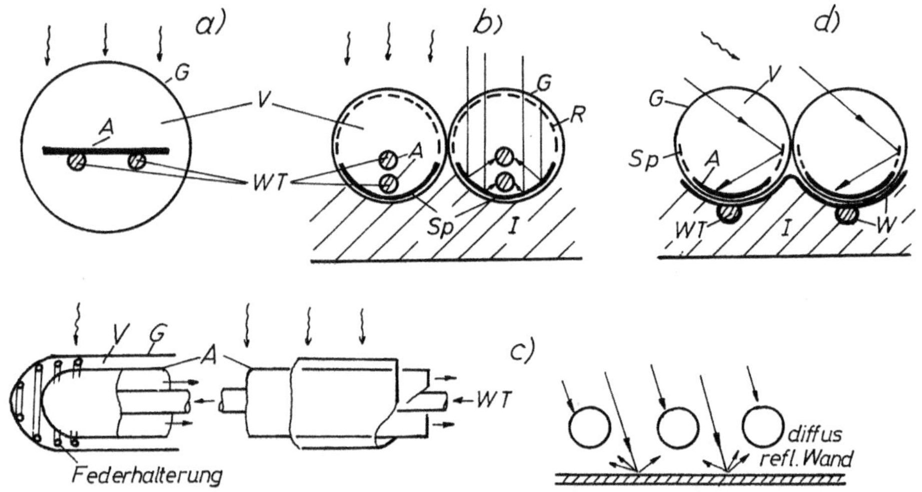

Abb. 3.1.6. Ausführungsformen von Vakuumkollektoren verschiedener Firmen. a) Corning, b)d) Philips, c) Owens; A ... Absorber, G ... Glasrohr, WT ... Wärmeträger, W ... Wärmetauscher, V ... Vakuum, Sp ... Spiegel, R ... therm. Reflexionsschichte, I ... thermische Isolation.

Um Wärmeverluste auch bei höheren Temperaturen weitgehend zu vermeiden, wurden "Vakuumkollektoren" entwickelt. Hiebei befindet sich der Absorber meist in einem evakuierten Glasrohr. Die Rohrform ergibt sich aus mechanischen Überlegungen. Abb. 3.1.6a zeigt eine von der Firma Corning (USA) entwickelte Type, Abb. 3.1.6b eine von der Firma Philips gebaute (Typ I). Bei letzterer tritt allerdings schon eine geringe Strahlenkonzentration auf, sodaß sie theoretisch zu den konzentrierenden Typen gehört. Erfolgt der Hin- und Rückfluß des Wärmeträgers bei diesen beiden Ausführungen in nebeneinanderliegenden Rohren, so erfolgt dies bei der von der Firma Owens-Illinois (USA) ausgeführten Variante in konzentrisch angeordneten Rohren im Gegenstromprinzip (Abb.3.1.6c). Um die Oberfläche des Absorberrohres optimal auszunützen, werden hier die einzelnen Vakuumröhren nicht unmittelbar nebeneinander angeordnet, sondern vor einer diffusreflektierenden Wand. Die Durchführung der Wärmeträgerrohre in das evakuierte Glasrohr führt wegen thermischer Ausdehnung etc. zu Schwierigkeiten, bei der Ausführung der in Abb. 3.1.6d dargestellten Variante befindet sich das Wärmeträgerrohr außerhalb des evakuierten Glasrohres (Typ IV der Fa. Philips, Aachen (BRD)).

Eine interessante Ausführung stellt der von der Fa. Dornier (BRD) entwickelte Flachkollektor mit einer Wärmeübertragung mittels Wärmerohres (heat-pipe) dar (Abb. 3.1.7). Das Wärmerohr führt die

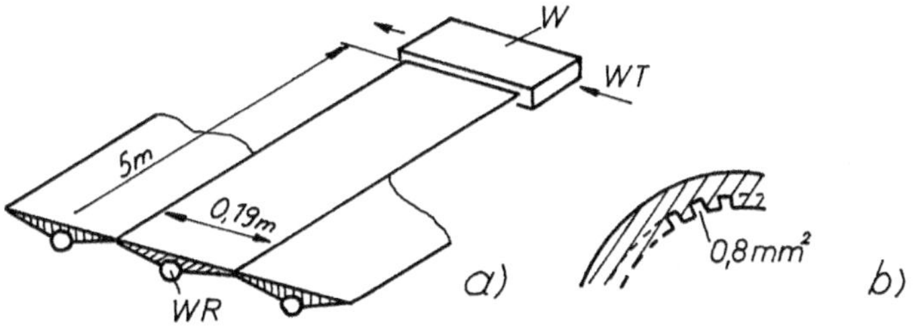

Abb. 3.1.7. a) Flachkollektor mit Wärmeabfuhr durch ein Wärmerohr (Dornier), b) Schnitt durch das Wärmerohr (heat-pipe); W ... Wärmetauscher, WT ... Wärmeträger, WR ... Wärmerohr.

in einer geschwärzten Aluminiumplatte absorbierte Wärmeenergie zu dem örtlich höher gelegenen Wärmetauscher. Als Wärmeträger im Wärmerohr dient Frigen, das durch die eingestrahlte Wärmeenergie verdampft, zum Wärmetauscher gelangt, dort kondensiert und durch die Schwerkraft wieder an der Rohrwandung zurückfließt. Die Kondensationswärme wird im Wärmetauscher dem flüssigen Wärmeträger (z.B. Wasser), der sich unterhalb der Kondensationstemperatur des Frigens befindet, übertragen.

3.1.3.1.2. Konzentrierende Kollektoren

Sollen höhere Absorbertemperaturen erreicht werden, so ist es nötig, die Intensität der Sonnenstrahlen auf die Absorberfläche zu vergrößern, was durch Verwendung geeigneter Konzentratoren (optische Systeme wie Spiegel (Reflektoren) oder Linsen) möglich ist. Durch die relative Verkleinerung der Absorberfläche können die thermischen Verluste trotz höherer Temperaturen in ähnlichen Größenordnungen wie bei Flachkollektoren gehalten werden, vielfach sogar noch geringer. Auf Grund der Strahlungskonzentration kann nur die direkte Sonnenstrahlung genutzt werden, der Anteil der diffusen Strahlung,der mitunter bei Flachkollektoren einen wesentlichen Energiebeitrag liefert, ist praktisch verloren. Der Konzentrator weist seinerseits optische Verluste auf, außerdem müssen konzentrierende Kollektoren dem Sonnenstand nachgeführt werden (siehe Abb. 3.1.4), was ebenfalls einen Mehraufwand gegenüber Flachkollektoren bedeutet. Je höher der Konzentrationsfaktor (Verhältnis von Sonneneinstrahlungsfläche des Reflektors zu Absorberfläche) ist, desto höher sind die Anforderungen an die Genauigkeit der Form des Konzentrators und an die Präzision der Nachführeinrichtung.

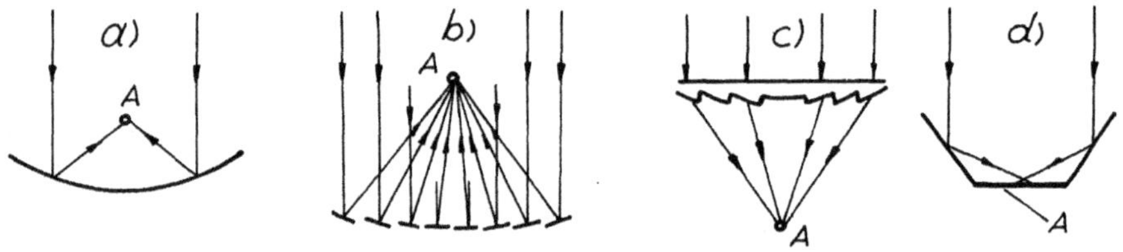

Abb. 3.1.8. Möglichkeiten zur Strahlungskonzentration. a) Zylindrischer oder rotationssymmetrischer Parabolreflektor, b) Fresnelspiegel, c) Fresnellinse, d) Reflektor; A ... Absorber.

Abb. 3.1.8 zeigt einige mögliche Formen der Strahlungskonzentration. Höchste Konzentrationsfaktoren sind mit Rotationsparaboloiden (bis 10 000) erreichbar, allerdings müssen hiebei der Kollektorbrennpunkt, der Parabelscheitel und die Sonne stets auf einer Geraden liegen (zweidimensionale Nachführung erforderlich, $\cos \Theta = 1$). Die heute gebräuchlichsten konzentrierenden Kollektoren (Konzentrationsfaktoren von 8 bis 10) haben als Konzentrator einen Parabolzylinder, in dessen "Brennlinie" der Absorber angeordnet ist. Um die Wärmeverluste gering zu halten, wird man ähnlich wie bei Flachkollektoren das Absorberrohr gegen die Umgebung durch transparente Hüllrohre (Glasrohre, ev. evakuiert, mit Reflexionsschichte an der Innenseite) abschirmen. Hinsichtlich der Strahlungsabsorption wurden ebenfalls verschiedene Absorbervarianten vorgeschlagen. Vom einfachen Absorberrohr ohne oder mit selektiver schwarzer Oberfläche über ein Glasrohr mit geeignetem Absorberkörper (bei Verwendung von lichtdurchlässigen Flüssigkeiten als

Wärmeträger), welcher innerhalb des Glasrohres angeordnet ist, bis zur Verwendung von "schwarzen" (selbstabsorbierenden) Flüssigkeiten reicht hier die Palette der Möglichkeiten.

Da mit konzentrierenden Kollektoren Temperaturen über 100° C erreicht werden, ist Wasser nur begrenzt als Wärmeträger einsetzbar, da mit zunehmender Wassertemperatur auch der Druck steigt, was einschneidende Konsequenzen für die gesamte Anlage hat. Bei höheren Temperaturen werden daher vielfach Öle oder Spezialflüssigkeiten verwendet. Zur Erreichung der nötigen Energiemenge werden meist mehrere Einzelkollektoren (räumlich parallel angeordnet, siehe Abb. 3.1.4) zu Kollektorbatterien zusammengebaut (geringerer Aufwand für die Nachführeinrichtung) und thermisch parallel oder in Serie geschaltet. Durch das Nebeneinanderliegen mehrerer Einzelkollektoren ergibt sich das Problem der gegenseitigen Abschattung bei relativ flach einfallendem Sonnenlicht. Gegenseitige Abschattung tritt auf, wenn der Verdrehwinkel ε (Abb. 3.1.4) bestimmte Werte über- oder unterschreitet. Für den Winkel ε ergibt sich für Kollektoren mit einer Aufstellung in Nord-Süd-Richtung (Abb. 3.1.4a)

$$\varepsilon_{NS} = \arctan (\sin a/(\tan h \cos\alpha + \sin\alpha \cos a))$$

Für die Kollektoraufstellung in Ost-West-Richtung erhält man (Abb. 3.1.4b)

$$\varepsilon_{OW} = \arctan (\tan h/\cos a)$$

Abschattung tritt auf, wenn ε_{NS} größer als $\varepsilon_{NSgr.}$ bzw. ε_{OW} kleiner als $\varepsilon_{OWgr.}$ ist, wobei

$$\varepsilon_{NSgr.} = \arccos (B/A), \quad \varepsilon_{OWgr.} = \arcsin (B/A)$$

sind, mit B der Kollektorbreite und A dem Mittenabstand der Kollektoren.

3.1.3.2. Wärmeträger

Die im Kollektor absorbierte Wärmeenergie muß mittels geeigneter Wärmeträger entweder direkt zum Verbraucher oder in einen Wärmespeicher transportiert werden.

Als Wärmeträger kommen in erster Linie Wasser, Luft oder Spezialflüssigkeiten in Betracht. Wasser bietet neben der hohen spezifischen Wärme, der günstigen Transportierbarkeit (isolierte Rohrleitungen) und geringen Korrosionsproblemen die besten Voraussetzungen für einen Wärmeträger bis zu Temperaturen um 100° C.

Darüber hinaus führt der erhöhte Druck zu Mehraufwand im Kollektor-,Rohr- und Speichersystem. Ist Winterbetrieb vorgesehen, so muß dem Wasser Frostschutzmittel oder Glykol beigemischt werden. Dies ist weniger störend, da in den meisten Fällen Zweikreissysteme (Primär-, Sekundärkreislauf) Verwendung finden.

Bei Luft als Wärmeträger spielt die Korrosionsgefahr und der Winterbetrieb keine Rolle, hier sind es vor allem die niedrige spezifische Wärme, der schlechtere Wärmeübergang in Wärmetauschern und Speichern und die großen erforderlichen Strömungsquerschnitte der Luftleitungen, die die Einsatzmöglichkeiten beschränken. Kollektoren mit Luft als Wärmeträger sind daher eher selten.

Bei konzentrierenden Kollektoren mit hohen Vorlauftemperaturen (Temperatur des Wärmeträgers beim Kollektoraustritt) muß als Wärmeträger Öl oder eine Spezialflüssigkeit eingesetzt werden.

3.1.3.3. Wärmespeicher

Eines der Hauptprobleme in Verbindung mit Sonnenenergienutzung stellt das schwankende Angebot an Sonnenstrahlung, bedingt durch Tages- und Jahreszyklus, aber auch durch Witterungsverhältnisse (Bewölkung, Regen etc.) dar. In den meisten Fällen ist es daher nötig, zur zeitlichen Überbrückung sonnenscheinloser oder -armer Zeiten geeignete Speicher vorzusehen.

Da in der Solarbautechnik mit den überwiegend verwendeten Flachkollektoren Niedrigtemperaturwärme anfällt ($T < 100^{o}$ C), muß auch das Speichermedium entsprechend angepaßt werden. Es können sowohl sensible als auch latente Wärmespeicher (siehe Abschn.5.5.4) eingesetzt werden. Als sensible Wärmespeicherstoffe eignen sich bei diesen Temperaturen Wasser, Gestein, Erde etc., wobei besonders Stoffe mit hoher spezifischer Wärme vorteilhaft sind.

Allgemein gilt für einen sensiblen Wärmespeicher, daß die gespeicherte Energie umso größer ist, je größer die spezifische Wärme des Speichermediums und der Temperaturhub ΔT bei der Ladung bzw. Entladung des Speichers sind. Je größer ΔT, desto kleiner kann bei gegebener Energiemenge und Speichermaterial das Speichervolumen sein, aber desto höher sind - eine bestimmte,durch Verbraucherzwecke festgelegte Mindesttemperatur vorausgesetzt - auch die Speicherendtemperatur im geladenen Zustand und damit auch die Wärmeverluste bei gleichen Isolationsverhältnissen. Hiebei ist zu beachten, daß die nutzbare Wärmeenergie eines

Speichers, bedingt durch die Wärmeverluste, stets kleiner als die zugeführte Energie ist, wobei die Differenz umso höher wird, je größer die Speicherdauer ist. Beim Laden des Speichers ist es notwendig, daß die Temperatur des Wärmeträgers höher als die des Speichers ist. Daraus folgt, daß bei steigender Speichertemperatur die Ausnützung des Kollektors sinkt (schlechterer Wirkungsgrad) bzw. der Kollektorkreislauf nur oberhalb bestimmter Einstrahlungswerte betrieben werden kann, um die nötigen Temperaturen für eine Wärmeübertragung in den Speicher sicherzustellen; es bleibt also eingestrahlte Sonnenenergie ungenützt.

Um dies zu vermeiden, können mehrere Speicher mit verschiedenen Temperaturniveaus vorgesehen werden, wobei die Ladung der einzelnen Speicher je nach Strahlungsintensität erfolgt. Eine andere Möglichkeit besteht in der Verwendung von Wärmepumpen, wobei hier die Speichertemperatur unabhängig von den Verbrauchern gewählt werden kann. In beiden Fällen steigt der Kostenaufwand für die Solaranlage beträchtlich!

Das heute am häufigsten verwendete Speichermedium ist Wasser. Dies deshalb, weil bei Warmwasserbereitungsanlagen und Schwimmbadanlagen sinnvollerweise das Brauchwasser selbst das Speichermedium darstellt. Weiters besitzt Wasser die größte spezifische Wärme und eignet sich daher vorzüglich als sensibles Speichermedium zur Versorgung von Heizanlagen, wobei allerdings große Speichervolumina erforderlich sind und die Verwendung von Wärmepumpen besonders vorteilhaft ist.

Gestein- und Schotterspeicher werden mitunter bei Luft als Wärmeträgermedium verwendet. Bei einigen Solarhäusern sind auch Beton- oder Ziegelwände als Speichermedium in Gebrauch. Gegenwärtig sind Untersuchungen über die Eignung von Wänden in Sandwichbauweise zur Wärmespeicherung im Gange.

Erde (Erdboden) als Speichermedium für Sonnenenergie wurde ebenfalls verschiedentlich vorgeschlagen.Hiebei wird von der Sonne erwärmtes Wasser durch in Erde verlegte Rohrleitungssysteme gepumpt, dadurch der Boden erwärmt und in Zeiten des Wärmebedarfes mit Hilfe von Wärmepumpen die erforderliche Wärme dem "Speicherboden" entzogen. Problematisch ist hiebei die große benötigte Bodenfläche (Erdvolumen) und die schlechte Wärmeleitfähigkeit des Speichermediums.

Bei Latentwärmespeichern vollzieht sich die Wärmezu- und -abfuhr innerhalb eines engen Temperaturbereiches während der Aggregatszustandsänderung des betreffenden Speichermediums. Auch hier gilt, daß die Kollektorausnützung umso geringer ist, je höher dieser Temperaturbereich liegt.

Tabelle 3.1.1. Wärmespeicherfähigkeit verschiedener Speichermaterialien

Speichermaterial	spez. Speicherfähigkeit (MJ/m^3K)	Speichermenge bei $\Delta T = 40^\circ$ C (MJ/m^3)
Wasser	4,2	167
Gestein (Schotter)	2,0 ... 2,8	80 ... 112
Ziegelmauerwerk	1,3 ... 1,5	52 ... 60
Erde (trocken)	0,84 .. 1,7	34 ... 68
$Na_2SO_4 \cdot 10H_2O$	$\Delta T \approx 14^\circ$ C	389
$KF \cdot 4H_2O$	$\Delta T \approx 2^\circ$ C	331

Tabelle 3.1.1 zeigt die spezifische Wärmespeicherfähigkeit und die maximal mögliche speicherbare Energiemenge pro m^3 für einige sensible Speichermedien bei einem Temperaturhub von 40° C. Als Vergleich sind auch zwei Latentspeichermassen angeführt. Es ist zu beachten, daß die tatsächliche Speicherfähigkeit pro Volumseinheit wesentlich geringer ist, da das Wärmeträgermedium zwecks besseren Wärmeüberganges durch das Speichermedium möglichst großoberflächig geführt werden muß (z.B. Luft durch Schotterspeicher).

Trotz der hohen spezifischen Speicherfähigkeit von Latentspeichermassen wird heute noch überwiegend Wasser als Speichermedium verwendet (Gründe siehe Abschn. 5.5.4), wenngleich den Latentspeichern in Zukunft sicherlich große Bedeutung zukommt.

Eine weitere, vielleicht in Zukunft interessante Möglichkeit liegt in der Verwendung von Wasserstoffhydriden zur Speicherung, wobei hier die Sonnenenergie zur Entladung des Wasserstoffs aus dem Hydrid dient (endothermer Vorgang, siehe Abschn. 4.2.4). Der aus dem Hydrid "ausgetriebene" Wasserstoff wird in einem Behälter aufgefangen und kann bei Wärmebedarf wieder in den Hydridspeicher geführt werden. Die dabei freiwerdende Energie (exothermer Vorgang) kann entweder direkt oder über Wärmepumpen zur Wärmebedarfsdeckung herangezogen werden.

Aus vorigem ergibt sich, daß die Wahl des Speichermediums und die Auslegung des Speichers ein Optimierungsproblem darstellen, wobei neben den technischen Belangen vor allem auch die wirtschaftlichen eine große Rolle spielen.

3.1.4. Solarthermische Anlagen

3.1.4.1. Warmwasserbereitungsanlagen

Das im Kollektor erwärmte Wasser wird entweder direkt der Verwendung zugeführt (Einkreissystem, z.B. in Israel sehr verbreitet) oder ein Wärmeträger dient zur Erwärmung des in einem Sekundärkreis geführten Brauchwassers (Zweikreissystem). Der Vorteil des Zweikreissystems liegt vor allem in der Entkopplung von Kollektor- und Brauchwasserkreis (Möglichkeit der Verwendung von Frostschutzmitteln, von enthärtetem Wasser oder Spezialflüssigkeiten im Kollektorkreis). Die optimale Speichergröße liegt bei einer Speicherkapazität für einige wenige Tage. Die Steuerung der Umwälzpumpen im Primärkreis erfolgt so, daß eine Umwälzung des Wärmeträgers nur dann möglich ist, wenn die Kollektorausgangstemperatur (Vorlauftemperatur) höher als die Speichertemperatur liegt.

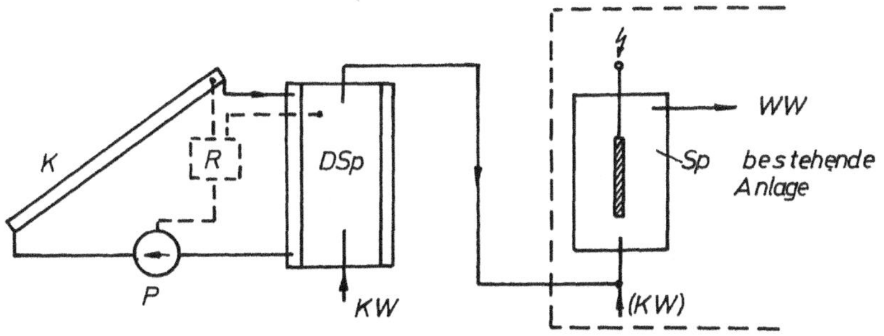

Abb. 3.1.9. Solare Warmwasserbereitungsanlage (Integration in ein bestehendes Warmwasserbereitungssystem). K ... Kollektoranlage, P ... Umwälzpumpe für Primärkreis, R ... Regelung für Umwälzpumpe, DSp ... Doppelmantelspeicher, Sp ... bestehender Speicher mit Zusatzheizmöglichkeit, KW, WW ... Kalt-, Warmwasser.

Für sonnenarme Perioden oder für die Wintermonate wird man eine Zusatzheizung vorsehen (z.B. elektrisch). Kombinationen solarer Warmwasserbereitungsanlagen mit bestehenden konventionellen Anlagen sind relativ einfach durchzuführen. Abb. 3.1.9 zeigt als Beispiel die Möglichkeit der Integration einer solaren Warmwasserbereitungsanlage in eine bereits bestehende Anlage, wobei hier auf installationstechnische Details wie Ausdehnungsgefäße, Absperr-, Entleerungs-, Entlüftungshähne etc. bewußt verzichtet wurde. Prinzipiell wäre auch eine direkte Einleitung des Kollektorkreislaufes in den bestehenden Speicher mit Zusatzheizung möglich, so bei diesem der nachträgliche Einbau eines Wärmetauschers durchführbar ist. In der Praxis bestehen hinsichtlich der Speicheranordnungen und -ausführungen (Ein-, Mehrspeichersystem,

Zonen-, Doppelmantelspeicher etc.) eine Fülle von Möglichkeiten /3.1.1, 3.1.6, 3.1.7, 3.1.8/.

3.1.4.2. Heizungsanlagen

Das Heizen mit Sonnenenergie wäre aus energiepolitschen Gründen zweifellos das angestrebte Ziel /3.1.9/.

Es existieren heute schon eine Vielzahl von ausgeführten und untersuchten Projekten und Modellanlagen; allen gemeinsam ist das Speicherproblem, begründet in der Tatsache, daß hier Angebot (Sonneneinstrahlung im Sommer) und Nachfrage (Wärmebedarf im Winter) extrem zeitlich auseinander liegen. Ein weiteres Problem liegt im derzeit durchschnittlich hohen Wärmebedarf zufolge der schlechten thermischen Isolierung der Gebäude. Das Eingehen auf wärmetechnische Details würde den Rahmen dieses Kapitels weit übersteigen, es soll hier nur folgendes festgehalten werden:
Es ist sinnlos, über Solarheizungsanlagen zu diskutieren, solange nicht die "thermische Qualität" eines Gebäudes, d.h. Isolation der Wände, Fenster, Türen etc. wesentlich gegenüber dem heutigen "Standard" verbessert wird. Dies gilt generell für alle Heizungssysteme. Daß eine Verbesserung der Isoliereigenschaften grundsätzlich oft mit nur geringem Aufwand möglich ist, zeigen verschiedenste Untersuchungen der letzten Jahre sowie diverse Entwicklungen auf dem Bausektor (Thermoputz etc.). Daß trotz extrem guter thermischer Isolation die Speichergröße für ein Einfamilienhaus beachtlich wird, zeigt sich am Beispiel des Aachener Versuchshauses, wo bei einer gegenüber einer Normalausführung um das 6fache verbesserten thermischen Isolation ein Warmwasserspeicher von 42 m^3 bei einem Temperaturhub von max. 90° C! benötigt wurde. Außerdem werden in diesem Falle noch Wärmepumpen eingesetzt. Bezüglich Solarheizanlagen wäre weiters zu sagen, daß sich hiefür besonders Niedrigtemperaturheizungen (Großflächenheizsysteme wie z.B. Fußbodenheizung) mit Vorlauftemperaturen zwischen 35 und 45° C eignen. Am Beispiel des Aachener Sonnenhauses zeigt sich, daß es aus Speichergründen kaum möglich und sinnvoll ist, nur mit Sonnenenergie zu heizen, man wird auch hier zur heute schon vielfach bewährten Mehrsystemheizung (bi- und multivalente Heizungen) übergehen. Vor allem der Einsatz von Wärmepumpen kann hier eine wesentliche Verbesserung des Gesamtheizsystems bringen. Sicherlich nimmt die Kostenfrage eine dominierende Stellung ein.

3.1.4.3. Schwimmbadheizungsanlagen

Volkswirtschaftlich von geringem Interesse, wirkungsgradmäßig jedoch am günstigsten ist der Betrieb von Schwimmbadheizungsanlagen. Der Grund liegt darin, daß die benötigten Kollektorvorlauftemperaturen extrem niedrig sind (25 - 30° C) und das Schwimmbecken selbst den "thermischen" Speicher darstellt. Einkreis- und Zweikreissysteme werden ausgeführt. Bei Einkreissystemen ist darauf zu achten, daß im Kollektor durch das Badewasser (Fluorzusatz!) keinerlei Korrosionserscheinungen auftreten (Verwendung von Edelstahlkollektoren). Zur Vermeidung größerer Wärmeverluste empfiehlt sich bei Freibädern eine Abdeckung während der Nachtstunden. Es existieren schon eine Reihe von öffentlichen Schwimmbädern mit Solarheizanlagen, z.B. die Anlage in Wiehl (BRD) /3.1.10/.

3.1.4.4. Kühlen mit Sonnenenergie

Dem Kühlen (Klimatisieren) mit Sonnenenergie kommt vor allem deshalb große Bedeutung zu, da in Ländern mit hoher Sonneneinstrahlung auch der Energieaufwand für Kühlzwecke beachtlich ist. Außerdem ist hier das Speicherproblem von geringer Bedeutung, da "Angebot" und "Nachfrage" zusammenfallen. Dies ist auch der Grund, warum von vielen Fachleuten derzeit der Kühlung mit Sonnenenergie bessere Chancen zugesprochen werden als der Heizung.

Prinzipiell besteht die Möglichkeit, durch Wasserverdunstung einen Kühleffekt zu erzielen. Nach diesem Verfahren arbeitet ein von Hay und Yellott entwickeltes System (Skyterm House in Phoenix, USA /3.1.6/). Hier befindet sich auf einem Flachdach eine rund 20 cm tiefe Wasserschichte, die tagsüber mit Polyurethanplatten abgedeckt ist, um direkte Sonneneinstrahlung zu vermeiden. Nachts ist das Becken nicht abgedeckt, das Wasser verdunstet und kühlt die darunter befindlichen Räume. Problematisch ist bei diesem Verfahren die Notwendigkeit eines Flachdaches und der Wasserbedarf.

Eine andere Möglichkeit der Kühlung besteht in der Anwendung des Prinzipes der Absorptions-Kältemaschine, wobei die Sonnenenergie zur Deckung des nötigen Wärmebedarfes für den "Austreiber" einer solchen Anlage dient. Als Kälte-/Absorptionsmittelkombination kommt in erster Linie Ammoniak/Wasser in Betracht /3.1.11/. Abb. 3.1.10 zeigt eine solare Luftkühlanlage nach diesem Prinzip.

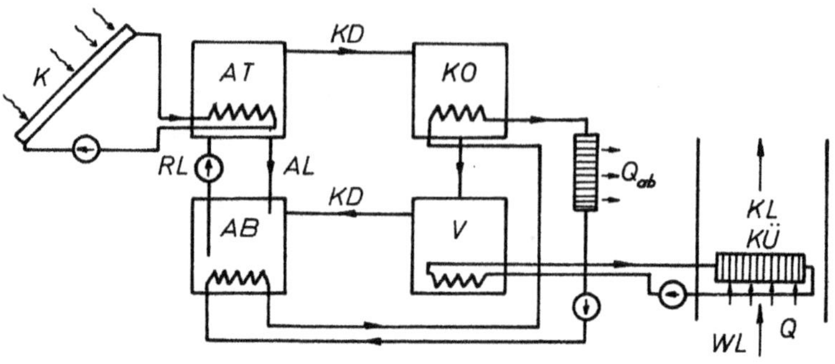

Abb. 3.1.10. Solare Absorptionskühlanlage für Luft. K ... Kollektor, AB ... Absorber, AT ... Austreiber, KO ... Kondensator, V ... Verdampfer, KÜ ... Luftkühler, WL, KL ... Warm-, Kaltluft, RL, AL ... angereicherte, arme Absorberlösung, KD ... Kältemitteldampf, Q ... Wärmemenge.

Im Verdampfer wird Wärme dem zu kühlenden Medium entzogen und zur Verdampfung des Kältemittels (z.B. Ammoniak) verwendet. Der Kältemitteldampf gelangt in den Absorber, wo das Absorptionsmittel (z.B. Wasser) das Kältemittel absorbiert. Die angereicherte Lösung gelangt nun in den Austreiber, wo durch Wärmezufuhr das Kältemittel vom Absorptionsmittel getrennt wird. Die an Kältemittel "arme" Absorptionsmittellösung gelangt wieder in den Absorber, der Kältemitteldampf in den Kondensator,wo er unter Wärmeabgabe kondensiert. Das flüssige Kältemittel wird wieder in den Verdampfer geführt. Damit ist der Kältemittelkreislauf geschlossen.

Prinzipiell ist es möglich, die bei der Kältemaschine anfallende "Abwärme" zu nutzen, wodurch die Kältemaschine als Wärmepumpe arbeitet.

3.1.5. Solarhäuser

Solarhäuser sind Gebäude, die einen mehr oder weniger großen Teil des thermischen Energiebedarfes durch Sonnenenergie decken (solarer Deckungsgrad) /3.1.12/. In seltenen Fällen erfolgt auch die Gewinnung von elektrischer Energie mit Hilfe von Solarzellen, z.B. beim Solar-One-House, Delaware, USA. Solarhäuser sind ihrem Zweck entsprechend mit großen Kollektorflächen - möglichst nach Süden orientiert - ausgestattet, wobei es die verschiedensten architektonischen Integrationsmöglichkeiten für Flachkollektoren gibt /3.1.6/. Die häufigste Variante ist die Anbringung von Flachkollektoren auf dem Dach, das eine entsprechend günstige Neigung aufweisen muß. Weiters besitzen Solarhäuser Speicheran-

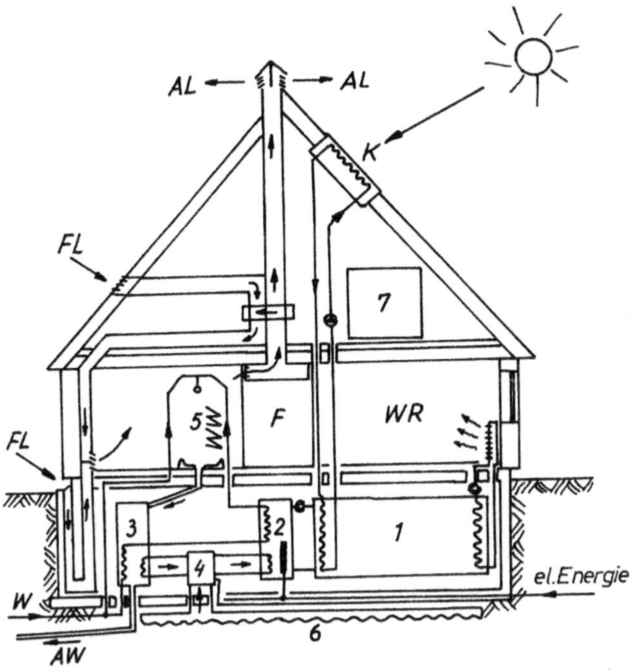

Abb. 3.1.11. Schematischer Schnitt durch das Aachener Experimentierhaus. K ... Kollektoren (20 m^2), FL, AL ... Frisch-, Abluft, F ... Flur, WR ... Wohnraum (120 m^2), W, WW, AW ... Frisch-, Warm-, Abwasser; 1 ... Langzeitspeicher (42 m^3, 5 - 95° C), 2 ... Warmwasserspeicher (4 m^3, 45 - 55° C), 3 ... Abwassertank (1 m^3), 4 ... Wärmepumpe (1,2 kW, ε = 3,5), 5 ... Dusche, 6 ... Nutzung der im Boden gespeicherten Wärme über 4, 7 ... Prozeßrechner.

lagen entsprechender Größe, die in den Kellergeschoßen oder außerhalb des Gebäudes angeordnet werden müssen. Daß auf besondere thermische Isolierung der Gebäudeaußenwände und Fenster zu achten ist, wurde bereits erwähnt. Die meisten bisher errichteten Solarhäuser dienen in erster Linie Forschungszwecken zur Erprobung der einzelnen Systemkomponenten. Abb. 3.1.11. zeigt einen Schnitt durch das Aachener Experimentierhaus (Fa. Philips), das eine Wohnfläche von 120 m^2 aufweist. Hier wurden Extremwerte hinsichtlich der "thermischen Qualität" erreicht. So konnte der Wärmedurchgangswert für Wände von 1,23 W/m^{2}K auf 0,14 W/m^{2}K und bei den Fenstern von 5,8 W/m^{2}K auf den Wert 1,5 W/m^{2}K reduziert werden. Dieses Experimentierhaus weist außerdem Wärmerückgewinnungsanlagen aus Abwasser und Abluft auf, es besitzt weiters die Möglichkeit der Nutzung der im Boden gespeicherten Wärme mit Hilfe von Wärmepumpen. Im Dach sind 20 m^2 Kollektorfläche untergebracht, das Haus besitzt drei Wasserspeicher (Abb. 3.1.11). Ein im Dachgeschoß befindlicher Computer dient zur Simulation des Energieverbrauches einer Durchschnittsfamilie und zur Registrierung und Auswertung der anfallenden Meßdaten.

Die Auslegung der einzelnen Komponenten von Solarhäusern erfolgt auf Grund einer möglichst genauen Ermittlung des Wärmebedarfes des Gebäudes sowie der Kenntnis der am betreffenden Ort auftretenden Sonneneinstrahlung und eines angestrebten solaren Deckungsgrades.

Daß die Errichtung von Solarhäusern nur in südlicheren Gegenden sinnvoll wäre, wurde durch das Aachener Experimentierhaus und das "Nullenergiehaus" in Kopenhagen widerlegt. Sicherlich ist ein Solarhaus erheblich teurer als ein konventionelles. Wenn man jedoch die Betriebskosten bei weiter steigenden Energiepreisen berücksichtigt, kann sich der finanzielle Mehraufwand bereits nach einigen Jahren lohnen.

3.1.6. Sonnenöfen

Sonnenöfen sind Vorrichtungen zur Erzeugung höchster Temperaturen durch Fokusierung der Sonnenstrahlen mittels geeigneter Spiegelsysteme (Parabolspiegel). Es werden hiebei Konzentrationsfaktoren bis zu 10 000 erreicht /3.1.13/. Als Beispiel sei der Sonnenofen von Odeillo (Pyrenäen) angeführt. Abb. 3.1.12 zeigt die prinzipielle Anordnung. 63 gesteuerte Planspiegel (Heliostate) à 42 m^2, die aus 180 Einzelspiegel aufgebaut sind, reflektieren die Sonnenstrahlen auf den 2000 m^2 großen Parabolspiegel, in dessen Brennpunkt ein Schmelzofen angeordnet ist. Es werden in diesem Temperaturen bis 3500° C erreicht. Die Anlage dient hauptsächlich zur Herstellung von Speziallegierungen, die im Vakuum erschmolzen werden. Es werden täglich bis zu 3 Tonnen solcher Legierungen hergestellt, die Anlage ist rund 2000 Stunden im Jahr in Betrieb.

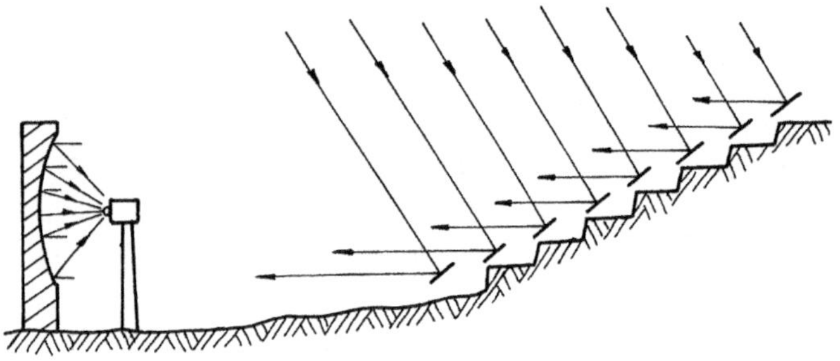

Abb. 3.1.12. Schematische Darstellung des Sonnenofens in Odeillo.

3.1.7. Solarthermische Kraftwerke

Das Grundkonzept von solarthermischen Kraftwerken unterscheidet sich von konventionellen thermischen Kraftwerken nur in der Bereitstellung der thermischen Energie. Ist es bei letzteren meist ein Verbrennungsprozeß, der die Wärmeenergie liefert, so wird bei solarthermischen Anlagen die Energie der Sonnenstrahlen genutzt. Die Umwandlung in elektrische Energie erfolgt auch hier über mehr oder weniger konventionelle thermische Kreisprozesse (Dampfprozesse) mit Turbine (oder Dampfmotor) und Generator /3.1.14/. Bisher haben sich zwei große Gruppen von solarthermischen Kraftwerkskonzepten herausgebildet. Kraftwerke der ersten Gruppe mit Leistungen im kW-Bereich (bis ca. 50 kW) dienen zur Versorgung von kleineren Gemeinden in Entwicklungsländern mit elektrischer Energie, zur Speisung von Pumpstationen, Beleuchtungsanlagen etc. Hiebei ist natürlich an relativ einfache und möglichst wartungsarme Anlagen gedacht. Anlagen und Leistungen um 10 kW werden bereits von einigen Firmen angeboten. Die zweite Gruppe, deren Projekte sich durchwegs erst im Planungsstadium befinden, umfaßt Anlagen, deren Leistungen bis zu einigen 100 MW reichen.

3.1.7.1. Kleinkraftwerke

Abb. 3.1.13 zeigt ein vereinfachtes Prinzipschema eines Kleinkraftwerkes, wie es für eine elektrische Leistung von 10 kW von der Firma Messerschmitt-Bölkow-Blohm (München) entwickelt wurde /3.1.15/.

Das in Flach- oder konzentrierenden Kollektoren erwärmte Arbeitsmedium führt die Wärme in einen thermischen Speicher, der eine

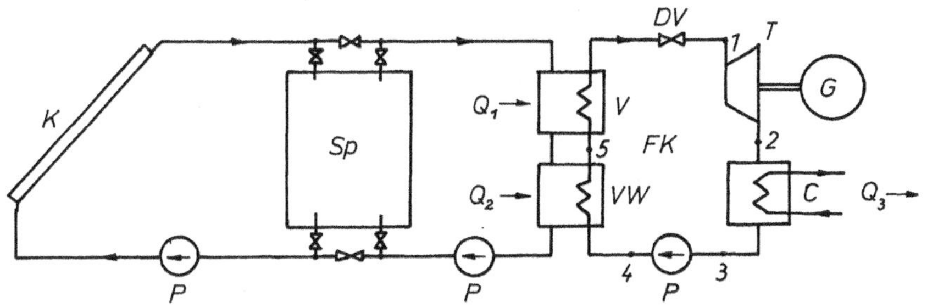

Abb. 3.1.13. Prinzipschema eines Sonnenkraftwerkes im kW-Bereich. K ... Kollektorfeld, Sp ... thermischer (Schichten-) Speicher, V ... Verdampfer, VW ... Vorwärmer, DV ... Drosselventil, C ... Kondensator, T ... Turbine, G ... Generator, FK ... Frigenkreis, P ... Umwälzpumpen, Q ... Wärmezu- oder -abfuhr.

Entkopplung zwischen eingestrahlter Sonnenenergie und benötigter elektrischer Energie bewirkt. Zur Erzeugung elektrischer Energie wird nun thermische Energie aus dem Speicher entnommen und dem Verdampfer (Vorwärmer- und Verdampferteil) zugeführt.

Bei Verwendung von Flachkollektoren können nur niedrige Primärkreistemperaturen ($< 100^{o}$ C) erreicht werden. Dies hat zur Folge, daß nicht Wasser als Arbeitsmedium für den Dampfkreis verwendet wird, sondern Medien mit geringer Siedetemperatur (z.B. verschiedene Frigensorten). Abb. 3.1.14 zeigt den Kreisprozeß (Rankine-Prozeß) im T/s- (Temperatur/Entropie) sowie im log p/h- (p ... Druck, h ... Enthalpie des Arbeitsmediums) Diagramm, das für diese Arbeitsmedien vorzugsweise verwendet wird.

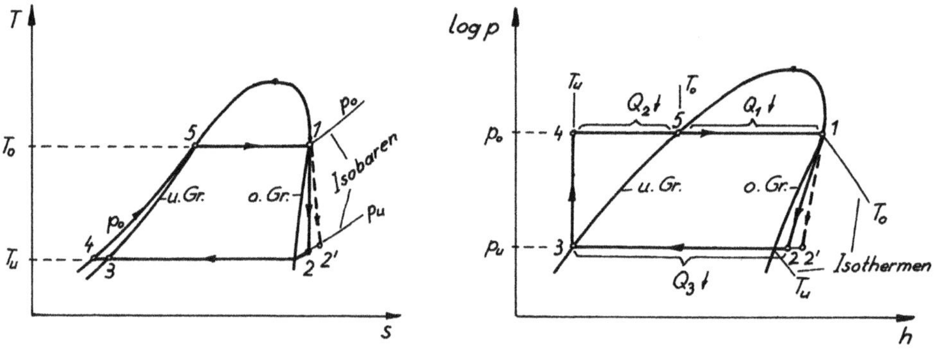

Abb. 3.1.14. T/s und log p/h Diagramm des Kraftwerkes nach Abb. 3.1.13. Die Ziffern entsprechen den in Abb. 3.1.13 im Dampfkreis eingezeichneten Stellen (Drosselventil nicht berücksichtigt). u.GK ... untere Grenzkurve -, o.GK ... obere Grenzkurve (Sattdampfkurve) des betreffenden Arbeitsmediums (z.B. Frigen R11, R113, R114), Q ... Wärmezu- oder -abfuhr.

Die dem Dampfkreis zugeführte thermische Leistung beträgt

$$P_{th,zu} = \dot{m}(h_1 - h_4)$$

Die abgeführte thermische Leistung

$$P_{th,ab} = \dot{m}(h_2 - h_3)$$

wobei $\dot{m}$ die sekundliche Dampfmenge (z.B. kg/s) darstellt.
Die theoretische Turbinenleistung beträgt

$$P_T = \eta_T \dot{m}(h_1 - h_2)$$

wobei η_T der Turbinenwirkungsgrad ist. Da jedoch keine adiabatische Expansion möglich ist, verringert sich das Enthalpiegefälle in der Turbine auf $(h_1 - h_{2'})$. Der Gesamtwirkungsgrad (abgegebene elektrische Energie/eingestrahlte Sonnenenergie) solcher Anlagen (im Bereich um 10 kW_e) liegt bei einigen Prozenten (2 - 4 %), u.a. bedingt durch den schlechten thermodynamischen Wirkungsgrad zufolge der kleinen Temperaturdifferenzen im Dampfkreis.

Durch Erhöhung der Kollektorvorlauftemperatur (z.B. bei Verwendung von konzentrierenden Kollektoren) kann der thermische Wirkungsgrad und damit der Gesamtwirkungsgrad wesentlich verbessert werden (z.B. bei einem Konzentrationsverhältnis um 10 und einer Vorlauftemperatur von 140° C sind bei Verwendung von Frigen als Arbeitsmedium Gesamtwirkungsgrade von 8 bis 10 % erreichbar). Weiters steigt bei Verwendung von konzentrierenden Kollektoren die Ausnützung der Sonneneinstrahlung durch die Kollektornachführung.

Ein wesentliches Problem stellt bei Anlagen dieses Leistungsbereiches die Wärmekraftmaschine dar. Prinzipiell stehen Axial- und Radialturbinen (niedriger oder hoher Drehzahl, z.B. 42000 U/min, Firma Dornier), Dampfmaschinen und Schraubenexpansionsmaschinen zur Verfügung. Die Generatoren können direkt oder über ein Getriebe mit der Turbine gekuppelt werden. Die Größe der Drehzahl bestimmt dann im wesentlichen die Bauart des Generators, wobei bei direkter Kupplung und hohen Drehzahlen (bis 45 000 U/min) fast ausschließlich Homopolarmaschinen (keine Läuferwicklung) oder permanentmagneterregte Synchronmaschinen verwendet werden. Das erzeugte Drehstromsystem mit Frequenzen von einigen 100 Hz kann mittels Gleichrichter in ein Gleichstromsystem umgeformt werden oder mittels Umrichter in ein 50 Hz-Drehstromsystem. Bei Verwendung von niedertourigen Kraftmaschinen oder Getrieben kann direkt Drehstrom mit 50 Hz erzeugt werden. Selbstverständlich können auch Gleichstromgeneratoren an niedertourige Turbinen angeschlossen werden. Als Speicher werden thermische und/oder elektrische Speicher (Akkumulatoren) vorgesehen. Inwieweit Anlagen im betrachteten Leistungsbereich in Zukunft mit Solarzellenanlagen konkurrenzfähig sein werden, hängt von den verschiedenen Systemkomponenten bei solarthermischen Kraftwerken ab.

3.1.7.2. Großkraftwerke

Eine der wesentlichen Voraussetzungen für einen guten Gesamtwirkungsgrad einer solarthermischen Kraftwerksanlage sind hohe Arbeitstemperaturen. Bei den verschiedenen solarthermischen "Großkraftwerksprojekten" versucht man weitgehend, konventionelle Dampfkreise mit Wasserdampf und Temperaturen um 450 bis 550° C zu verwenden. Die hohen Arbeitstemperaturen bedingen geeignete Konzentrationsvorrichtungen zur Aufheizung eines Wärmeträgers. Da die Energiedichte der Sonneneinstrahlung relativ klein ist, werden entsprechend große "Einfangflächen" benötigt, die sehr kostspielig sind und große Landflächen erfordern. Dies ist auch der Hauptgrund, warum die gratis anfallende Sonnenenergie bisher nicht großtechnisch zur Elektrizitätserzeugung genützt wurde. In jüngster Zeit zeichnen sich jedoch Lösungen ab, die großtechnisch realisierbar scheinen.

Anfänglich wurden große zylindrische parabolische Kollektoren - ähnlich den konzentrierenden Kollektoren von Abschn. 3.1.3.1.2. vorgeschlagen, mit Konzentrationsfaktoren um 100, doch benötigen diese für die Nachführung große Antriebsenergien, außerdem führt die Herstellung solcher Spiegelsysteme aus mechanischen Gründen (Winddruck etc.) zu aufwendigen und kostspieligen Konstruktionen /3.1.16/.

Eine einfachere Lösung stellt die von General Atomic (USA) vorgeschlagene Kollektorvariante dar. Hiebei wird ein, ähnlich einem Fresnelspiegel, aufgebauter, aus einzelnen ebenen Spiegelstreifen zusammengesetzter, im Boden fix angeordneter Reflektor verwendet. Das Absorberrohr wird entsprechend dem Sonnenstand auf einer Kreisbahn bewegt (Abb. 3.1.15a) /3.1.17/. Es treten dadurch auch keine Abschattungsprobleme auf. Als Wärmeträger dient im konkreten Kraftwerksprojekt Heißluft, die die thermische Energie einem Dampferzeuger (Wasser) oder einem Kiesbett-Speicher zuführt.

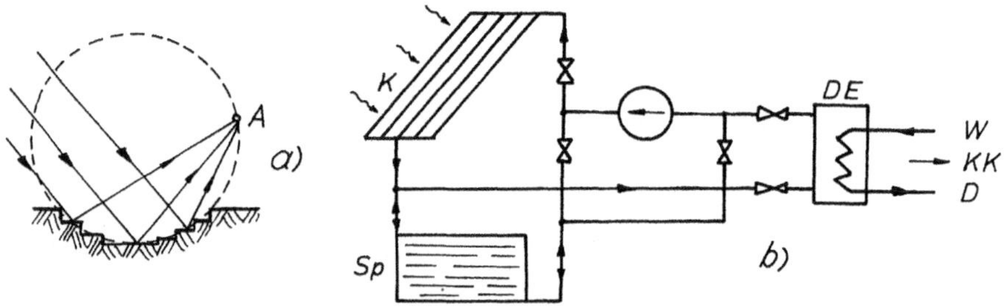

Abb. 3.1.15. a) im Boden verlegter, getreppter Reflektor und bewegliches Absorberrohr (General Atomic, USA), b) Wärmeflußschema des Primärkreises des Solarkraftwerkes nach /3.1.17/; A ... Absorber, K ... Kollektorfeld, Sp ... Kiesbettspeicher, DE ... Dampferzeuger, KK ... konventionelles Kraftwerk, W ... Wasser, D ... Dampf.

Durch die Verwendung von Heißluft als Wärmeträger wäre theoretisch auch die Energieumwandlung in Heißluftturbinen möglich (Abb.3.1.15b).

Eine weitere, in letzter Zeit sehr häufig diskutierte, solarthermische Kraftwerksvariante stellt das Sonnenturmkonzept dar /3.1.18/. An der Spitze eines Turmes befindet sich ein als Absorber ausgebildeter Verdampfer eines konventionellen Dampfkraftwerkes. Um den Turm herum ist eine große Zahl von rechnergesteuerten beweglichen Flachspiegeln (Heliostate), die die Sonnenstrahlen auf die Turmspitze reflektieren, angeordnet (Abb. 3.1.16a). Bei der Spiegelanordnung ist zu beachten, daß keine gegenseitige Abschattung eintritt, was zu großem Flächenbedarf führt. So wird für ein amerikanisches 250 MW Projekt ein Flächenbedarf von 1,8 x 1,8 km^2 angegeben. Die Wirkungsgrade liegen laut amerikanischen Angaben bei 30 bis 40 %, doch scheinen diese Werte angesichts der optischen Verluste durch das Spiegelfeld (Verschmutzung etc.) sowie durch Absorberverluste etwas zu hoch.

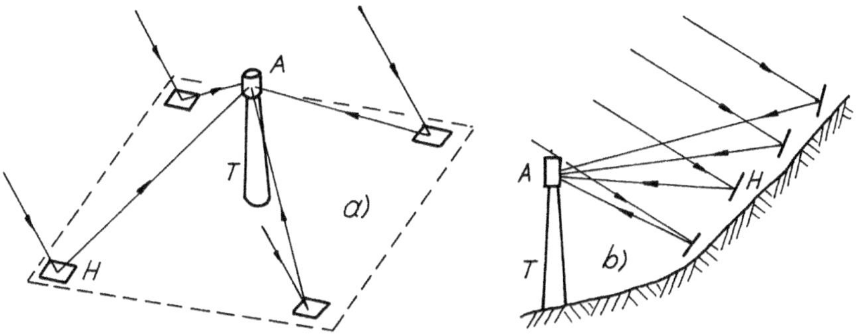

Abb. 3.1.16. Sonnenturmkonzepte. a) in der Ebene, b) in den Alpen (Südhang); T ... Turm, A ... Absorber, H ... Heliostate (steuerbare Reflektoren).

Ein interessanter Vorschlag vom Battelle-Institut (Genf) sieht die Errichtung von 50 MW Kraftwerken im Schweizer Alpenraum vor /3.1.19/. Als Flächenbedarf pro Kraftwerk wurden rund 1 km^2 errechnet, wobei hier die Anordnung der Reflektoren auf Südhängen angenommen wurde (Abb. 3.1.16b).

Sicherlich sind heute solarthermische Kraftwerke mit fossilbeheizten oder mit Kernkraftwerken noch nicht konkurrenzfähig, doch stellen sie eine echte Alternative für die großtechnische Elektrizitätserzeugung der Zukunft dar.

3.1.8. Trinkwassererzeugung, Salzgewinnung

Eine der ältesten bekannten Nutzungsmethoden der Sonnenenergie ist jene zur Erzeugung von Trinkwasser aus verschmutztem Wasser oder aus Meerwasser. Das Prinzip solcher Anlagen ist denkbar einfach. Das Wasser wird in niedrige großflächige Behälter geleitet, deren Böden das Sonnenlicht gut absorbieren. Darüber befindet sich eine dachartige Abdeckung aus Glas oder Kunststoff, die das Sonnenlicht möglichst ungehindert durchtreten läßt. Das durch die Sonneneinstrahlung verdunstende Wasser schlägt sich an der kühleren Abdeckung nieder und rinnt über seitlich angeordnete Rohre in einen Frischwassersammelbehälter. Angesichts der Trinkwasserversorgungsprobleme weiter Bevölkerungskreise in sonnenreichen Gegenden stellen solche Anlagen, die keine komplizierten technischen Einrichtungen erfordern, eine große Hilfe dar, vor allem in jenen Gebieten, wo zwar Meerwasser, aber nicht genug Trinkwasser zur Verfügung steht. Eine derartige Anlage zur Erzeugung von Trinkwasser aus Meerwasser befindet sich auf der griechischen Insel Patmos und arbeitet seit Jahren zufriedenstellend /3.1.13/. Die Anlage besitzt eine Verdunstungsfläche von 8670 m^2, die tägliche Wasserproduktion beträgt 26 m^3.

Stellt bei der Gewinnung von Trinkwasser aus Meerwasser das mit Salzen angereicherte Wasser (Sole) das Abfallprodukt dar, so ist es bei der Salzgewinnung aus Meerwasser eine wichtige Zwischenstufe. Hiebei wird Meerwasser in große seichte Teiche gebracht, wo das Wasser verdunstet und das am Boden abgeschiedene Rohsalz wird dann "abgebaut". Auf diese Weise werden derzeit schon jährlich über 20 Millionen Tonnen Rohsalz gewonnen, das einen wichtigen Rohstoff für die chemische Industrie darstellt.

3.1.9. Biologische Sonnenenergienutzung

Pflanzen nutzen die Sonnenenergie zum Aufbau von Kohle-hydraten, einem wichtigen Bestandteil ihrer Körpersubstanz (siehe Abschn. 4.2.3.3). Es ist daher nicht verwunderlich, daß bereits eine Reihe von Wissenschaftlern, unter ihnen auch der bekannte Photosyntheseforscher und Nobelpreisträger Melvin Calvin, auf die Möglichkeit hinwiesen, die in rasch wachsenden Pflanzen gebildeten Kohlehydrate zur Energiegewinnung heranzuziehen. Die pflanzliche Substanz besteht zu ca. 50 % aus Kohlehydraten, die auf chemischem Wege mit relativ geringem Aufwand in Äthanol (Alkohol) übergeführt werden könnte, der dann als Energieträger zur weiteren Verfügung stünde. Beispielsweise stellt Zuckerrohr eine für diese Zwecke hervorragend geeignete Pflanze dar. So baut diese durch photochemische Nutzbarmachung der Sonnenenergie jährlich pro Hektar Anbaufläche ca. 80 Tonnen Kohlehydrat auf , die zu

40 Tonnen Äthanol umgewandelt werden könnten. Sicherlich ist der dabei erzielte Wirkungsgrad - gewonnene Energie aus Äthanol zu eingestrahlter Sonnenenergie - eher bescheiden (0,5 %). Hiebei muß aber erwähnt werden, daß der Wirkungsgrad (photosynthetischer Nutzeffekt) bei der Nahrungsmittelproduktion weltweit im Mittel nur 0,05 % beträgt.

Eine andere Möglichkeit besteht in der Erzeugung von Methangas aus Algen, die in eigens angelegten "Energiefarmen" (Energy Farming) gezüchtet würden. Der totale Wirkungsgrad könnte hier 1,3 % betragen.

Den diversen Vorschlägen der Energiegewinnung auf vorige Art steht gegenüber, daß vorerwähnte Pflanzen große Flächen Ackerlandes in klimatisch günstigen Zonen benötigen, die aber in Zukunft in vermehrtem Maße zur Nahrungsmittelproduktion herangezogen werden müssen.

Literatur

3.1. 1. Duffie, J.A., Beckman, W.A.: Sonnenenergie, Thermische Prozesse. Aus dem Amerikanischen übersetzt von G.Bräunlich. Udo Pfriemer Verlag,München 1976.

3.1. 2. Steinhauser, F.: Geophysikalische Voraussetzungen für die Verwendung der Strahlenenergie der Sonne. EundM 94, 2-14 (1977).

3.1. 3. Kuczera, M., Günther, R.: Berechnung der Sonnendirekteinstrahlung auf ein Sonnenkraftwerk mit Parabolspiegeln. Brennst.-Wärme-Kraft 27, 418-422 (1975).

3.1. 4. Linke, E.: Meteorologisches Taschenbuch, Bd. II. Akad. Verlagsgesellschaft, Leipzig 1933.

3.1. 5. Meinel, A.B., Meinel, M.P.: Physics Looks at Solar Energy. Physics today 25, 44-50 (1972).

3.1. 6. Sabady, P.R.: Haus und Sonnenkraft, 2. Aufl. Helion Verlag, Zürich 1976.

3.1. 7. Faninger, G., Bruck, M.: Thermische Nutzung der Sonnenenergie in Österreich. Teil 1. Bundesministerium für Wissenschaft und Forschung 1977.

3.1. 8. Sonnenenergie auf dem Wege zur praktischen Nutzung. Tagungsberichte der Schweizerischen Vereinigung für Sonnenenergie 1974.

3.1. 9. Heizen mit Sonne. Tagungsberichte der Deutschen Gesellschaft für Sonnenenergie 1976.

3.1.10. Weil, F.: Sonnenenergie heizt das Freibad Wiehl. BBC-Nachrichten 58, 295-298 (1976).

3.1.11. Sprenger, E.: Taschenbuch für Heizung und Klimatechnik, 59. Aufl. Verlag Oldenbourg, München - Wien 1977.

3.1.12. Panzhauser, E.: Solarenergie - Solartechnik - Solarhäuser. EundM 94, 37-48 (1977).

3.1.13. Rauh, H.: Heliotechnik. 2. Aufl. Udo Pfriemer Verlag, München 1976.

3.1.14. Kleinrath, H.: Solarthermische Kraftwerke. EundM 94, 19-29 (1977).

3.1.15. Hopman, H., Berndorfer, K., Vinz, P.: Development of a 10 kW_E Solar Thermal Power Station. Proc. of the Int.Conf. Solar Electricity, Toulouse 1976, S. 839-850.

3.1.16. de Vago, P.: Das wirtschaftliche Sonnenkraftwerk. VDI-Z. 106, 385-424, 553-558 (1964).

3.1.17. Russel, J.: Entwurf eines Sonnenkraftwerkes. Bull.SEV 66, 249-252 (1975).

3.1.18. Vant-Hull, L.L.: The Solar Tower as a Source of Thermal Electric Energy. Proc. of the Intern. Conf. Solar Electricity, Toulouse 1976, S. 671-680.

3.1.19. Meylan, J.L., Courvoisier, J.C., Fournier, J.: Elektrizitätserzeugung durch thermische Umwandlung von Sonnenenergie im Alpengebiet. Krafterzeugung mit Sonnenenergie und Langzeitspeicherung. Tagungsber. d. Schw. Ges. f. Sonnenenergie1975, S. 43-53.

3.2. Windenergie

Die Nutzung der Windenergie ist der Menschheit schon seit einigen Jahrtausenden bekannt. Fand die Windkraft anfangs vor allem in der Schiffahrt ihre Nutzung, so waren in China und Persien schon vor rund 2000 Jahren einfachste windbetriebene "Maschinen" bekannt. Bereits im 12. Jahrhundert traten die ersten Windmühlen mit leistungsfähigen Windrädern mit horizontaler Welle (England, Frankreich) - bis dahin wurden überwiegend Windräder mit vertikaler Welle gebaut - auf.

Die Trockenlegung weiter Landteile Europas (z.B. in Holland, die Zuidersee, das Weichseldelta in Polen) wurde mittels windbetriebener Pumpanlagen ermöglicht; der Betrieb von Windmühlen reichte bis ins 20. Jahrhundert. Im Jahre 1890 erzeugte P. LaCour in Dänemark zum ersten Mal mit Hilfe der Windenergie Elektrizität.

In den Jahren 1940/41 wurde auf dem Grandpa's Knob in Vermont (USA) die bisher größte Windturbine der USA mit einer elektrischen Leistung von 1250 kW, bei einem Flügelraddurchmesser von 54 m, gebaut (Smith-Pu tnam-Windrotor). Die zweiflügelige Turbine war mit längeren Betriebsunterbrechnungen bis 1945 - Bruch eines Flügels bei mäßigem Sturm - in Betrieb.

Auch in den UdSSR wurden in den 30er Jahren Großwindkraftwerke errichtet bzw. mit dem Bau von Versuchskraftwerken begonnen, jedoch wurde in der Folgezeit wenig über diese Anlagen bekannt. Sie dürften ebenfalls nur kurze Zeit in Betrieb gewesen sein /3.2.1/.

In jüngster Zeit gewinnen Windkraftanlagen erneut an Interesse, wie ein anfangs September 1976 in Cambridge (England) vom Britischen Verband für hydromechanische Forschung veranstaltetes internationales Symposium "Wind Energy Systems", an dem 200 Wissenschafter aus 21 Ländern teilnahmen, deutlich zeigt.

3.2.1. Grundsätzliches über Windturbinen (Windkonverter)

3.2.1.1. Windturbinen mit horizontaler Welle

3.2.1.1.1. Leistung einer Windturbine

Die Leistung einer Windturbine mit horizontaler Welle, wie sie derzeit meist verwendet wird, läßt sich wie folgt abschätzen: Legt man einen idealen Windrotor zugrunde, so muß die Differenz der kinetischen Energie der Luftströmung vor und hinter dem Windrotor der auf diesen übertragenen kinetischen Energie entsprechen. Mit der Luftmasse m, die durch die vom Rotor überstrichene Kreisfläche A strömt und den Geschwindigkeiten v_1 vor bzw. v_2 nach dem Windrotor ergibt sich die auf den Windkonverter übertragene kinetische Energie W_{kin}

$$W_{kin} = \frac{m}{2} (v_1^2 - v_2^2)$$

Die mittlere sekundlich durchströmende Luftmasse $\dot{m}$ ist

$$\dot{m} = \rho A v_m ,$$

wobei $v_m = (v_1 + v_2)/2$ die mittlere Durchströmgeschwindigkeit der Luft durch die vom Rotor überstrichene Fläche A und ρ die Luftdichte darstellt. Für die auf die Windturbine übertragene theoretische Leistung ergibt sich somit

$$P_{th} = \frac{1}{2} \rho A v_m (v_1^2 - v_2^2).$$

Setzt man diese Leistung ins Verhältnis zum Leistungsvermögen der Luft (P_L) bei ungestörter Anströmgeschwindigkeit v_1 (kein Windrotor vorhanden)

$$P_L = \frac{1}{2} \rho A v_1^3 ,$$

so ist der theoretische Wirkungsgrad

$$\eta_{th} = \frac{P_{th}}{P_L} = \frac{v_m (v_1^2 - v_2^2)}{v_1^3}$$

Damit ist es möglich, die theoretische Leistung der Windturbine auch in folgender Form zu schreiben

$$P_{th} = \eta_{th} P_L = \eta_{th} \frac{1}{2} \rho A v_1^3$$

Der theoretische Wirkungsgrad ist eine Funktion von v_1 und v_2. Sein Maximalwert wird erreicht bei $v_2 = (1/3)v_1$ (folgt aus $\partial\eta_{th}/\partial v_2 = 0$) und beträgt 16/27 = 0,593. Die maximale theoretische Leistung beträgt somit

$$P_{th,max} = \frac{16}{27} \frac{1}{2} \rho A v_1^3$$

Praktisch treten Verluste an den Flügeln etc. auf, die durch den Rotorwirkungsgrad η berücksichtigt werden, sodaß die maximal erzielbare Leistung der Windturbine

$$P_{max} = \eta \frac{16}{27} \frac{1}{2} \rho A v_1^3$$

beträgt. Hiebei ist zu beachten, daß der Rotorwirkungsgrad von der Windgeschwindigkeit (v_1) abhängt. Erreichbar sind heute Wirkungsgrade von 0,7 bis 0,75.

3.2.1.1.2. Bauformen von Windturbinen mit horizontaler Welle

Hinsichtlich der Bauform lassen sich die verschiedenen Ausführungsvarianten in zwei große Gruppen einordnen.

Die erste Gruppe bilden Windrotoren mit zwei (seltener drei) aerodynamisch geformten Rotorblättern, die zwecks optimaler Leistungsanpassung und zur Drehzahlkonstanthaltung verstellbar auf einer horizontalen Welle sitzen (Abb. 3.2.1a,b). Diese Rotoren zeichnen sich durch eine hohe Schnellaufzahl (Schnelläufigkeit) -Umfangsgeschwindigkeit des Rotors/Anströmgeschwindigkeit des Windes - aus. Hierher gehören z.B. der Smith-Pu tnam-Rotor oder der Rotor, der von der Deutschen Studiengesellschaft für Windkraft im Jahre 1958 in Stötten (BRD) errichteten 100 kW-Windkraft-Versuchsanlage /3.2.2/. Hier wurde ein 100 kW Synchrongenerator (1500 U/min, 50 Hz) über ein dreistufiges Stirnradgetriebe

(Übersetzung 1 : 35,8) von einem zweiflügeligen, mit Ölhydraulik verstellbaren, Rotor mit 34 m Durchmesser angetrieben. Ein weiterer 100 kW Windgenerator ähnlicher Konzeption wurde in den USA bei Sandusky (Ohio) von der NASA errichtet (1975/76), zwei weitere Anlagen zu je 200 kW mit zweiblättrigen Rotoren (für kleinere Windgeschwindigkeiten konstruiert) befinden sich im Auftrag der Windenergieabteilung der ERDA (Energy Research and Development Administration, USA) in Planung.

Zufolge der geringen Rotorblattzahl ist der Staudruck des Windes geringer, aber auch die Anfahreigenschaften sind gegenüber mehrblättrigen Rotoren schlechter. Diese Rotortype wird, wie die Entwicklung bisher gezeigt hat, in erster Linie für Großanlagen - so solche jemals wirtschaftlich gebaut werden können - eingesetzt werden /3.2.3/.

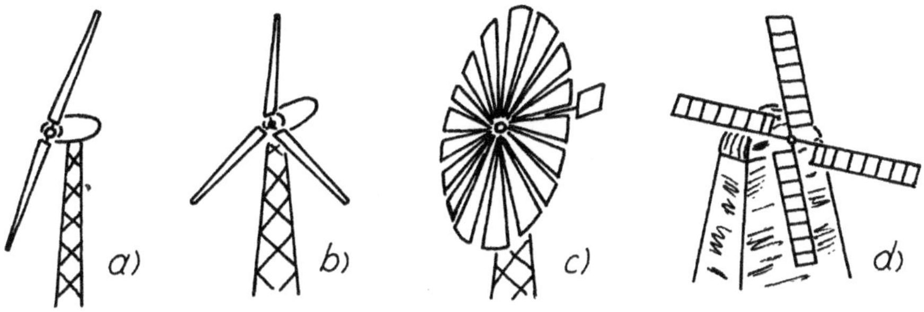

Abb. 3.2.1. Windturbinen mit horizontaler Welle. a,b) Schnellläufer (2- und 3-flügelig), c) amerikanische Windturbine, d) Windmühle mit La Cour-Flügel.

Zur zweiten Gruppe gehören Windrotoren mit drei und mehr (max. 6 bis 10) aerodynamisch gestalteten Rotorblättern, die fest montiert auf einer horizontalen Welle sitzen. Diese Windturbinen arbeiten im allgemeinen mit variabler Drehzahl und niedriger Schnellaufzahl. Soll die Drehzahl des Verbrauchers (z.B. Synchronmaschine) konstant gehalten werden, kann dies mittels kontinuierlich veränderbarem Getriebe oder durch Änderung der Belastung an der Turbine geschehen.

Zu dieser Gruppe von Rotoren gehörten die Rotoren des 1973 auf der Insel Sylt in Betrieb genommenen 70 kW Versuchskraftwerkes NOAH. Hiebei ist interessant, daß zwei gegenläufige Rotoren mit je 5 Rotorblättern und einem Durchmesser von 11 m angeordnet waren. Die Drehzahl der Rotoren betrug im Nennpunkt je ca. 70 U/min (die Relativdrehzahl, also ca. 140 U/min). Die Daten des gekuppelten Drehstromgenerators waren: maximale Leistungsabgabe 70 kW, 380 V und 50 Hz. Es wurden mehrere Einfamilienhäuser mit elektrischer Energie versorgt; im Februar 1974 wurde die Anlage von einem heftigen Sturm zerstört.

Rotoren dieser Gruppe mit entsprechend kleinerem Rotordurchmesser werden vielfach für Windkraftanlagen niedriger Leistung (bis 10, max 20 kW eingesetzt).

Zu dieser Gruppe von Rotoren gehören auch jene mit relativ großer Blattzahl, allerdings ohne aerodynamische Formgebung, wie sie für viele kleine Anlagen (z.B. Windpumpanlagen) eingesetzt wurden (Abb. 3.2.1c). Eine Sonderstellung nehmen die von La Cour entwickelten Windradflügeln bei Windmühlen ein, die aber für Energieerzeugungsanlagen moderner Bauart kaum in Frage kommen (Abb. 3.2.1d).

Erfolgt die Nachführung der Rotoren in Windrichtung bei kleinen Anlagen mittels sogenannter Windfahnen, so ist bei Großanlagen ein entsprechender Antrieb mit Steuereinrichtung vorzusehen. Besonders das "aus dem Wind drehen" der Rotoren bei Sturmböen ist ein bis heute noch nicht in befriedigendem Maße gelöstes Problem und auch einer der Hauptgründe für die Zerstörung der Anlagen.

3.2.1.2. Windturbinen mit vertikaler Welle

Diese Turbinen besitzen generell den Vorteil, daß sie der sich häufig ändernden Windrichtung nicht nachgeführt werden müssen. Eine Ausführungsform, die seit einiger Zeit bereits von der NASA getestet wird (30 kW bei einer Windgeschwindigkeit von 8 bis 10 m/s), geht auf ein Patent des Franzosen Darrieus zurück (Darrieus-Turbine Abb. 3.2.2.a). Der Rotor besteht aus zwei oder drei Flügelblättern, deren Querschnitt aerodynamisch geformt ist. Die Krümmung der Rotorblätter ist so ausgelegt, daß bei Nenndrehzahl - diese liegt bei Turbinen dieser Art relativ hoch - das Flügelmaterial hauptsächlich auf Zug und nicht auf Biegung beansprucht wird. Da die Flügelblätter an zwei Stellen an der Welle befestigt sind, weisen sie große "Sturmfestigkeit" auf. Die Anbringung mehrerer Turbinen übereinander ist prinzipiell möglich. Nachteilig ist der geringere Wirkungsgrad gegenüber Horizontalturbinen, unter anderem bedingt durch den gegenlaufenden Teil der Rotorblätter. So erreicht eine Darrieus-Turbine nur rund 75 % der Leistung einer optimal ausgelegten Horizontalturbine gleicher Baugröße. Zufolge der starren Rotorblätter treten Schwierigkeiten bei der Drehzahlkonstanthaltung auf, wodurch sich Darrieus-Turbinen zum Antrieb von Generatoren, die mit dem Netz parallel arbeiten, schlecht eignen, das Anlaufmoment ist ebenfalls gering.

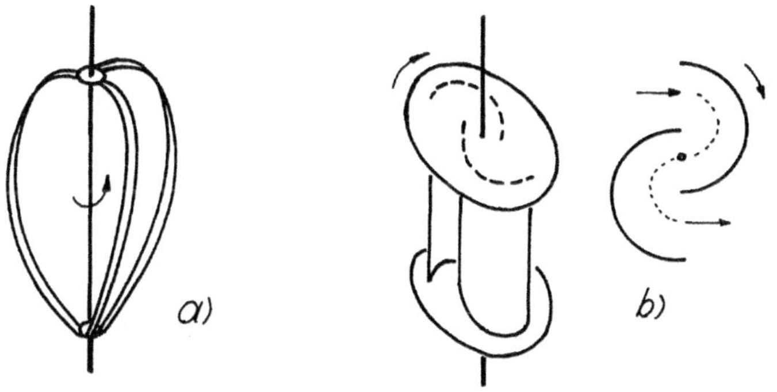

Abb. 3.2.2. Windturbinen mit vertikaler Welle. a) Darrieus-Rotor, b) Savonius-Rotor.

Ein weiterer Vertreter dieser Rotorgruppe ist der sog. Savonius-Rotor (Abb. 3.2.2b), der derzeit wenig Bedeutung hat. Interessant scheint eine Windturbine des Wiener Ingenieurs G. Oppolzer zu sein, bei der der Rotor ebenfalls um eine vertikale Welle läuft, wobei hier zwei gleichsinnig umlaufende Flügelräder übereinander angeordnet sind. Die Rotationsebene des oberen Flügelrades ist gegenüber der des unteren geneigt (Momentenübertragung mittels Kardangelenkes) mit dem Zwecke, daß sich die Flügelflächen beider Räder auf der Windanströmseite addieren. Auf der dem Wind gegenlaufenden Steite überlappen sich beide Rotorflächen, sodaß praktisch nur eine Flügelfläche gegen den Wind bewegt wird. Außerdem weisen die Flügelblätter eine gewölbte Form auf, was ebenfalls den Unterschied der Kraftwirkungen auf die dem Wind zugekehrten und dem Wind entgegenlaufenden Rotorflächen verstärkt. Abb.3.2.3 zeigt eine Skizze dieses Windkonverters. Eine Versuchsanlage mit

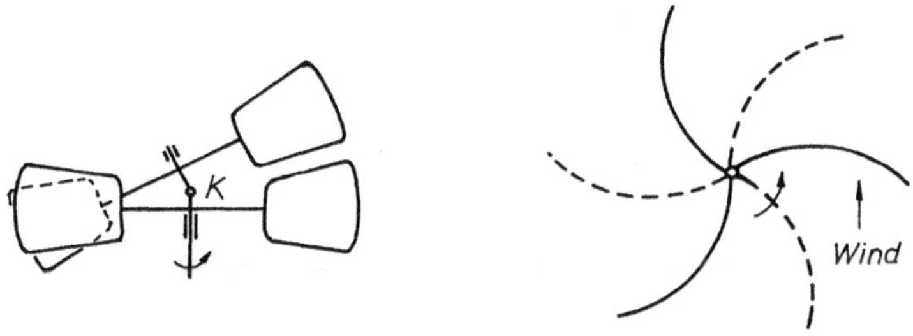

Abb. 3.2.3. Windkonverter, System Oppolzer. K ... Kardangelenk.

11 m Außendurchmesser steht seit Dezember 1977 in Wien (Österreich) in Erprobung.

3.2.2. Windkraftanlagen

Verlockend an der Windkraftnutzung ist die mit der Sonnenenergienutzung gemeinsame Tatsache, daß Windenergie praktisch gratis in großen Mengen zur Verfügung steht. Nachteilig ist, daß die nutzbare Energiedichte eher gering ist (moderne Windkraftanlagen erreichen Leistungsdichten von 100 bis 700 W je Quadratmeter Rotorkreisfläche) und daß außerdem das Windangebot starken Schwankungen unterliegt.

Für die Nutzung günstige mittlere Windgeschwindigkeiten liegen zwischen 4 bis 10 m/s (in Bodennähe), wobei für die Festlegung des Arbeitspunktes einer Anlage von der mittleren jährlichen Windgeschwindigkeit und der Zeitdauer deren Verfügbarkeit auszugehen ist. Ein weiterer wesentlicher Punkt ist die Tatsache, daß die Windgeschwindigkeit in größeren Höhen (einige 100 m) wesentlich günstigere Werte aufweist als in Bodennähe, außerdem sind die Windstärkeschwankungen geringer. Dies findet auch in zahlreichen "utopischen" Projekten seinen Niederschlag, die Ideen reichen von riesigen Windturbinen mit Rotordurchmessern bis zu 160 m !! (Projekt Honnef), die auf gigantischen Turmkonstruktionen (Höhe einige 100 m) angeordnet sind, bis zu Konzepten, wo bis zu 28 Windturbinen (á 60 m Durchmesser) auf 500 m hohen Türmen montiert sind (Kleinhenz) /3.2.1/. Wesentlich realistischer scheinen Untersuchungen zu sein, die die Windkraftnutzung mittels Windturbinen, die auf Hochhäusern montiert werden (zum Zwecke der teilweisen elektrischen Energiebedarfsdeckung),zum Ziele haben /3.2.4/. Problematisch ist hiebei die Erzeugung von elektrischer Energie konstanter Spannung und Frequenz, bedingt durch das schwankende Windangebot. Ein Netzparallelbetrieb ist sicherlich nur mit größerem regelungstechnischen Aufwand möglich. Ein weiteres Problem stellt die Diskrepanz von Windangebot und Energiebedarf dar, wodurch sofort das Speicherproblem akut wird.

Wesentlich günstiger liegen die Verhältnisse bei Projekten, die die erzeugte elektrische Energie zur Ladung von Akkumulatoren, zum Antrieb von Pumpenmotoren oder zur elektrischen Heizung verwenden. Projekte, die die erzeugte elektrische Energie zur Wasserstofferzeugung (Elektrolyse) verwenden, wurden ebenfalls untersucht. Konzepte, auf Grund derer Windturbinen Luftverdichter anstatt Generatoren antreiben, wurden ebenfalls veröffentlicht /3.2.5/. Hiebei wird Druckluft als Sekundärenergieträger verwendet.

Welches der vorzitierten Systeme in Zukunft einen, wenn auch bescheidenen Beitrag zur Deckung des Energiebedarfes leisten könnte, ist derzeit nicht abschätzbar. Es wird hier wesentlich von den technologischen Möglichkeiten beim Bau großer Windturbinen abhängen, wobei das Problem der Beherrschung großer Windkräfte (Auftreten von Sturmböen) überproportional mit der Leistungsgröße anwächst.

Nach Untersuchungen der Staatlichen Schwedischen Kraftwerksverwaltung lagen die Erzeugungskosten für elektrische Energie mit Windkraftwerken im Jahre 1975 rund viermal so hoch wie bei Kernkraftwerksanlagen.

Windkraftanlagen können prinzipiell als umweltfreundlich angesehen werden, wenngleich sie nicht zur Verschönerung der Landschaft beitragen.

Nach heutigen Erkenntnissen kann gesagt werden, daß Windkraftwerke mit Leistungen im kW-Bereich (bis ca. 20 kW) zur Versorgung entlegener Verbraucher durchaus wirtschaftlich betrieben werden können. Von den diversen Großprojekten wird erst die Zukunft zeigen, inwieweit hier die Möglichkeiten einer wirtschaftlichen Windenergienutzung gegeben sind.

Literatur

3.2.1. Kafka, W.: Windenergie, Umweltschutz 13, 239-240 (1976).

3.2.2. Hütter, U.: Die Entwicklung von Windkraftanlagen zur Stromerzeugung in Deutschland. Brennstoff-Wärme-Kraft 6, 270-278 (1954).

3.2.3. Jorgensen, G.E. u.a.: Design, Economic and System Consideration of Large Wind Driven Generators. IEEE-Trans. PAS-95, 870-878 (1976).

3.2.4. Upmalis, A.: Windenergie für Hochhäuser. etz-b 29, 355-357 (1977).

3.2.5. de Witt, H.: Prinzip eines Verbundsystems zwischen Wasserkraft und Windkraft in der Schweiz. Bull. SEV 66, 252-256 (1975).

3.3. Geothermale Energie

3.3.1. Erdwärme, geologische Voraussetzungen für geothermale Felder

Unter normalen Bedingungen beträgt der Temperaturgradient in oberflächennahen Bodenschichten rund 3° C pro 100 m. In tieferen Schichten nimmt der Temperaturgradient ab, man nimmt heute an, daß die Temperatur im Erdmittelpunkt rund 6000° C beträgt. Die Wärmestromdichte $q = -\lambda \operatorname{grad} T$ (λ ... Wärmeleitfähigkeit, grad T ... Temperaturgradient) vom Erdinneren nach außen beträgt im Mittel rund 63 mW/m^2. Dieser Wert ist extrem klein und für eine direkte Energienutzung nicht geeignet.

Aus der Beziehung für q erkennt man sofort, daß hohe Wärmeleitfähigkeit des Gesteins sowie ein großer Temperaturgradient die geothermische Energienutzung begünstigen. In geothermisch optimal nutzbaren Gebieten beträgt der Temperaturgradient bis zum Zehnfachen des oben erwähnten Wertes (z.B. Lardarello, Italien).

Für die Entstehung der Erdwärme zeichnet unter anderem die freiwerdende thermische Energie beim radioaktiven Zerfall verschiedener Isotope (U^{238}, U^{235}, Th^{232} etc.), die in geringen Spuren im Gestein (Granit) der Erdkruste enthalten sind, verantwortlich. Weiters tragen die im Erdinneren befindlichen heißen Zonen (erkaltende Plutone, magmatische Gebiete) zum Wärmestrom nach außen hin bei. Je näher diese "heißen" Zonen an die Erdoberfläche heranreichen, desto günstiger sind die Bedingungen für die Entstehung von Geothermalfeldern (z.B. vulkanische und/oder tektonisch aktive Gebiete). Für die Bildung von geothermalen Feldern sind jedoch noch weitere geologische Voraussetzungen notwendig, wie das Vorhandensein einer porösen wasserhältigen Schichte (Aquifer), in der das Wasser in den tieferen Zonen Wärme aufnimmt und durch Konvektion in höhere Schichten gelangt. Das Wasser erfüllt hiebei die Funktion eines Energieträgers und der Aquifer übernimmt die eines thermischen Speichers. Damit das Wasser nach oben hin nicht entweichen kann bzw. seine Energie an die Oberfläche abgibt, ist eine wasserundurchlässige Deckschichte (cap rock) nötig (Abb. 3.3.1).

Je nach den Druck- und Temperaturverhältnissen im Aquifer kann mittels künstlich angelegter Bohrungen die thermische Energie in Form von Dampf, Heißwasser etc. zur Energienutzung herangezogen werden. Es wird demnach zwischen Trocken-(Heiß-)dampf-,

Heißwasser- und Geodruckfeldern unterschieden. Bei letzteren wird überhitztes Wasser mit gelösten Gasen (Kohlenwasserstoffverbindungen) bei großen Drücken gefördert /3.3.1, 3.3.2/.

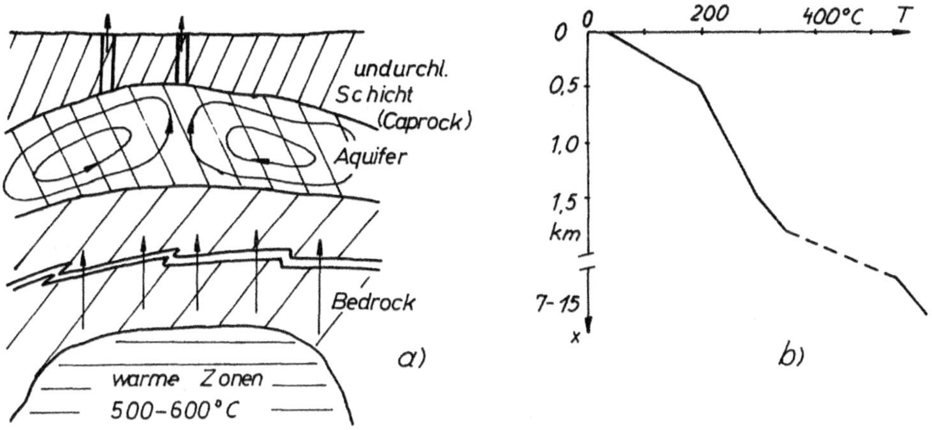

Abb. 3.3.1. Modell eines Geothermalfeldes. a) geologische Schichtung, b) Temperaturverlauf in Abhängigkeit der Bodentiefe.

Die Auffindung geeigneter Felder bereitet große Schwierigkeiten und hohen technischen und finanziellen Aufwand. Das Auftreten von Thermalquellen oder Dampfaustritten (Geysire) stellen einen Idealzustand dar, sind jedoch selten. Neben der Lokalisierung eines Feldes sind noch dessen Größe, Ergiebigkeit, Temperatur- und Druckverhältnisse, chemische Zusammensetzung des Wassers bzw. Dampfes etc. für eine wirtschaftliche Energienutzung von ausschlaggebender Bedeutung. Die halbwegs genaue Bestimmung dieser Werte erfordert das Zusammenspiel verschiedenster Wissensgebiete, die Anwendung modernster experimenteller Prospektionsmethoden und letztlich die Durchführung kostspieliger Probebohrungen. Eine Reihe von Thermalfeldern verdankt ihre Entdeckung der Durchführung von Probebohrungen zur Auffindung von Erdöl- oder Erdgaslagerstätten.

3.3.2. Nutzungsverfahren geothermischer Energie

Das entscheidende Kriterium für die geothermale Energienutzung stellt die Austrittstemperatur des aus den durch Bohrungen angezapften "Energiespeichers" (Geothermalfeld) geförderten oder selbst austretenden Energieträgers (Wasser bzw. Dampf) dar. Ein weiterer wichtiger Punkt ist die chemische Zusammensetzung des Wärmeträgers (Korrosionsgefahr, Umweltbelastung).

3.3.2.1. Geothermische Kraftwerke

Geothermische Kraftwerke ähneln in ihrer Konzeption konventionellen kalorischen Kraftwerken, mit dem Unterschied, daß hier die thermische Energiequelle das Geothermalfeld darstellt. Im günstigsten Fall steht Trockendampf (überhitzter Dampf) mit geringen chemischen Verunreinigungen zur Verfügung, was jedoch selten der Fall ist (Abb. 3.3.2a). Meist fällt Naßdampf an, der nicht unmittelbar in den Turbinen abgearbeitet werden kann. Hier bietet sich die Möglichkeit der Trennung von Dampf und Heißwasser durch Druckabsenkung an oder die Verwendung von leicht verdampfenden Flüssigkeiten (Isobutan oder verschiedene Frigensorten), wobei über Wärmetauscher die Wärmeenergie auf den Sekundärkreis (Turbinenkreis) übertragen wird (Abb. 3.3.2b) /3.3.2/. Letzteres Verfahren bietet auch die Möglichkeit der Nutzung von Heißwasser zur Elektrizitätsgewinnung.

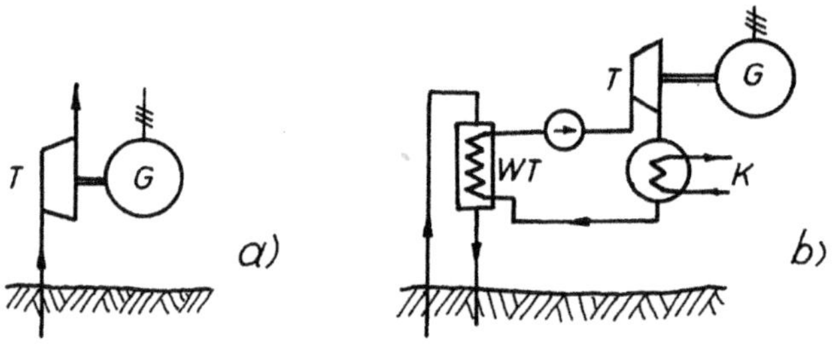

Abb. 3.3.2. Geothermische Kraftwerke. a) direkte Speisung der Turbine mit Trockendampf, b) Speisung der Turbine über Wärmetauscher, Rückführung des Warmwassers aus Umweltschutzgründen in das Geothermalfeld; T ... Turbine, G ... Generator, WT ... Wärmetauscher, K ... Kondensator.

Die Verwendung von Wärmetauschern ist auch dann nötig, wenn aus Korrosionsgründen der aus dem Geothermalfeld geförderte Energieträger nicht direkt in den Turbinenkreislauf gelangen darf.

In der Praxis unterscheiden sich geothermische Kraftwerke nicht nur durch das Fehlen eines "Dampfkessels" bzw. durch die außerhalb des Kraftwerkes liegenden Dampfeinleitungen von den einzelnen Bohrungen, sondern auch durch spezielle Turbinenkonstruktionen, bedingt durch die wesentlich niedrigeren Dampfeintrittstemperaturen ($< 300^{o}$ C) und Dampfdrücke ($<$ 10 bar), wie sie bei konventionellen Anlagen herrschen. Weiters muß bei geothermischen Anlagen der Korrosionsgefahr durch den oft mit Chemikalien versetzten Energieträger größte Aufmerksamkeit geschenkt werden. So wurde im Juni 1976 eine Versuchsanlage in Niland (Imperial-

Valley, Kalifornien) mit einer elektrischen Leistung von 10 MW in Betrieb genommen, wobei der hier als Wärmeträger verwendete Heißdampf (300° C) einen extrem hohen Anteil von gelösten Salzen und Mineralien (17,5 % bis 25 %) aufweist. Versuche sollen nun über die Langzeitbeständigkeit der verwendeten Kraftwerkskomponenten (Rohrleitungen, Wärmetauscher etc.) Aufschluß geben.

Relativ günstige Bedingungen für geothermische Kraftwerksnutzung liegen in Lardarello (Italien) und im Gebiet "The Geysers" in Kalifornien (USA) vor /3.3.3/. In beiden Fällen steht Trockendampf zur Verfügung. Die installierte Leistung beträgt in Lardarello rund 365 MW, im Gebiet "The Geysers" bisher ca. 400 MW, doch ist in diesem Gebiet die Leistungsgrenze noch lange nicht erreicht, gegenwärtig schwanken die Schätzungen der Gesamtkapazität zwischen 1 und 2 GW. Die durchschnittlichen Werte neu erschlossener Quellen liegen bei Dampfmengen von ca. 90 t/h ($T \approx 180^\circ$ C, $p \approx 8$ bar), nähere Details siehe /3.3.3/. Weitere Kraftwerksanlagen sind in Wairakei (Neuseeland, 192 MW), in Cerro Prieto (Mexiko, 150 MW), sowie kleinere Kraftwerkseinheiten in Island, Japan, UdSSR, wobei diese meist mit Naßdampf versorgt werden /3.3.4, 3.3.5/. Alle diese Kraftwerke zeigen, daß die elektrische Energieerzeugung aus geothermaler Energie durchaus wirtschaftlich ist, die Stromerzeugungskosten liegen im Durchschnitt halb so hoch wie bei konventionellen Dampfkraftwerken. Gegenwärtig werden in vielen Ländern Untersuchungen über die Installationsmöglichkeiten von geothermischen Kraftwerksanlagen durchgeführt.

Wie bereits erwähnt, ist der Energieträger (Dampf, Wasser) meist mit chemischen Beimengungen (Salzen, Schwefel, Bor etc.) versetzt, die neben Korrosionsproblemen auch zu Umweltbelastungen führen können. Das Kondensatwasser darf dann nicht einfach in Flüsse geführt werden, sondern muß vorher aufbereitet werden. Eine Möglichkeit besteht hier in der Rückführung des Kondensatwassers in das Geothermalfeld (<u>Reinjektionsverfahren</u>). Da der Wirkungsgrad von geothermischen Kraftwerken zufolge der niedrigeren Turbinen-Dampfeintrittstemperatur kleiner ist als der bei konventionellen kalorischen Kraftwerken gleicher Leistung, ist die thermische Umweltbelastung höher.

3.3.2.2. Nutzung geothermaler Energie für Heizzwecke

Eine andere Nutzungsmöglichkeit geothermaler Energie liegt in deren Verwendung für Heizzwecke und Warmwasserbereitung.

Geothermale "Quellen" mit Temperaturen von 70° C bis 90° C und Bohrlochtiefen bis ca. 2000 m scheinen wirtschaftlich günstige Lösungen darzustellen. Großflächige Versorgungsanlagen bestehen bereits in Island (z.B. in Reykjavik) /3.3.5/, auf Neuseeland /3.3.4/ und in Ungarn, wo seit 1965 70- bis 90-grädiges Wasser zur Wohnraum-, Schwimmbad- und Glashausheizung verwendet wird. In Melun (Frankreich) werden seit 1968 rund 3000 Wohn-, Schul- und Geschäftsgebäude mit einer komibinierten Öl-Geothermalheizung versorgt, wobei hier das abgekühlte Geothermalwasser zwecks Umweltschutz wieder in das Geothermalfeld zurückgeführt wird. Zur Zeit laufen auch in Österreich, Deutschland und der Schweiz Untersuchungen in dieser Richtung.

Nachteilig ist die "Ortsgebundenheit" dieser Energienutzung, da das Warmwasser kaum über größere Entfernungen ohne nennenswerte Wärmeverluste transportiert werden kann. Bezüglich Korrosions- und Umweltproblemen gilt das im vorigen Abschnitt Gesagte sinngemäß.

3.3.2.3. Hot-Dry-Rock-Verfahren

War bisher das Vorhandensein ausreichender Wassermengen - oder ein entsprechender Wasserzufluß - im Aquifer die Voraussetzung zur Nutzung geothermischer Energie, so werden in den letzten Jahren auch Untersuchungen angestellt, die thermische Energie von heißen trockenen Gesteinsmassen (Temperaturen bis 200° C und Tiefen bis zu 3000 und 4000 m) zu nutzen (Los Alamos Scientific Laboratory, University of California) /3.3.6/.
Der Grundgedanke ist hiebei folgender: Kaltes Wasser wird unter hohem Druck zur "Wärmequelle" gepumpt, nimmt dort Wärme auf und gelangt über ein anderes Rohrsystem wieder an die Oberfläche, wo es die thermische Energie abgibt.

Problematisch ist hiebei die schlechte Wärmeleitung des Gesteins, der schlechte Wärmeübergang und die großen Strömungswiderstände, die sich dem Wärmeträger bieten. Durch künstliche Zerkleinerung des Gesteins, z.B. durch unterirdische Explosionen, versucht man, die Wärmeübergangseigenschaften zu verbessern. Abb. 3.3.3 zeigt drei vorgeschlagene Möglichkeiten, die thermische Energie heißer Gesteinsformationen zu nutzen, in Abb. 3.3.3c wird die Thermosyphonwirkung ausgenützt.

Großangelegte Untersuchungen werden den Beweis erbringen müssen, daß diese Methode großtechnisch wirtschaftlich eingesetzt werden

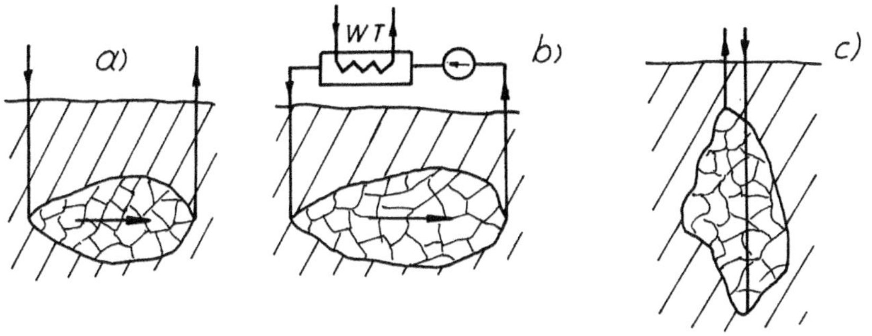

Abb. 3.3.3. Hot-Dry-Rock-Verfahren. a) Nutzung der Gesteinswärme durch Einpressen von Wasser, b) Wärmenutzung über Wärmetauscher (WT), c) Ausnutzung der Thermosyphonwirkung.

kann, wobei hier die genaue Kenntnis der geologischen Gegebenheiten (z.B. Dichtheit der umgebenden Gesteinszonen) eine der Grundvoraussetzungen ist.

Literatur

3.3.1. Gutdeutsch, R.: Möglichkeiten der Gewinnung geothermischer Energie in Österreich. Umweltschutz 13, 236-238 (1976).

3.3.2. Rybach, L.: Geothermische Energie. Bull.SEV 66, 257-261 (1975).

3.3.3. Kaschube, G.A.: Geothermische Kraftwerke im Gebiet "The Geysers", Kalifornien, USA. Brennstoff-Wärme-Kraft 27, 413-418 (1975).

3.3.4. Scott, W.E.: New Zealand Looks Again at Geothermal Energy Sources. Energy International 11, 27-30 (1974).

3.3.5. Scott, W.E. u.a.: Rising Fuel Costs Give Boost to Geothermal Energy. Energy International 12, 16-20 (1975).

3.3.6. Christopher, H., Armstead, H.: Geothermal Energy for Everybody? Energy International 12, 29-32 (1975).

3.4. Nutzung der Niedrigtemperaturwärme

Zur Deckung des Energiebedarfes für Wohnraumheizung und Warmwasserbereitung, der in hochindustrialisierten Ländern rund 40 % des gesamten Primärenergiebedarfes beträgt, wurde bisher meist hochwertige Primär- oder Sekundärenergie eingesetzt (Erdöl, Erdgas, Kohle, elektrische Energie), wobei das Endprodukte Niedrigtemperaturwärme ($< 100^{\circ}$ C) mit sehr geringer Exergie ist. Weiters ist zu erwähnen, daß die Bereitstellung dieser Wärmeenergie oft mit sehr schlechten Umwandlungswirkungsgraden erfolgt (z.B. Warmwasserbereitung im Sommer mittels Ölfeuerung) und zu einer großen Umweltbelastung - vornehmlich in den Wintermonaten - führt (viele Einzelheizungen ohne optimalen Verbrennungsprozeß). Eine wesentliche Verbesserung tritt durch den Einsatz von Fernwärmeversorgungsanlagen ein. Diese erfordern aber ein ausgedehntes Rohrleitungssystem, die Versorgungslängen (Erzeuger - Verbraucher) sind durch die thermischen Verluste begrenzt (zentrale Wärmeversorgung). Eine weitere Möglichkeit der Einsparung von Primär- und Sekundärenergie bietet der Einsatz von Wärmepumpen, die die Niedrigtemperaturwärme, wie sie in den verschiedenen den Verbraucher umgebenden Medien (Luft, Wasser, Boden etc.) gespeichert ist, nutzen (dezentrale Wärmeversorgung) /3.4.1/.

3.4.1. Grundprinzip der Wärmepumpe

Der Wärmepumpenprozeß ist ein thermodynamischer Kreisprozeß, der im Idealfall als "umgekehrter" Carnot-Prozeß abläuft. Abb. 3.4.1. zeigt zum Vergleich den Carnotschen Kreisprozeß für Wärmekraftmaschinen (Abb. 3.4.1a) und den idealen Wärmepumpenprozeß (Abb. 3.4.1b) im T/s-Diagramm.

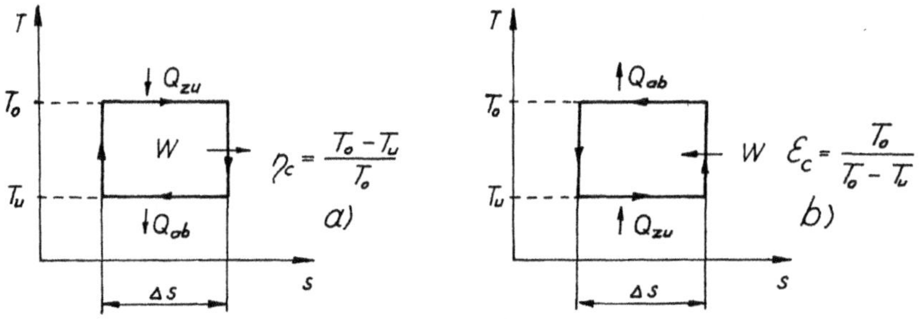

Abb. 3.4.1. Carnotsche Kreisprozesse im T/s-Diagramm. a) Wärmekraftmaschine, b) Wärmepumpe; $Q_{zu,ab}$ ... zugeführte bzw. abgegebene Wärmemenge, W ... zugeführte bzw. abgegebene mechanische Arbeit.

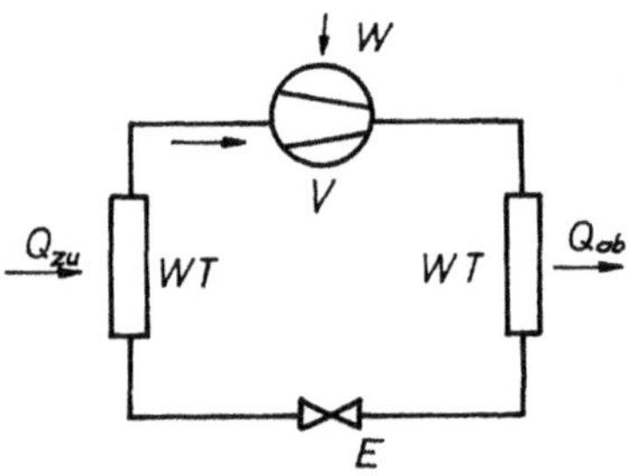

Abb. 3.4.2. Prinzipanordnung einer Wärmepumpe. V ... Verdichter, WT ... Wärmetauscher, E ... Expansionsventil, $Q_{zu,ab}$ ... zugeführte bzw. abgegebene Wärmemenge, W ... zugeführte mechanische Arbeit.

Abb. 3.4.2. zeigt die Prinzipanordnung einer Wärmepumpenanlage, bestehend aus dem Verdichter, den beiden Wärmetauschern und dem Expansionsventil.

Als Arbeitsmedium dient im Wärmepumpenprozeß ein "Kältemittel" /3.4.2/, das durch Energiezufuhr (Q_{zu}) aus der Niedrigtemperaturwärmequelle bei der Temperatur T_u verdampft. Durch Kompression (Verdichtung, Zufuhr mechanischer Energie W) wird das Arbeitsmedium anschließend auf höheres Temperaturniveau T_o gebracht und gibt die Wärmemenge Q_{ab} im Kondensator an einen Wärmeträger ab, wodurch es kondensiert. Im Anschluß daran erfolgt eine Expansion bei gleichzeitiger Temperaturabnahme und das Arbeitsmedium gelangt wieder in den Verdampferteil, wo unter Wärmeaufnahme der Prozeß von neuem einsetzt. Die Wärmepumpe (WP) "pumpt" also Wärmeenergie niedriger Temperatur auf ein höheres Temperaturniveau, wobei diese Wärmeenergie geeigneten Wärmeträgern (Umgebung) entzogen wird und so praktisch kostenlos zur Verfügung steht (von den technischen Maßnahmen für den Wärmeentzug abgesehen).

Die <u>Leistungsziffer ε</u> einer WP ist allgemein durch den Quotienten aus abgegebener thermischer Energie Q_{ab} und zugeführter mechanischer Energie W gegeben. Für den Carnotschen Wärmepumpenprozeß erhält man aus Abb. 3.4.1b für die Leistungsziffer ε_c (unter Berücksichtigung der Tatsache, daß die Wärmemenge $Q = \int T ds$ und beim Carnotprozeß daher als Rechteck darstellbar ist)

$$\varepsilon_c = \frac{Q_{ab}}{W} = \frac{T_o \Delta s}{(T_o - T_u)\Delta s} = \frac{T_o}{T_o - T_u} = \frac{1}{\eta_c}$$

η_c ... Carnot-Wirkungsgrad

Abb. 3.4.3. zeigt einen realen Wärmepumpenprozeß im T/s- und log p/h-Diagramm, wobei letzteres bei Umgang mit Kältemitteln das häufiger anzutreffende ist. Außerdem erscheint in diesem Diagramm die Energie pro Masseneinheit als Strecke (Differenz der Enthalpiewerte h).

In Abb. 3.4.3 erfolgt von Punkt 1 nach 2 die Verdichtung (hier adiabatisch angenommen, praktisch jedoch polytrop -·-·- 1 ⟶ 2') auf eine Temperatur $T_ü$ (Überhitzungstemperatur) durch mechanische Energiezufuhr $w = h_2 - h_1$ (z.B. in kJ/kg, im Diagramm wird alles auf die Masseneinheit (1 kg) bezogen !). Die Überhitzungswärme $q_ü = h_2 - h_3$ stellt bereits einen Teil der abzugebenden Wärmemenge je Masseneinheit $q_{ab} = h_2 - h_4$ dar. Bei 3 beginnt die Kondensation (obere Grenzkurve, x = 1 ... 100 % Dampf) des

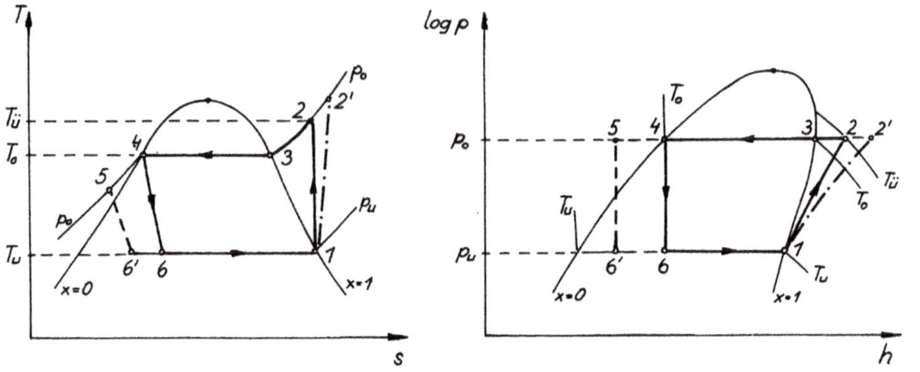

Abb. 3.4.3. Realer Wärmepumpenprozeß im T/s- und log p/h-Diagramm.

Kältemittels (bei konstanter Temperatur T_o). Bei 4 ist alles verflüssigt (x = o ... reine Flüssigkeit). Von 4 nach 6 erfolgt die Expansion in einem Drosselventil (h = konstant). Von 6 nach 1 verdampft das Kältemittel unter Zufuhr der spezifischen Wärmeenergie $q_{zu} = h_1 - h_6$ bei der Temperatur T_u und in 1 ist der Verdampfungsprozeß abgeschlossen (x = 1, Sattdampf).

Die von der Wärmepumpe der Umgebung entnommene thermische Leistung beträgt $\dot{m}(h_1-h_6)$, die erforderliche theoretische Verdichterleistung $\dot{m}(h_2-h_1)$ und die nutzbare abgegebene thermische Leistung $\dot{m}(h_2-h_4)$, wobei $\dot{m}$ die sekundlich im Kreisprozeß geführte Kältemittelmasse (kg/s) darstellt.

Strichliert ist in Abb. 3.4.3 noch ein Verlauf des Prozesses eingezeichnet, der dann eintritt, wenn dem kondensierten Arbeitsmedium (Punkt 4, T_o, p_o) noch weiter Wärmeenergie bei sinkender Temperatur aber konstantem Druck p_o entzogen wird (Unterkühlungswärmemenge $q_u = h_4-h_5$). Die gesamte abgeführte Wärmemenge pro Masseneinheit des Arbeitsmediums beträgt dann h_2-h_5 und die zugeführte $q_{zu} = h_1-h_{6'}$, bei gleichbleibender Verdichterarbeit. Die Wärmemenge q_u kann einem Wärmespeicher (z.B. Latentwärmespeicher) zugeführt und zur Spitzenlastdeckung herangezogen werden /3.4.3/.

Auf Grund der Abb. 3.4.3 und der Definition für die Leistungsziffer ergibt sich diese für den stark gezeichneten Kreisprozeß zu

$$\varepsilon = \frac{h_2 - h_4}{h_2 - h_1}$$

Die Leistungsziffern praktisch ausgeführter Wärmepumpen liegen zufolge der im Prozeß auftretenden Verluste (Kompression,

Antriebsmaschine etc.) unter dem theoretisch ermittelten Wert von ε_c ($\varepsilon_{prakt.} \sim 0{,}5\,\eta_c$). Weiters erkennt man aus Abb. 3.4.3, daß die Leistungsziffer und damit der Wärmegewinn umso größer sein wird, je kleiner die Temperaturdifferenz von T_u nach T_o ist.

3.4.2. Komponenten der Wärmepumpe

Als wesentliche Komponenten einer Wärmepumpe sind neben dem Expansionsventil noch folgende Elemente zu erwähnen (Abb. 3.4.2): Wärmetauscher (Verdampfer, Kondensator): Der Wärmeübergang erfordert eine Temperaturdifferenz, die aber im Hinblick auf die nutzbare Temperaturerhöhung auf der Kondensatorseite möglichst klein gehalten werden soll. Dieser Bedingung sind in technischer und wirtschaftlicher Hinsicht Grenzen gesetzt. Der Wärmestrom $\dot{Q}$ (W) durch eine Wärmetauscherfläche A (m^2) mit dem Wärmedurchgangskoeffizienten k (W/m^2K, abhängig von den Strömungsmedien und -geschwindigkeiten etc.) beträgt bei einer mittleren (logarithmischen) Temperaturdifferenz $\Delta\Theta_m$ (K)

$$\dot{Q} = k\ A\,\Delta\Theta_m$$

Daraus erkennt man, daß bei gegebenem $\dot{Q}$ und weitgehend festliegenden k-Werten ein kleines $\Delta\Theta_m$ nur durch große Wärmetauscherflächen A (erhöhter Preis !) erreicht werden kann. Günstig erweist sich in der Praxis die Anwendung des Gegenstromprinzips im Wärmetauscher.

Als Verdichter (Kompressor) können prinzipiell Kolbenverdichter oder rotierende Verdichter eingesetzt werden. Der Antrieb erfolgt meist mit Elektromotoren, kann aber grundsätzlich auch mittels Verbrennungsmotoren erfolgen, wobei hier die Abwärme des Motors ebenfalls genutzt werden kann.

Als Kältemittel (Arbeitsmedium) sind heute neben Ammoniak verschiedenste Fluor-Chlor-Kohlenwasserstoffverbindungen mit den, je nach Herstellungsland unterschiedlichen Handelsnamen (z.B. in USA Freon, in BRD Frigen etc.) in Verwendung (z.B. die Frigensorten R12, R22, R502 usw.) /3.4.1, 3.4.2/. Die Ziffern geben Aufschluß über die chemische Zusammensetzung des betreffenden Refrigerants. Für die Wahl eines bestimmten Kältemittels sind in erster Linie Temperatur und Druck an der Verdampfer- und an der Kondensatorseite maßgebend (T_o, T_u, p_o, p_u, aber auch p_o/p_u für Verdichterarbeit). Weiters spielt auch die im Kreisprozeß erreichte höchste Temperatur (Überhitzungstemperatur $T_ü$) eine wichtige Rolle.

Erwähnt sei, daß auch Kompressorkältemaschinen nach dem gleichen Prinzip wie die hier beschriebenen Wärmepumpen arbeiten, wenngleich dort andere Kenngrößen verwendet und andere Ziele verfolgt werden. Weiters sind auch Wärmepumpen auf dem Prinzip der Absorptionskältemaschine (siehe Abschn. 3.1.4.4) denkbar.

3.4.3. Nutzungsmöglichkeiten mit Hilfe von Wärmepumpen

Zufolge des großen Energiebedarfes für Heizzwecke und Warmwasserbereitung von Wohnungen, öffentlichen Gebäuden, Schulen, Schwimmbädern etc. und angesichts der Tatsache, daß es sich hiebei um Niedrigtemperatur handelt, steigt in letzter Zeit immer mehr die Bedeutung und das Interesse am Einsatz und der Weiterentwicklung von WP-Anlagen, obwohl die WP schon lange bekannt ist und auch schon früher vereinzelt eingesetzt wurde /3.4.4, 3.4.5/.

Als Wärmequellen für WP-Anlagen kommen Wasser (Grund-, See-, Flußwasser), Erdreich, Außenluft, Sonnenenergie sowie gespeicherte Wärmeenergie in Frage (ev. Abwärme von Kraftwerken).

Gute Einsatzbedingungen liegen bei Wasser als Wärmequelle vor. Grundwasser weist auch im Winter Temperaturen um 8 bis 12° C auf. Bei Fluß- und Seewasser liegen die Bedingungen zufolge der niedrigeren Wassertemperaturen im Winter etwas ungünstiger. Außerdem ist hier die Frage der Entfernung von Wärmequelle (See, Fluß) und Wärmepumpe bzw. Wärmeverbraucher von ausschlaggebender Bedeutung (Kosten für Rohrleitungen und Pumpen etc.). Ein Beispiel für die Nutzung von Flußwasser als Wärmequelle stellt die im März 1976 in Esslingen (BRD) am Ufer eines Neckararmes in Betrieb genommene Heizungsanlage zur Versorgung von 192 Wohnungen dar /3.4.6/.

Bei Verwendung von Erdreich als Wärmequelle ist zu beachten, daß hiezu ein unterhalb der Frostgrenze verlegtes Rohrleitungssystem als Wärmetauscher nötig ist,dessen Ausdehnung auf Grund der schlechten Wärmeleitungs- und Speichereigenschaften des Bodens beachtliche Größe annimmt. Man rechnet mit rund 30 bis 60 m^2 Bodenfläche je kW Heizleistung. Bei Aufheizung des Bodens mittels Sonnenenergie über eigens verlegte Rohrleitungen während der Sommermonate kann sich der Wert der pro kW Heizleistung benötigten Bodenfläche wesentlich verringern. Bei Wärmebedarf zirkuliert eine Flüssigkeit durch das im Boden befindliche Rohrsystem, nimmt die Bodenwärme auf und gibt diese an den Verdampfer der WP ab.

Bezüglich der Verfügbarkeit steht die Außenluft als Wärmequelle an erster Stelle. Luft/Wasser-WP (der erste Ausdruck steht für die Wärmequelle, der zweite für das Medium, auf das die Wärme bei höherem Temperaturniveau übertragen wird) oder Luft/Luft-WP werden daher heute in besonderem Maße auf ihre Einsatzmöglichkeiten und Wirtschaftlichkeit untersucht /3.4.7/. Das Problem liegt hier vor allem in den tiefen Außentemperaturen in den Wintermonaten (Vereisungsgefahr der Wärmetauscherflächen) /3.4.8/.

Allen vorbeschriebenen Anwendungen ist gemeinsam, daß die Leistungsziffer der Wärmepumpen im Winter am schlechtesten ist, da einerseits die Temperatur der Wärmequelle sinkt (besonders stark bei Außenluft) und außerdem eine höhere Kondensatortemperatur (wegen höherer Vorlauftemperatur des Heizsystems) benötigt wird. Dies führt zu Wirtschaftlichkeitsüberlegungen, deren Ergebnis meist ein bivalentes Heizsystem ist, d.h., an extrem kalten Tagen wird eine Zusatzheizung verwendet. Selbstverständlich gilt auch hier, daß die Verhältnisse umso günstiger liegen, je niedriger die Vorlauftemperatur der Heizanlage ist (z.B. Großflächenheizungen).

Optimal liegen die Verhältnisse bei Verwendung von Wärmespeichern als Wärmequelle (eventuell unter Nutzung der Sonnenenergie), da hier die Temperaturverhältnisse weitgehend den optimalen Betriebsbedingungen der WP angepaßt werden können. Allerdings ist hier der zusätzliche Speicheraufwand (und die Kosten der Solaranlage bei Sonnenenergienutzung) zu berücksichtigen.

Ein vermehrter sinnvoller Einsatz von Wärmepumpen für Heizzwecke könnte sicherlich den Primär- und Sekundärenergiebedarf auf diesem Sektor erheblich verringern, allerdings ist dies nur durch erhöhten Investitionsaufwand möglich.

Literatur

3.4.1. Kirn, H., Hadenfeldt, A.: Wärmepumpen. Verlag C.E.Müller, Karlsruhe 1976.

3.4.2. Plank, R.: Handbuch der Kältetechnik, Bd. 4: Die Kältemittel. Springer , Berlin - Göttingen - Heidelberg 1959.

3.4.3. Kirn, H.: Deckung der Leistungsspitzen von Wärmepumpenanlagen durch Latentspeicher. Elektrowärme International 33, A284-A287 (1975).

3.4.4. Cube, H.L.v.: Beheizung von Wohnhäusern mit Wärmepumpen als Alternative zur Fernwärmeversorgung. Heizung-Lüftung-

Haustechnik 26, 335-339 (1975).
3.4.5. Schorlemmer, U.: Anwendung der Wärmepumpe im Einfamilienhaus. etz-b 27, 270-271 (1975).
3.4.6. Heizen und Erwärmen von Brauchwasser in Wohngebäuden. BBC-Nachrichten 58, 521-522 (1976).
3.4.7. Dörr, H.: Außenluft - Wasser - Wärmepumpe und Zusatzpropanheizung für Einfamilienhäuser. Heizung-Lüftung-Haustechnik 26, 15-18 (1975).
3.4.8. Michels, F.: Probleme einer Luft-Wasser-Wärmepumpe bei tiefen Außentemperaturen. Bull.SEV 68, 385-387 (1977).

3.5. Nutzung von Abwärme - Wärmerückgewinnung

Abwärme fällt in großen Mengen in den Haushalten und den verschiedensten Industriezweigen in Form von Abwasser und Abluft sowie im Kühlwasser von kalorischen und Kernkraftwerken an. Das Problem hiebei ist, daß zufolge der geringen Temperatur (20 bis 60° C) der Exergieinhalt dieser Wärmemengen extrem niedrig ist, was auch bisher der Hauptgrund für deren geringe Nutzung war.

In den letzten Jahren trat auch auf diesem Sektor ein Umdenken ein und heute existieren bereits eine Reihe von "firmenmäßigen" Einrichtungen zur Abwärmenutzung (Wärmerückgewinnung).

Die Nutzung der Wärme von Kühl- oder Abwasser in Industrieanlagen wird immer öfter angewandt /3.5.1/, die Nutzung der Abwasserwärme von Dusch- und Baderäumen in größeren Betrieben oder Hallenbädern ist schon fast eine Selbstverständlichkeit.

3.5.1. Wärmerückgewinnung aus Haushaltsabwasser

Ein erheblicher Teil an Primärenergie wird in den Haushalten zur Warmwasserbereitung benötigt. Die Rückgewinnung der in den Abwässern enthaltenen Wärmeenergie könnte zu erheblichen Energieeinsparungen führen; besonders günstig liegen hier die Verhältnisse beim Mehrfamilienhaus /3.5.2,3.5.3/. Zu beachten ist hiebei allerdings, daß getrennte Abwasser- und Fäkalienleitungen notwendig sind.

Abb. 3.5.1 zeigt zwei Möglichkeiten zur Wärmerückgewinnung mit Hilfe von Abwasserspeichern.

In Abb. 3.5.1a befindet sich im Inneren des Abwasserspeichers ein Wärmetauscher, der vom aufzuwärmenden Frischwasser durch-

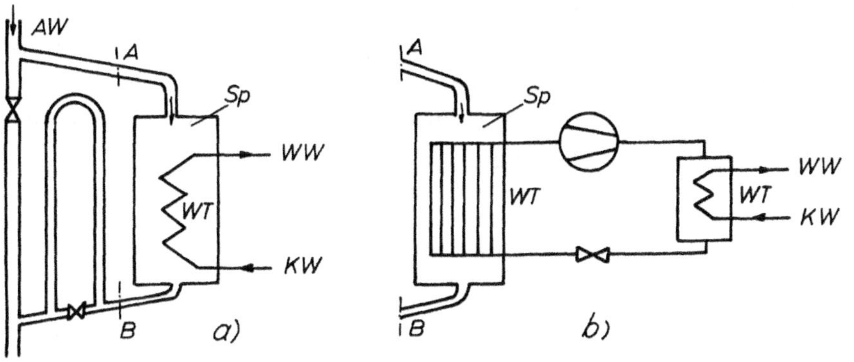

Abb. 3.5.1. Wärmerückgewinnung aus Abwasser. a) über Wärmetauscher, b) mittels Wärmepumpe; AW ... Abwasser, WW, KW ... Warm-, Kaltwasser, WT ... Wärmetauscher, Sp ... Speicher.

strömt wird. Dieses gelangt dann in die konventionelle Warmwasserbereitungsanlage. Abb. 3.5.1b zeigt den Einsatz einer Wärmepumpe zur Wärmerückgewinnung, wobei hier die Wärme einem zweiten mit Frischwasser gefüllten Speicher zugeführt wird (vergleiche auch Abb. 3.1.11, Aachener Experimentierhaus).

Um eine Verschmutzung der Speicher zu vermeiden, empfiehlt sich die Vorschaltung eines Filters, das in entsprechenden Zeitabständen zu reinigen ist oder die Verwendung von Gegenstrom-Plattenwärmetauschern, die zwecks Reinigung leicht geöffnet werden können /3.5.4/. Bei Wärmerückgewinnungsanlagen, in denen ein kontinuierlicher Abwasseranfall gegeben ist, z.B. in verschiedenen Industrieanlagen oder bei Dusche- und Badeanlagen, kann auf eigene Abwasserspeicher verzichtet werden; es genügen dann einfache Wärmetauscher. Die Abwärme wird hier kontinuierlich in einen Frischwasserspeicher geleitet.

3.5.2. Wärmerückgewinnung aus Abluft

Ein Großteil des für Heizung und Klimatisierung von Gebäuden aufgewendeten Energiebetrages steckt in der Abluft. Gelangt diese im Zuge der notwendigen Lüftung ungenützt ins Freie, so geht viel Wärmeenergie verloren. Besonders Großanlagen wie Schulen, Hallenbäder, Kauf- und Bürohäuser etc. sind daher für Abluft-Wärmerückgewinnungsanlagen besonders geeignet. Aber auch bei kleineren Anlagen wie Einfamilienhäuser oder Wohnungen ist ein Einsatz entsprechend angepaßter Energierückgewinnungsanlagen sinnvoll. Luft enthält neben der sensiblen gespeicherten Wärme zufolge der Luftfeuchtigkeit noch die latente Verdampfungswärme des in der

Luft enthaltenen Wasserdampfes. Wird die Luft unter den Taupunkt des verdunsteten Wassers abgekühlt, so fällt Kondensationswärme an, die ebenfalls genutzt werden kann. Je nachdem, ob diese Wärme genutzt wird oder nicht, unterscheidet man zwischen regenerativen und rekuperativen Wärmetauschern.

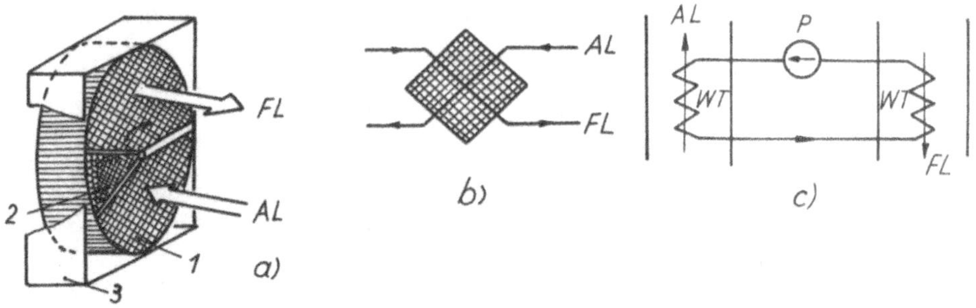

Abb. 3.5.2. Wärmerückgewinnung aus Abluft. a) Regenerativer Wärmetauscher, b) rekuperativer Wärmetauscher nach dem Kreuzstromprinzip, c) Wärmerückgewinnung mit getrennten Wärmetauschern. 1 ... Rotor mit Speichermasse, 2 ... Schleusenzone, 3 ... Gehäuse, AL, FL ... Ab-, Frischluft, WT ... Wärmetauscher, P ... Umwälzpumpe.

Beim regenerativen Wärmetauscher wird der Abluft sowohl die sensible, als auch die latente Wärmemenge entzogen und der Frischluft wieder zugeführt. Ein Wärmetauschersystem dieser Gruppe stellt z.B. der Econovent (Abb. 3.5.2a) dar. Ein rotierendes Speicherrad mit hygroskopischer Speichermasse wird im unteren Teil von der Abluft durchströmt, wodurch dieser Teil die sensible und latente Wärme aufnimmt. Durch Rotation gelangen die erwärmten Zonen in den Frischluftstrom und geben dort die gespeicherte Wärme und die Feuchtigkeit an diese ab. Mit diesem Verfahren werden Wärmeaustauschwirkungsgrade bis zu 90 % erreicht.

Bei rekuperativen Wärmetauschern sind beide Luftströme (Abluft, Frischluft) voneinander vollständig getrennt, die Wärmeübertragung erfolgt nur durch Wärmeübergang in geeigneten Wärmetauscherflächen, z.B. nach dem Kreuzstromprinzip (Abb. 3.5.2b). Wärmetauscher dieser Gruppe übertragen fast ausschließlich sensible Wärme, bei Austauschwirkungsgraden von 40 bis 50 %.

Liegen Abluft- und Frischluftkanal aus baulichen Gründen nicht beieinander, so können getrennte Wärmetauscher für Abluft und Frischluft verwendet werden, wobei die Wärmeübertragung durch ein im geschlossenen Kreis umlaufendes Wärmeträgerfluid erfolgt (Abb. 3.5.2c).

3.5.3. Nutzung der Kraftwerksabwärme

Mit dem ständigen Anwachsen der kalorischen Kraftwerksleistungen - einschließlich Kernkraftwerke - steigen auch die Abwärmeprobleme. Vom thermischen Wirkungsgrad her ist eine möglichst niedrige Kondensattemperatur anzustreben, was zu Kühlwassertemperaturen von 30 bis 40° C führt. Die im Kühlwasser enthaltene Wärmeenergie wurde bisher fast ausschließlich an die Umgebungsluft (Kühltürme) oder an Flußwasser abgeführt; beide Methoden tragen zur thermischen Umweltbelastung bei. In letzter Zeit laufen nun in verschiedenen Ländern Untersuchungen, inwieweit Kernkraftwerksabwärme in der Landwirtschaft eingesetzt werden könnte. Im Rahmen des Deutschen "Agrotherm"-Projektes werden seit Mai 1976 in Neurath (BRD) Untersuchungen auf dem Sektor der Bodenheizung landwirtschaftlicher Kulturen durchgeführt. Als Versuchsfläche dient ein Areal mit der Fläche von 7 Hektar. 70 km Heizungsrohre, Nennweite 50 mm, wurden in einem Abstand von 1 m in einer Tiefe von 75 cm verlegt. Weitere Versuche wurden in Grenoble (Frankreich) mit Wärmetauscherschläuchen aus Kunststoff gemacht, die an der Bodenoberfläche liegen und zur gleichzeitigen Erwärmung der Umgebungsluft und des Bodens dienen. In der Schweiz laufen Untersuchungen mit dem Ziele, Gewächshäuser mit Kraftwerksabwärme zu versorgen /3.5.5/.

Nach Auslaufen der Versuche und Auswertung der Ertragsergebnisse wird erst feststehen, für welche Kulturen eine Heizung überhaupt eine Ertragssteigerung bringt und wenn, ob solche Anlagen wirtschaftlich betrieben werden können. Wie bei allen Fernwärmeversorgungssystemen spielt auch hier die Entfernung Verbraucher - Kraftwerk eine dominierende Rolle.

Eine anfangs 1977 veröffentlichte Studie einer Schweizer Arbeitsgruppe (Plenar, Wärmeverbund, Zürich) befaßt sich mit Fragen der "kalten" Fernwärmeversorgung. Hiebei würde die im Kraftwerk anfallende Abwärme mit rund 40° C in einem Einrohrübertragungssystem (kein Rücklauf) zu den Verbrauchern geführt, wo mittels Wärmepumpen die erforderlichen Temperaturen für Heizung und Warmwasserbereitung erzeugt würden /3.5.6/. Voraussetzung wäre allerdings eine entsprechende Isolierung der Gebäude und damit eine Absenkung der Heizungsvorlauftemperaturen auf 40 bis 60° C (siehe auch Abschn. 4.6).

Literatur

3.5.1. Kraus, R., Richter, R.: Rückgewinnung von Verlustwärme bei Induktionsofenanlagen. BBC-Nachrichten 58, 195-201 (1976).
3.5.2. Schöffel, H.: Energiesparende Warmwasserbereitung durch Wärmerückgewinnung. BBC-Nachrichten 57, 497-502 (1975).
3.5.3. Bräunlich, G., Schöffel, H.: Wärmerückgewinnung aus Haushaltsabwässern. Heizung-Lüftung-Haustechnik 26, 425-430 (1975).
3.5.4. Kirn, H.: Systeme der rationellen Energienutzung und Energierückgewinnung. Elektrizitätswirtschaft 74, 126-129 (1975).
3.5.5. Hofmann, R.: Nutzung der Abwärme von Kernkraftwerken. Bull.SEV 68, 834-838 (1977).
3.5.6. Ein kaltes Fernwärmesystem. Bull.SEV 68, 843 (1977).

3.6. Nutzung von "Meeresenergie"

3.6.1. Gezeitenkraftwerke

Unter Gezeiten (Tiden) versteht man die, durch die Wirkung der Massenanziehungskräfte von Mond und Sonne auf die Erde verursachten rhythmischen Schwankungen des Meeresspiegels mit einer Periodendauer von 12 bis 13 Stunden. Das Steigen des Wassers vom Niedrigstand zum Höchststand heißt Flut, das Absinken Ebbe; die Summe beider Vorgänge, die von etwas unterschiedlicher Dauer sind, bildet eine Tide. Den dabei auftretenden maximalen Höhenunterschied bezeichnet man als Tidenhub. Bei der Bildung der Gezeiten überwiegt der Einfluß des Mondes gegenüber der Sonne, deren Einfluß sich vor allem im wechselnden Tidenhub bemerkbar macht. Stehen Sonne und Mond mit der Erde in einer Richtung, so addieren sich die Anziehungskräfte und es entstehen große Tidenhübe (Springflut, Springtide). Im ersten oder letzten Mondviertel schwächen sich die Massenanziehungskräfte (Nipptide).

Gezeitenkraftwerke nutzen diesen Tidenhub zur Energieerzeugung aus, indem bei Flut Wasser in ein vom offenen Meer getrenntes Becken strömt und bei Ebbe das Wasser wieder ins Meer zurückfließt, was jeweils über Turbinen erfolgt.

Um vernünftigen Turbinenbetrieb mit entsprechender Leistungsabgabe zu garantieren, soll der Höhenunterschied zwischen Meeres- und Beckenspiegel einen Mindestwert H_{min} nicht unterschreiten.

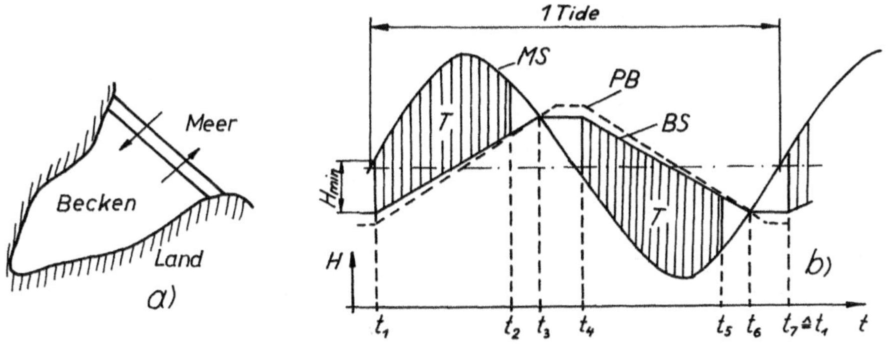

Abb. 3.6.1. Gezeitenkraftwerk. a) Lage eines Gezeitenkraftwerkes, b) Arbeitsdiagramm eines Gezeitenkraftwerkes; H ... Spiegelhöhe, t ... Zeit, MS ... Meeresspiegel, BS ... Beckenspiegel, PB ... Beckenspiegel bei Pumpbetrieb, T ... Turbinenbetrieb.

Dieser ist unter anderem vom Tidenhub und der Turbinenleistung sowie der Betriebsdauer der Turbinen abhängig. Durch Einhaltung dieser Bedingung ergeben sich die in Abb. 3.6.1b eingezeichneten Zeitabschnitte. Nach Erreichen von H_{min} beginnt bei t_1 der Turbinenbetrieb. Hiebei strömt Wasser vom Meer durch die Turbinen ins Becken. Dieses füllt sich; ab t_2 wird die Mindesthöhendifferenz H_{min} unterschritten,die Turbinen werden abgestellt, das Wasser strömt bis t_3 weiter in das Becken. Nun bleibt bis zum Zeitpunkt t_4 der Wasseraustausch zwischen Becken und Meer unterbunden, es sei denn, daß durch Pumpbetrieb zur Vergrößerung der nutzbaren Höhendifferenz Meerwasser in das Becken gefördert wird. Der Meeresspiegel sinkt unterdessen ab,bis bei t_4 H_{min} wieder erreicht ist. Es setzt Turbinenbetrieb bis t_5 ein. Bis t_6 erfolgt eine weitere Absenkung des Beckenspiegels, der bei t_6 den minimalen Wert erreicht, es sei denn, daß ähnlich wie zum Zeitpunkt t_3, um eine Vergrößerung der nutzbaren Höhendifferenz der beiden Spiegel herbeizuführen, Wasser aus dem Becken ins Meer gepumpt wird. Ohne Pumpbetrieb bleibt der Wasseraustausch zwischen Becken und Meer von t_6 bis t_7 unterbunden. Im Zeitpunkt t_7 beginnt ein neuer Arbeitszyklus.

Voraussetzungen für eine wirtschaftliche Nutzung der Gezeitenenergie sind ein entsprechender Tidenhub und günstig gelegene Meeresbuchten, die verhältnismäßig leicht durch einen künstlich angelegten Damm vom offenen Meer getrennt werden können.

Das erste große Gezeitenkraftwerk nahm 1966 in Frankreich an der Rance-Mündung bei St. Malo den Teillastbetrieb auf. Der Baubeginn des vom französischen Architekten A. Caquot entworfenen Projektes war 1961 und Mitte 1967 nahmen alle 24 Turbinen den Betrieb auf. Die Gesamtnennleistung der Anlage beträgt 240 MW, die jährliche Energielieferung rund 600 GWh. Die Tidenhübe - die höchsten in Europa auftretenden - erreichen eine Höhe bis zu 13,5 m (bei Springflut). Die Turbinen, dem Prinzip nach Rohrturbinen, sind im Damm untergebracht, und können die Wasserströmung in beiden Richtungen (durch entsprechendes Verstellen der Turbinenschaufeln) zur Energiewandlung nutzen. Zur Vergrößerung der Höhendifferenz der beiden Wasserspiegel (Becken, Meer) wird auch Pumpbetrieb gefahren (siehe Abb. 3.6.1b). Zwischen Turbinenrad und Generatorgehäuse befindet sich ein lamellenartig angeordneter kreisförmiger Verschlußmechanismus, bei dessen Betätigung der Wasseraustausch zwischen Becken und Meer unterbunden wird. Der Damm (Dammlänge rund 700 m) dient gleichzeitig als Verkehrsverbindung zur Überbrückung der Rancemündung. Zur Aufrechterhaltung der Schiffahrt sind ebenso wie bei jedem größeren Flußkraftwerk, Schleusenanlagen vorgesehen.

Ein weiteres interessantes Projekt zur Nutzung der Gezeitenenergie stammt ebenfalls von A. Caquot. Nach seinen Plänen könnte man die in der Nähe der Rancemündung liegende Bucht von Mt. St. Michele mit Staudämmen vom offenen Meer abgrenzen (je nach installierter Kraftwerksleistung bis zu 100 km ! Staudammlänge) und in der Nähe der Stadt Granville eine Groß-Gezeitenanlage errichten. Es sind bis zu 200 Turbinen mit Leistungen zu je 30 bis 40 MW vom Projektverfasser vorgesehen. Die erzielbaren Leistungen würden demnach 6 bis 8 GW und somit 3 oder 4 größere Kernkraftwerksanlagen ersetzen. Durch Fertigteilbauweise und Serienproduktion könnte das Projekt in 4 bis 10 Jahren realisiert werden. Wenngleich die technischen Voraussetzungen und die praktischen Erfahrungen (nicht zuletzt durch den Bau des Kraftwerkes bei St. Malo) heute gegeben scheinen, so dürfte die wirtschaftliche und finanzielle Seite einer baldigen Realisierung im Wege stehen. Man rechnet derzeit mit Baukosten in der Höhe von 25 Milliarden France.

In den letzten Jahren unternehmen auch andere Länder Anstrengungen, geeignete Standorte für Gezeitenkraftwerke zu finden. So werden beispielsweise an der Nordwestküste Indiens Untersuchungen angestellt, da dort Tidenhübe bis zu 9 m auftreten (Golf von Cambay und Kutch), sogar die Severn-Mündung (Großbritannien) könnte für ein Gezeitenkraftwerk genutzt werden.

Das Leistungspotential der Gezeitenenergie wird auf 1,5 TW bis 3 TW geschätzt, wobei hier Tidenhübe bis herunter zu einem Meter berücksichtigt wurden. Praktisch wird nur ein Bruchteil dieser Werte genutzt werden können (70 GW ?).

Nachteilig bei allen Gezeitenkraftwerken ist die Tatsache, daß die Leistungsabgabe großen täglichen Schwankungen unterworfen ist. Die Stillstandszeiten erfahren zufolge der Tidendauer von ca. 12,5 Stunden eine tägliche Verschiebung von rund einer Stunde, fallen also auch in die Energiebedarfsspitzen.

3.6.2. Nutzung des Temperaturgradienten tropischer Meere

Die Oberflächenwasserschicht tropischer Meere besitzt Temperaturen von 24° C bis 27° C. In tieferen Schichten (einige 100 m) sinkt die Wassertemperatur auf einige Grad Celsius (5 bis 7° C) ab. Zener /3.6.1/ entwickelte ein Modell zur Nutzung dieser Temperaturdifferenz, das mittlerweile von verschiedensten Institutionen und Forschungsteams aufgegriffen und untersucht wurde, z.B. /3.6.2/.

Der Grundgedanke der Energienutzung, es handelt sich hier eigentlich um eine indirekte Nutzung der Sonnenenergie, ist folgender: In der warmen Oberflächenwasserschichte wird einer, bei niedrigen Temperaturen siedenden Flüssigkeit (Propan, Ammoniak, verschiedene Frigensorten) über Wärmetauscher Wärmeenergie zugeführt, wodurch Flüssigkeit verdampft und unter Energieabgabe in einer Turbine expaniert. Anschließend wird durch das kalte Wasser tieferer Schichten das Arbeitsmedium kondensiert. Es handelt sich hiebei um einen mehr oder weniger konventionellen Kaltdampfprozeß ähnlich den Dampfkreisläufen bei Niedrigtemperatur-Sonnenkraftwerken (Abschn. 3.1.7.1), mit dem Unterschied, daß hier die nutzbare Temperaturdifferenz extrem klein ist, was extrem schlechte thermodynamische Wirkungsgrade mit sich bringt.

Untersuchungen von P. Vitureau und S. Winter /3.6.3/ führten zu dem in Abb. 3.6.2 im Prinzip dargestellten Rankine-Prozeß mit den eingetragenen Temperaturen bzw. Temperaturdifferenzen. Auf Grund der geringen nutzbaren Temperaturdifferenz an der Turbine ($\Delta T = 9{,}6$ K) ergibt sich hiemit ein Carnot-Wirkungsgrad von $\eta_c = \Delta T/T_1 = 9{,}6/294{,}3 = 0{,}0326$ (3,26 %). Für den Gesamtwirkungsgrad erhält man mit den geschätzten Wirkungsgraden für den Kreisprozeß ($0{,}94\ \eta_c$), die Turbine (0,8) und den Generator (0,94) $\eta = 0{,}023$ (2,3 %).

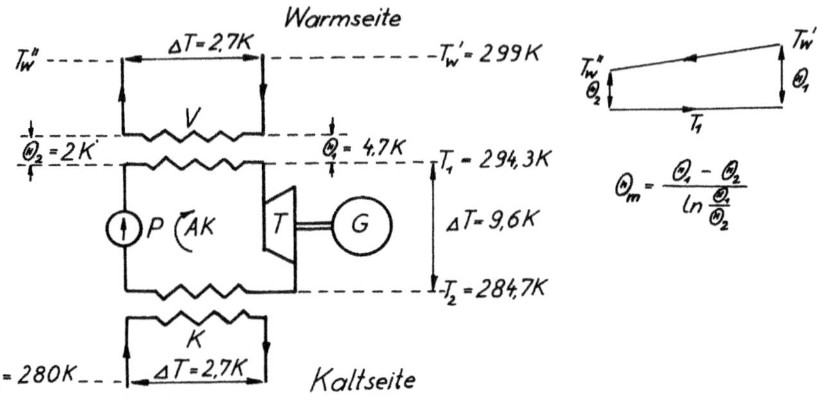

Abb. 3.6.2. Kaltdampfprozeß zur Nutzung der Temperaturdifferenz in tropischen Meeren nach /3.6.3/. AK ... Arbeitskreis, T ... Turbine, G ... Generator, V ... Verdampfer, K ... Kondensator, P ... Umwälzpumpe.

Damit ergibt sich für eine elektrische Leistung P_{el} von 1 MW_e eine thermisch zuzuführende Leistung von 43,4 MW. Bei einer mittleren Temperaturdifferenz von 2,7 K zwischen Wasserein- und Austritt am Wärmetauscher erfordert dies eine durchschnittliche Wassermenge von 3,8 m^3/s je MW_e. Da zufolge des geringen Wirkungsgrades fast die gleiche Wärmemenge auf der "Kaltseite" abgeführt werden muß, sind dort die Verhältnisse ähnlich.

Die erforderlichen Wärmetauscherflächen A ergeben sich auf Grund der eingetragenen Temperaturdifferenzen in Abb. 3.6.2 und der daraus resultierenden logarithmischen Temperaturdifferenz Θ_m (= 3,16 K), wie sie bei variablen Temperaturen entlang von Wärmetauscherflächen zu verwenden ist, zu

$$A = P_{el} / \eta \, k \, \Theta_m$$

Schwierig sind hiebei die Werte für den Wärmedurchgangskoeffizienten k anzusetzen, da dieser u.a. von den Strömungs- und Oberflächenverhältnissen (Verschmutzung etc.) abhängig ist und in weiten Grenzen schwankt. Für k = 500 bis 1500 W/m^2K ergeben sich auf Grund voriger Werte Wärmetauscherflächen von 27 600 m^2/MW_e bis 9200 m^2/MW_e. Über konstruktive Details wie Wärmetauscher existieren bereits Veröffentlichungen /3.6.4/.

Obwohl die erreichten Gesamtwirkungsgrade extrem niedrig liegen, ist das Energiepotential der tropischen Meere riesig. Ob solche Kraftwerke großtechnisch wirtschaftlich realisiert werden können, wird die Zukunft zeigen.

3.6.3. Nutzung der Wellenenergie

Während die Periodendauer bei der Gezeitenenergie im Bereich von Stunden (12,5 Stunden) liegt, liegt sie bei Meereswellen im Bereich von Sekunden, außerdem ist hier die Windenergie das "treibende Element". Für die Nutzung der Wellenenergie existieren eine Reihe von Vorschlägen und Patenten, aus deren Fülle jedoch nur zwei Konzepte von H. Kayser (BRD), die er im Oktober 1974 anläßlich einer Konferenz über Nutzung von Meeresenergie in Kanada vorstellte /3.6.5/, kurz beschrieben werden.

Das Grundprinzip besteht darin, daß von den Wellen bewegte Kolben als Pumpe fungieren und dabei Wasser auf höheres Druckniveau bringen, um dann die gespeicherte potentielle Energie des Wassers über Turbinen und Generatoren nutzbar zu machen. Hiebei wird das Prinzip der "hydraulischen Presse" angewandt (Abb. 3.6.3a).

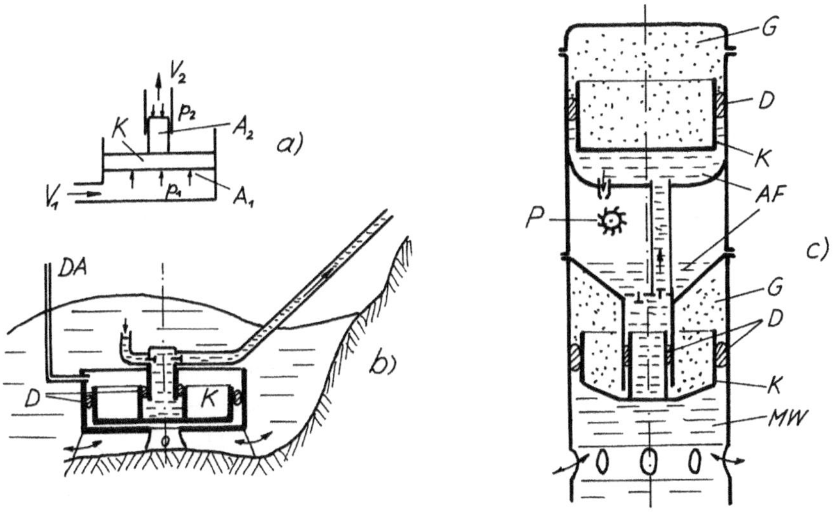

Abb. 3.6.3. Nutzung der Wellenenergie. a) Prinzip der Drucksteigerung, b) Anordnung zum Pumpen von Wasser auf höheres Niveau, c) Anordnung zur Erzeugung kleiner elektrischer Leistungen (nach H. Kayser); K ... Kolben, A ... Fläche, V ... Volumen, p ... Druck, D ... Dichtung, G ... Gasfüllung, AF ... Arbeitsflüssigkeit, P ... Peltonrad, MW ... Meerwasser, DA ... Druckausgleich.

Es gilt $p_1 A_1 = p_2 A_2$ und damit $p_2/p_1 = A_1/A_2$ und $V_2/V_1 = A_2/A_1$.

Ein Durchmesserverhältnis der Kolben von $d_1 : d_2 = 5:1$ führt zu einem Druckverhältnis von $p_2 : p_1 = 25:1$.

In Abb. 3.6.3b ist auf Grund dieses Prinzips eine Anordnung schematisch dargestellt, die Wasser auf ein höher gelegenes Niveau pumpt.

Eine Anordnung von H. Kayser zur Erzeugung kleiner elektrischer Leistungen im kW-Bereich zeigt Abb. 3.6.3c. Das Grundprinzip ist das gleiche wie vorhin. Durch die Hubbewegung eines Doppelkolbens wird Arbeitsflüssigkeit in einen oberen Behälter, der unter Gasdruck steht, gepreßt. Von dort gelangt die unter Druck stehende Flüssigkeit auf eine kleine Pelton-Turbine, die einen Generator treibt. Der Arbeitskreis ist dabei gänzlich vom Meerwasser getrennt, was hinsichtlich Korrosion und Verschmutzung vorteilhaft ist. Um einen kontinuierlichen Turbinenbetrieb zu gewährleisten, muß während eines Hubvorganges soviel Arbeitsflüssigkeit in den oberen Speicher gefördert werden, daß damit eine volle Wellenperiode überbrückt wird.

Für eine elektrische Leistung von 1 kW ergeben sich hiebei bei einem durchschnittlich angenommenen Wellenhub von 2,5 m, einer Wellenlänge von 51 m und einer Periodendauer von 7 Sekunden (Windgeschwindigkeit 6 der Beaufort-Skala) folgende Richtwerte für die Dimensionierung des "Wellengenerators". Bei einer Druckerhöhung um den Faktor 25 (bei 2 m Wellenhöhe entspricht dies einer fiktiven Wassersäule von 50 m) ist zur Erzeugung von $P = 1\ kW_e$ bei einem geschätzten Gesamtwirkungsgrad η von 70 % und einer fiktiven Wassersäule h von 50 m eine sekundliche Wassermenge $\dot{Q}$ von

$$\dot{Q} = \frac{P}{\gamma h \eta} = \frac{1000\ W}{9{,}81\ N/dm^3\ 50m\ 0{,}7} = 2{,}92\ dm^3/s$$

(γ ... spezifisches Gewicht von Wasser). Da innerhalb der Periodendauer von 7 Sekunden nur 1 Hub möglich ist, muß eine Wassermenge von 20,4 l in den Speicher gepumpt werden; dies entspricht meerwasserseitig einem Volumen von 0,51 m^3. Bei einer Kolbenfläche von 1 m^2 ergibt dies einen nötigen Hub von rund 0,5 m. Die Peltonturbine besitzt einen Durchmesser von 12 cm bei 2300 U/min, die Schaufelbeaufschlagung erfolgt über zwei Düsen mit 7 mm Durchmesser /3.6.5/. Besondere Anforderungen werden bei diesen Ausführungen an die Kolbendichtungen gestellt.

3.6.4. Nutzung von Meeresströmungen

Immer wieder tauchen Vorschläge auf, die Energie der großen Meeresströmungen zur Energiegewinnung heranzuziehen. Das bekannteste Projekt sieht die Nutzung eines Teiles des Golfstromes, des Floridastromes zwischen der Halbinsel Florida und den Bimini-Inseln vor. H. Stewart und J. Apel von den Umwelt-Laboratorien des US-Bundesamtes für Meeres- und Atmosphärenforschung sowie W. von Arx (Woods-Hole-Institut für Meeresforschung) haben auf Grund von Berechnungen festgestellt, daß die Strömungsleistung in diesem Gebiet rund 25 GW beträgt. Aus ökologischen Gründen sei es jedoch ratsam, nur rund 4 % (1 GW) dieser Energiequelle zu nützen. Als Energiewandler schlagen sie etwa 200 langsam drehende rohrturbinenähnliche Anlagen vor, die in der Meeresenge Florida-Bimini-Inseln in 30 bis 130 m Wassertiefe angeordnet werden sollten. Jede Turbine hätte ihren eigenen Generator, die Verankerung, sicherlich eines der Hauptprobleme, könnte auch gleichzeitig als Kabelführung zu dem am Meeresboden verlegten Hauptkabel dienen.

Literatur

3.6.1. Zener, C.: Solar Sea Power. Physics today 26, 10 (1973).

3.6.2. McGowan, J.G. u.a.: Conceptual Design of a Rankine Cycle Powered by the Ocean Thermal Difference. Proc. of the 8th IECEC 1973, S. 420-427.

3.6.3. Vitureau, P., Winter, S.: Energie Thermique des Mers. Int.Conf.Solar Electricity - Toulouse 1976, S. 697-718.

3.6.4. Kirchhoff, R.H. u.a.: Hot Side Heat Exchanger for an Ocean Thermal Difference Power Plant. Proc. of the 9th IECEC 1974, S. 354-361.

3.6.5. Wave Motion Can be Used to Tap Wind Energy. Energy International 12, 19-20 (1975).

3.7. Wasserkraftnutzung in Grönland

Grönland besitzt nach der Antarktis die größte am Festland befindliche Eisfläche der Erde. Die Insel ist mit einer bis zu 3400 m dicken Inlandseisschichte bedeckt, deren höchste Erhebungen bis zu 3300 m über dem Meeresspiegel im Landesinneren erreichen und die zur Küste hin abfällt, wo sich dann riesige Eisberge lösen. Die Eisfläche besitzt rund 1,5 Millionen km^2 mit einem geschätzten Volumen von 2,6 Millionen km^3. Werden seit einiger Zeit nördliche Regionen für die zukünftige Energieversorgung auf dem fossilen Sektor immer interessanter (Erdöl- und Erdgasfunde in Alaska), so könnte nach den Plänen des Schweizer Hydrologen und Grönlandforschers H. Stauber das Schmelzwasser der südlichen Eisregionen Grönlands ebenfalls einen beachtlichen Beitrag zur künftigen Energieversorgung liefern. Seine Pläne, die in zahlreichen in- und ausländischen Patenten und Veröffentlichungen ihren Niederschlag fanden /3.7.1, 3.7.2, 3.7.3/, sehen die Nutzung der außerordentlich großen Schmelzwassermengen zur elektrischen Energieerzeugung vor, wobei hier nicht das Gletscherwasser erst unterhalb der Gletscher gesammelt wird, sondern schon in auf der hochgelegenen Gletscherfläche befindlichen Stauseen. Hiezu werden erfindungsgemäß künstlich Schmelzwassersammelkanäle angelegt, welche die natürlichen Flußrinnen der Schmelzwasser schneiden und sperren. Die Bildung dieser Sammelkanäle könnte im Sommer mit Unterstützung der Sonneneinstrahlung erfolgen, und zwar durch Aufbringen von wärmeabsorbierenden Stoffen wie Ruß, Gesteinsstaub, Splitt etc. auf die Eisfläche. Reichen die so erstellten Kanäle nicht aus, so müßten laut Stauber Raupenfahrzeuge mit automatisch gesteuerten Eisschneidemaschinen Eisblöcke aus den Rinnen schneiden, die am talseitigen Kanalrand als zusätzlicher Damm angeordnet würden. Abb. 3.7.1 zeigt einen schematischen Schnitt durch die Randzone des Eisschildes mit zwei künstlich angelegten Sammelkanälen zu Beginn und am Ende der Schmelzperiode.

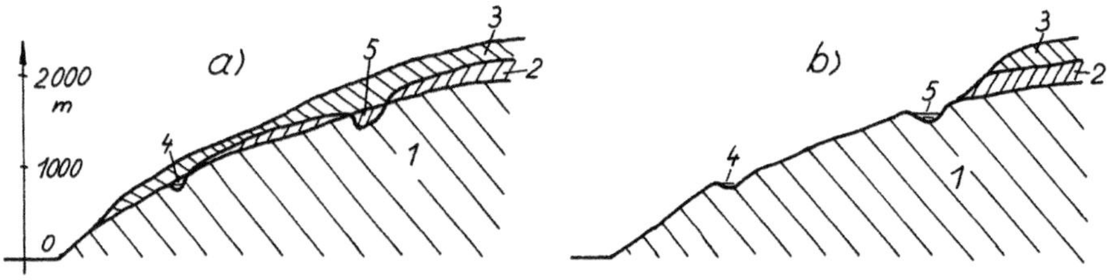

Abb. 3.7.1. Schnitt durch die Randzone des Eisschildes. a) Beginn, b) Ende der Schmelzperiode; 1 ... festes Gletschereis, 2 ... Firn in der Akkumulationszone, 3 ... Schneedecke, 4, 5 ... Sammelkanäle.

Abb. 3.7.2. zeigt einen Schnitt durch die küstennahe Randzone mit künstlich angelegten Speicherseen (5, 6), die durch die Sammelkanäle (4) gespeist werden. Druckstollen in Permafrostzonen führen das Gletscherwasser zu den Kraftwerken. Um das, durch das stellenweise steil abfallende Küstengelände zur Verfügung stehende große Gefälle optimal zu nützen, könnte das Wasser in mehreren Kraftwerksstufen (A, B) abgearbeitet werden.

Auf Grund von Forschungsarbeiten in Grönland wurde festgestellt, daß Verluste durch Wasserverdunstung im Sommer sehr gering sind und im Winter durch die schützende Eisdecke überhaupt keine Verdunstung auftritt. Weiters wurde festgestellt, daß selbst bei

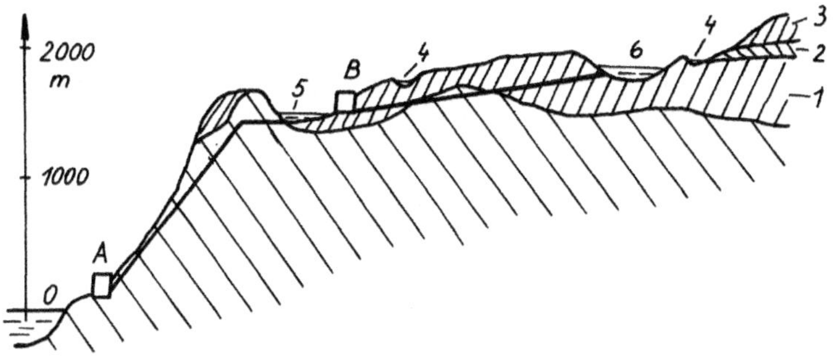

Abb. 3.7.2. Schnitt durch die Randzone mit künstlich angelegten Speicherseen. 1 ... Inlandeis, 2 ... Firn, 3 ... Schneedecke, 4 ... Sammelkanäle, 5, 6 ... Stauseen, A, B ... Kraftwerke.

tiefsten Lufttemperaturen das Speicherbecken nie ganz gefriert, da zufolge der gespeicherten Wärme in den riesigen Wassermassen nur eine langsame Abkühlung auftritt, was durch die, sich an der Oberfläche der Speicherseen bildende isolierende Eisschichte noch unterstützt wird. Bezüglich der Schmelzwasserkanäle wäre zu erwähnen, daß diese sich im Winter wohl mit Schnee füllen, dieser aber im Sommer rasch wegschmilzt und dadurch das einmal angelegte Sammelsystem bestehen bleibt.

Laut Vorschlägen von Stauber sollte das Einzugsgebiet einer Großkraftwerksanlage rund 200 x 200 km^2 betragen. Dies ergibt eine Nutzungsfläche von ca. 40 000 km^2 und bei einer jährlichen Abschmelzhöhe von 1 bis 2 m stünde demnach eine Schmelzwassermenge Q von $(4 - 8)\cdot 10^{10}$ m^3 zur Energiegewinnung zur Verfügung. Hiebei wäre nur das Abschmelzen des jährlichen Niederschlages berücksichtigt. Bei einer nutzbaren Fallhöhe h von 1000 bis 2000 m und dem spezifischen Gewicht $\gamma = 9{,}81\cdot 10^3$ N/m^3 ergäbe sich hiemit eine nutzbare Energiemenge von

$$W = Q\gamma h = (4\text{-}8)\cdot 10^{10}\ (m^3)\ 9{,}81\cdot 10^3\ (N/m^3)\ (1000\text{-}2000)\ (m) =$$
$$= (39{,}2 - 157)\cdot 10^{16}\ J$$

oder 109 bis 436 TWh. Bei einem Anlagenwirkungsgrad von 90 % erhielte man 98 bis 392 TWh pro Jahr und Kraftwerksanlage. Bei einer durchschnittlichen jährlichen Benutzungsdauer von 8000 Stunden ergäbe dies eine installierte Kraftwerksleistung von 12,25 bis 49 GW !!

Schätzungen zufolge könnten in ganz Südgrönland ca. 20 solcher Mammutkraftwerksanlagen errichtet werden, was eine Leistung von rund 250 bis 1000 GW und eine elektrische Energie von 2000 bis 8 000 TWh ergäbe !

Der Energietransport von Grönland zu den nächstgelegenen Festlandzonen (Europa, Kanada, USA) würde auf Grund der großen Entfernungen sicherlich zu großen Problemen führen. Hier könnte die Umwandlung von elektrischer Energie in Wasserstoff mittels Elektrolyse eine brauchbare Lösung darstellen. Es ist auch daran gedacht, das anfallende Gletscherwasser zur Trinkwasserversorgung klimatisch benachteiligter Regionen zu verwenden, wobei an einen Transport auf dem Seewege in riesigen Plastikbehältern gedacht ist.

Literatur

3.7.1. Stauber, H.: Anlage von Schmelzwasserkraftwerken im ewigen Eis. Österr.Pat.Nr. 252131 v. 10.2.1967.

3.7.2. Hübner, R.: Gletscherkraftwerke - ein Beitrag zur Lösung des Energieproblems. Energie 27, 175-177 (1975).

3.7.3. Kollbrunner, C.F., Stauber, H.: Gletscherkraftwerke in Grönland. Heft 24/25. Leemann, Zürich 1973.

3.8. Energiegewinnung aus Abfällen

3.8.1. Biokonversion, Biogaserzeugung

Es ist seit langem bekannt, daß bei Fäulnisvorgängen in der Natur, wie sie beim Abbau organischer Substanzen unter Luftabschluß (anaerobe Zersetzung) stattfinden, Gase entstehen, die einen hohen Anteil an Methan enthalten. Bereits nach dem ersten Weltkrieg wurden Versuche angestellt, Methan auf diese Art zu gewinnen, doch wurde eine technische Nutzung infolge der niedrigen Ölpreise uninteressant. In den letzten Jahren trat hier eine Wendung ein, besonders Indien mit seinen vielen kleinen Dörfern und China forcieren sehr stark den Einsatz sogenannter Biogas-Generatoren zur Versorgung der Landbevölkerung mit dem auf Grund biologischen Abbaues gebildeten Biogas /3.8.1/.

Für die Erzeugung von Biogas sind nun einige in der Praxis relativ einfach zu realisierende Voraussetzungen nötig. Als biologische Abfallstoffe kommen in erster Linie menschliche und tierische Exkremente sowie pflanzliche Abfallstoffe (Gras, Stroh usw.) in Frage. Für optimale anaerobe Zersetzung soll das Verhältnis Kohlenstoff- : Stickstoffgehalt der eingesetzten Abfallstoffe rund 25 : 1 betragen. Hiebei ist zu beachten, daß

Exkremente einen höheren Stickstoffgehalt aufweisen, während pflanzliche Abfallstoffe einen höheren Kohlenstoffgehalt besitzen. Auf Grund von Erfahrungen, die in China in der Provinz Szechwan gemacht wurden, liegen die günstigsten "Startbedingungen" für die Gaserzeugung bei 10 % menschlichen und 30 % tierischen Exkrementen (Mist) und ca. 10 % Stroh und Gras; der Rest (50 %) ist Wasser. In der Folge soll der Gehalt an festen Einsatzstoffen (Exkremente,pflanzl.Abfallstoffe =Biomasse) zum Wasserinhalt nicht unter ein Verhältnis von 1 : 9 absinken, da zu hoher Wassergehalt die Biogaserzeugung bremst. Der Abbau der Stoffe (Faulzeit) benötigt ca. 15 bis 25 Tage, die Temperatur soll dabei zwischen 30 und 40° C liegen und möglichst wenig schwanken. In den Biogasanlagen findet nun der Abbau durch Mikroorganismen statt. Säurebildende Bakterien verwandeln einen Teil der abbaubaren organischen Abfallstoffe in Fettsäuren, anschließend führen methangasbildende Bakterien zur Bildung eines Gases mit 50 bis 70 % Methananteil. Den Rest bilden Kohlendioxid und Spuren von Wasserstoff und Schwefelwasserstoff. Der Heizwert dieses Biogases beträgt 16 bis 21 MJ/Nm^3. Der als Rückstand verbleibende Schlamm ist geruchlos und ein hervorragendes Düngemittel, ebenso das Abwasser.

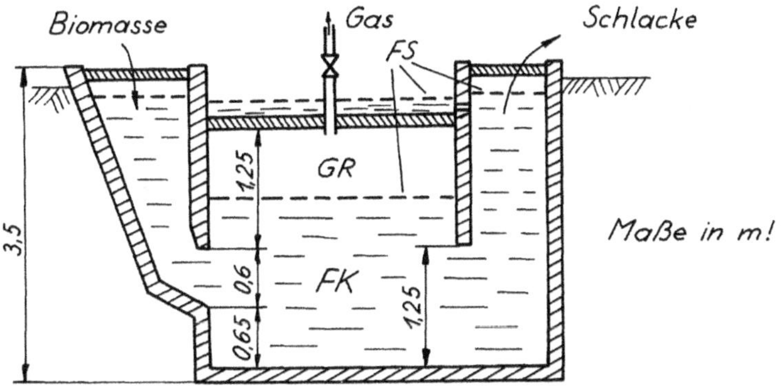

Abb. 3.8.1. Schnitt durch eine einfach aufgebaute Biogasanlage /3.8.1/. GR ... Gasraum, FK ... Fermentationskammer, FS ... Flüssigkeitsspiegel.

Abb. 3.8.1 zeigt den Schnitt durch eine kleine einfach aufgebaute Biogasanlage,wie sie in der Provinz Szechwan (China) vielfach eingesetzt wird /3.8.1/. Links erfolgt die Zufuhr von Biomasse, rechts die Entnahme der Schlacke, im Mittelteil bildet sich unter Luftabschluß das Gas, das mittels Rohrleitung in einen Gasspeicher gelangt.

Die erforderlichen hohen Umgebungstemperaturen (30 - 40° C) begünstigen den Einsatz solcher Anlagen in Entwicklungsländern mit hohen mittleren Jahrestemperaturen (Indien, Indonesien, Pakistan, Bangladesh usw.) und dort dürfte nach heutigem Ermessen der größte Einsatzbereich solcher Anlagen liegen.

In Indien kommt vor allem dem Kuhdung als "Energieträger" große Bedeutung zu /3.8.2/. Bisher wurde dieser meist in der Sonne getrocknet und diente in der Folge als Brennmaterial. Seit geraumer Zeit werden in Indien eigene Biogasanlagen zur Verwertung von Gobar (= Kuhdung auf Indisch) eingesetzt. Bis 1973 wurden in Indien jährlich ca. 1000 solcher kleiner Gobar-Biogaserzeugungsanlagen errichtet, in den letzten Jahren ist diese Zahl ständig im steigen begriffen.

In klimatisch weniger begünstigten Lagen kann die erforderliche Konversionstemperatur durch Nutzung der Sonnenenergie,Stallabwärme oder durch Verwendung eines Teiles des erzeugten Biogases erzielt werden. Erwähnt sei, daß auch in unseren Breiten der Einsatz solcher Biogasanlagen in abgelegenen Bauernhöfen mit entsprechendem Viehbestand in Erwägung gezogen wird.

3.8.2. Nutzung von land- und forstwirtschaftlichen Abfällen

Untersuchungen zeigten, daß der Einsatz von kleinen strohbeheizten Kraftwerken in landwirtschaftlich genutzten Gebieten mit hoher Getreideproduktion durchaus wirtschaftlich sein könnte /3.8.3/. Der Heizwert des Strohs (H_u = 15,5 bis 17 MJ/kg) liegt höher als jener von Braunkohle. So könnten im Osten Österreichs nach dieser Studie rund 20 bis 25 Kraftwerkseinheiten zu je 25 MW_e installiert werden.

Weitere Untersuchungen beschäftigen sich mit der Nutzung von Holz zur Sekundärenergiegewinnung /3.8.4/.

3.8.3. Energiegewinnung durch Müll- und Abfallverbrennung

Mit dem steigenden Lebensstandard und im Zeitalter der "Wegwerfgesellschaft" führt der stets steigende Müllanfall und seine umweltfreundliche Beseitigung besonders in Ballungszentren zu immer größer werdenden Problemen. Eine Lösung bilden hier Müllverbrennungsanlagen, die die erzeugte Wärme in ein angeschlossenes Fernwärmenetz liefern, dessen Energie zur Warmwasserbereitung und für Wohnheizzwecke dient. Um die in Sommermonaten und Übergangszeiten anfallende Überschußwärme ebenfalls zu verwerten, könnten insbesondere größere Müllverbrennungsanlagen als kombinierte Kraft-Wärme-Kupplung (siehe Abschn. 4.6) ausgeführt werden, wobei in wärmeren Jahreszeiten das Wärmeüberangebot zur elektrischen Energieerzeugung herangezogen wird. Konzepte dieser Art führen neben der notwendigen Müll- und Abfallbeseitigung zur thermischen und elektrischen Energieerzeugung, somit zu einer Einsparung an Primär- und Sekundärenergieträgern und außerdem zu einer geringeren Umweltbelastung. Letzteres ist bedingt durch die kleinere Volumsmenge an Verbrennungsrückständen gegenüber der ursprünglichen Müllmenge und weiters durch den Entfall von Einzelheizanlagen durch die Fernwärmeversorgung.

In diesem Zusammenhang sei auch auf die verschiedenen Verfahren der Wiedergewinnung von Rohstoffen aus Abfallprodukten (Recycling-Verfahren) hingewiesen, die in vielen Fällen neben der Rohstoffrückgewinnung auch zu Energieeinsparung führen (z.B. Altpapier, Textilien, Glas etc.).

Literatur

3.8.1. Smil, V.: China Claims Lead in Biogas Energy Supply. Energy International 14, 25-27 (1977).

3.8.2. Gabel, J.: Energieprobleme der Entwicklungsländer. etz-a 97, 690-691 (1976).

3.8.3. Holzinger, E.: Verwertung von Abfallstroh. Diplomarbeit, ausgeführt am Institut für Energiewirtschaft, TU-Wien, 1977.

3.8.4. Stigler, H.: Sekundärenergiegewinnung aus Holz. Diplomarbeit, ausgeführt am Institut für Energiewirtschaft, TU-Wien, 1977/78.

3.9. Kernfusion

3.9.1. Einleitung

Bei der Fusion handelt es sich zum Unterschied von der Kernspaltung (Fission) um einen Kernverschmelzungsprozeß. Kommen für die Kernspaltung schwere Atomkerne in Betracht, so kommen hier nur die leichtesten Atomkerne wie Isotope des Wasserstoffs (Deuterium D, Tritium T) in Frage. Die Theorie der Kernfusion ist seit mehr als 40 Jahren bekannt (seit Rutherford), doch ist es bis heute nicht gelungen, eine kontrollierte Fusion unter irdischen Verhältnissen mit positiver Energietönung zu erreichen.

Weitere bekannte Fusionsprozesse: Energiefreisetzung in den heißen Sternen (z.B. Sonnenenergie) oder in unkontrollierter Form ⟶ Wasserstoffbombe.

3.9.2. Physikalische Grundlagen der Kernverschmelzung

Ein normales Gas besteht aus einzelnen Atomen oder Molekülen, die gegenseitig aufeinander Kräfte ausüben, zusammenstoßen und dabei Energie und Impuls austauschen. Die Teilchen bewegen sich zwischen den einzelnen Stößen längs geraden Bahnen.

Steigt die Temperatur (und damit die Energie der Teilchen), dann können bei den Stößen Elektronen der Atomhülle angeregt bzw. bei weiterer Temperatursteigerung diese vom Atom gelöst werden ⟶ Ionisation des Gases ⟶ Plasma. Nach außen ist das Plasma elektrisch neutral, wobei je nach Temperatur ein mehr oder weniger großer Teil der neutralen Atome ionisiert ist.

Der elektrische Widerstand eines Plasmas nimmt mit zunehmender Temperatur ab ($\sim T^{-3/2}$). Die Leitfähigkeit eines Plasmas von einigen Millionen Kelvin entspricht der von metallischen Leitern. Bei Stromdurchgang entsteht Wärme und damit eine Aufheizung des Plasmas ("Ohm'sche Heizung"), die aber mit zunehmender Plasmatemperatur an Wirksamkeit verliert. Darüber hinaus kann eine Temperaturerhöhung des Plasmas durch stoßartige adiabatische Kompression (in den verschiedenen Pinch-Anordnungen) und durch Einschießen von Strahlen neutraler, energiereicher Wasserstoffatome in bereits aufgeheiztes Plasma erzielt werden.

Die beiden wichtigsten Größen, die ein Plasma charakterisieren, sind die Temperatur T (K) und seine Teilchendichte n (cm^{-3}).

Beim Verschmelzungsprozeß müssen sich nun die Atomkerne so nahe kommen, daß dabei eine Vereinigung (Verschmelzung) stattfinden kann (gegen die Coulomb'schen Abstoßungskräfte!). Dies erfordert, daß entsprechend "heißes" Plasma (hohe T, hohe Teilchendichte n) für genügend lange Zeit "zusammengehalten" wird. Damit sind auch die wichtigsten Kriterien für einen Fusionsreaktor aufgezeigt und die Forschung ist nun bestrebt, schrittweise die einzelnen Bedingungen zu realisieren, Plasmen mit hoher Temperatur bei entsprechender Teilchendichte über entsprechende Zeiträume einzuschließen.

Prinzipiell wird heute zwischen zwei Verfahren des Plasmaeinschlusses unterschieden: dem magnetischen Einschluß und dem

Trägheitseinschluß (bei den Fusionsvorgängen auf heißen Sternen, z.B. der Sonne, spielt der Gravitationseinschluß eine dominierende Rolle). Der Plasmaeinschluß führt zu einer Reihe physikalischer und technologischer Probleme.

Für einen exothermen Prozeß kommen nur Isotope von Wasserstoff in Betracht. Die möglichen Fusionsreaktionen sind:

$$^{2}_{1}D + ^{2}_{1}D \longrightarrow ^{3}_{2}He + ^{1}_{0}n + 3{,}27\ \text{MeV}$$
$$^{2}_{1}D + ^{3}_{1}T \longrightarrow ^{4}_{2}He + ^{1}_{0}n + 17{,}58\ \text{MeV}$$
$$^{2}_{1}D + ^{2}_{1}D \longrightarrow ^{3}_{1}T + ^{1}_{1}p + 4{,}04\ \text{MeV}$$
$$^{2}_{1}D + ^{3}_{2}He \longrightarrow ^{4}_{2}He + ^{1}_{1}p + 18{,}34\ \text{MeV}$$

Am günstigsten ist dabei die D-T Reaktion. Deuterium ist in der Natur (Meerwasser) in genügender Menge vorhanden, das radioaktive Tritium (Halbwertszeit 12 Jahre) muß jedoch künstlich in einem Brutprozeß aus Lithium gewonnen werden (92,6 % ^{7}Li; 7,4 % ^{6}Li).

$$^{7}_{3}Li + ^{1}_{0}n \longrightarrow ^{4}_{2}He + ^{3}_{1}T + ^{1}_{0}n - 2{,}47\ \text{MeV}$$
$$^{6}_{3}Li + ^{1}_{0}n \longrightarrow ^{4}_{2}He + ^{3}_{1}T + 4{,}78\ \text{MeV}$$

Die D-D-Reaktion erfordert weit höhere Temperaturen und liefert kleinere Energiemengen (siehe Abb. 3.9.1).

Für eine positive Energiebilanz ist es nötig, daß die durch Fusion erzeugte Energie größer ist als die durch Verluste abgestrahlte (das Plasma würde sich sonst abkühlen und ein kontinuierlicher Fusionsprozeß wäre nicht möglich). Lawson hat nun durch den Vergleich der im Plasma erzeugten Fusionsenergie mit der zur Aufheizung des Plasmas nötigen und der durch die Bremsstrahlung der Elektronen verloren gehenden Energie folgende Bedingung für die Teilchendichte n des Plasmas und die Einschlußzeit τ gefunden.

$$n\tau \geq 10^{14}\ \text{cm}^{-3}\ \text{s} \qquad \text{Lawson-Bedingung}$$

Abb. 3.9.1 zeigt die Leistungsdichte in Abhängigkeit der Plasmatemperatur für Deuterium/Tritium- und Deuterium/Deuterium-Fusion bei einer Teilchendichte $n = 10^{15}\ \text{cm}^{-3}$. Die beiden Schnittpunkte der Leistungsdichtekurven mit der Strahlungsverlustkurve geben die "Zündtemperaturen" (break-even-points) für die beiden Fusionsreaktionen an.

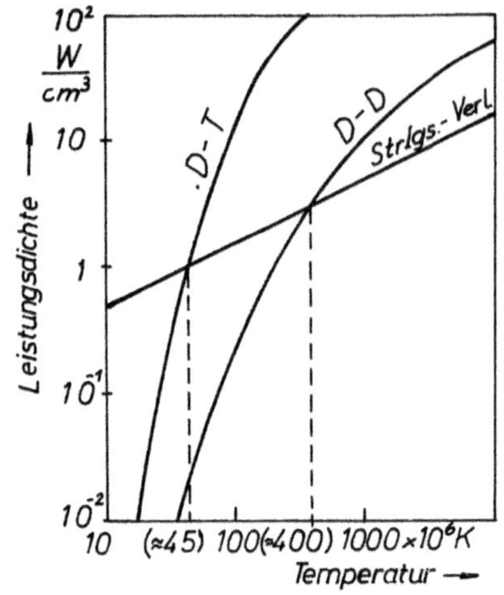

Abb. 3.9.1. Leistungsdichte in Abhängigkeit der Plasmatemperatur für Deuterium/Tritium und Deuterium/Deuterium-Fusion bei einer Teilchendichte $n = 10^{15}\ cm^{-3}$.

3.9.3. Anordnungen zur Erzeugung der hohen Temperaturen und zum magnetischen Plasmaeinschluß

Es ist klar, daß Plasmen mit den für Fusionsvorgänge notwendigen Temperaturen nicht durch materielle Wandungen eingeschlossen werden können. Eine Möglichkeit stellt, wie bereits erwähnt, der magnetische Einschluß dar. Gleichzeitig kann bei einigen Anordnungen durch stoßartige Kompression des Plasmas eine Aufheizung erfolgen. Je nach dem Verhältnis β des Plasmadruckes zum Magnetfelddruck spricht man von Niedrig-β-Anlagen ($\beta < 1$) bzw. Hoch-β-Anlagen ($\beta \approx 1$). Zur ersten Gruppe gehören die Tokamak- und Stellaratoranlagen, zur zweiten die verschiedenen Pinchanordnungen.

3.9.3.1. Offener magnetischer Plasmaeinschluß

Hierher gehören die z- und Θ-Pinchanordnung (Abb. 3.9.2), wobei sich die Θ-Pinchanordnung (Abb. 3.9.2b) für die Erzeugung heißer Plasmen für Fusionsversuche gut bewährt hat (z.B. ISAR-I-Experimente in Garching).

Bei der z-Pinchanordnung wird eine Plasmasäule stoßartig von einem Strom I in Längsrichtung (z-Achse) durchflossen, wodurch sich das Plasma zufolge des entstehenden Magnetfeldes zusammenzieht (Abb. 3.9.2a). Bei der Θ-Pinchanordnung wird die Plasmasäule von einer Spule umgeben, die stoßartig von einem Strom erregt wird. Das in Längsrichtung der Spule (und Plasmasäule)

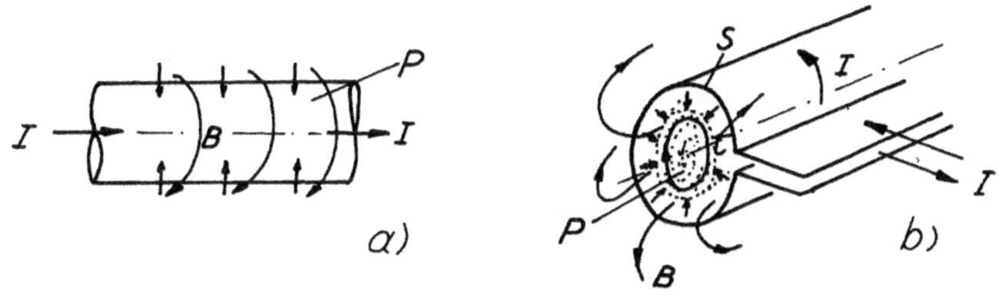

Abb. 3.9.2. Pinchanordnungen. a) z-Pinchanordnung, b) Θ-Pinch-anordnung. I ... Stoßstrom, B ... magnetische Feldlinien, P ... Plasmasäule, S ... Spule.

impulsartig anwachsende Magnetfeld führt zu Strömen im Plasma in Umfangsrichtung (Θ-Richtung) und ebenfalls zu einer Kompression der Plasmasäule.

Die Teilchendichten betragen beim Θ-Pinch ca. 10^{16} cm^{-3}, die Einschlußzeit τ etwa 10^{-5} s, $n\tau$ einige 10^{11} cm^{-3} s /3.9.1/. Der Grund für die geringe Einschlußzeit liegt darin, daß sich das Plasma parallel zum Feld völlig frei bewegen kann, es läuft nach den Spulenenden hin. Durch Verlängerung der Θ-Pinchspule erhöht man die Einschlußzeit, für die Erfüllung des Lawson-Kriteriums wären aber Spulenlängen von einigen Kilometern erforderlich !

Man muß also trachten, daß Plasma magnetisch allseitig einzuschließen. Eine, wenn auch nicht sehr gute Möglichkeit bildet die sogenannte Spiegelmaschine (Abb. 3.9.3).

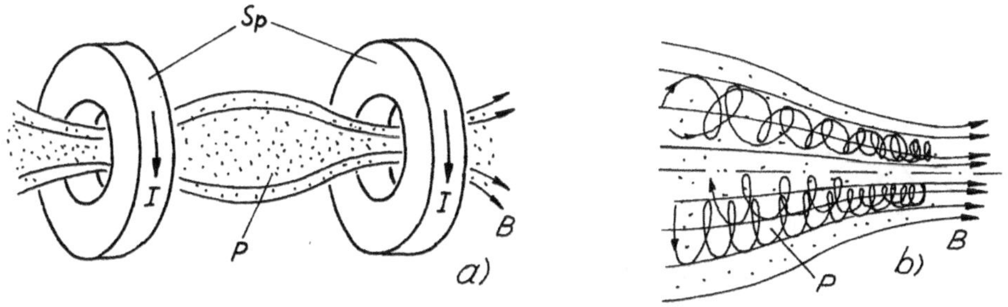

Abb. 3.9.3. Spiegelmaschine. a) Prinzipielle Anordnung der Magnetspulen und der Feldkonfiguration, b) Reflexion von Teilchen in der Spiegelmaschine. P ... Plasma, B ... magnetische Feldlinien, Sp ... Spulen, I ... Spulenströme.

Um diese Konfiguration mit Plasma zu füllen, schießt man senkrecht zur Achse einen Strahl D- und T-Atome hoher Energie ein, die durch Stöße mit dem Restgas ionisiert werden.

Das Magnetfeld kann nur die Bewegungsrichtung der Teilchen ändern, nicht aber ihre kinetische Energie. Die Teilchen gelangen durch das Magnetfeld in eine Rotationsbewegung. Durch den Anstieg des B-Feldes in Nähe der Spulen erhöht sich die Gyrationsfrequenz, damit wird der Energieanteil für die translatorische Bewegung vermindert (Gesamtenergie = konstant), die Teilchen werden also in Längsrichtung abgebremst. Dies kann so weit gehen, daß das Teilchen stehen bleibt und seine translatorische Bewegungsrichtung umkehrt - es wird reflektiert (gespiegelt) (Abb. 3.9.3b). Ein Teil der Teilchen gelangt aber aus der Spiegelmaschine und geht verloren. Die Spiegelmaschine steht also zwischen den Anordnungen für offenen und geschlossenen magnetischen Einschluß.

3.9.3.2. Geschlossener magnetischer Einschluß

Hierher gehören Tokamaks und Stellaratoren. Beide Anordnungen besitzen torusähnlichen Aufbau, in dessen Innerem sich das Plasma befindet. Die Erzeugung eines "toroidalen" Magnetfeldes (Abb. 3.9.4) geschieht durch Magnetspulen außen am Torus. Es zeigt sich, daß das Plasma nur unter der Wirkung des toroidalen Magnetfeldes eine Kraftwirkung erfährt, die es gegen die äußere Wand treibt. Um dies zu verhindern, wird dem toroidalen ein zweites Magnetfeld, das sogenannte "poloidale" überlagert. Abb. 3.9.4 zeigt beide Magnetfeldkonfigurationen. In der Erzeugung dieses zweiten Feldes unterscheiden sich nun die beiden Anordnungen. Unter toroidalem Magnetfeld versteht man ein solches, bei dem die Feldlinien in Richtung des großen Torusumfanges verlaufen. Beim poloidalen Magnetfeld verlaufen die Feldlinien in Richtung des kleinen Torusumfanges (Abb. 3.9.4).

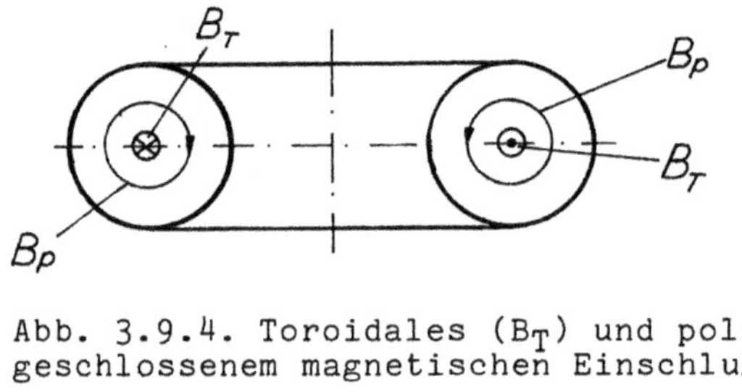

Abb. 3.9.4. Toroidales (B_T) und poloidales (B_P) Magnetfeld bei geschlossenem magnetischen Einschluß.

Abb. 3.9.5 zeigt die Prinzipanordnung des Tokamak. Das Plasma befindet sich in einem torusförmigen Vakuumgefäß, das von den ringförmigen Hauptfeldspulen (erzeugen das toroidale Magnetfeld) umschlossen ist. Das poloidale Magnetfeld wird beim Tokamak durch einen im geschlossenen Plasmaring durch Spannungsinduktion (Trafoprinzip) hervorgerufenen Strom (Impulsstrom) gebildet. Dieser heizt auch gleichzeitig das Plasma auf. Auf Grund der Anwendung des Trafoprinzips handelt es sich bei der Tokamakanordnung um eine gepulste Maschine.

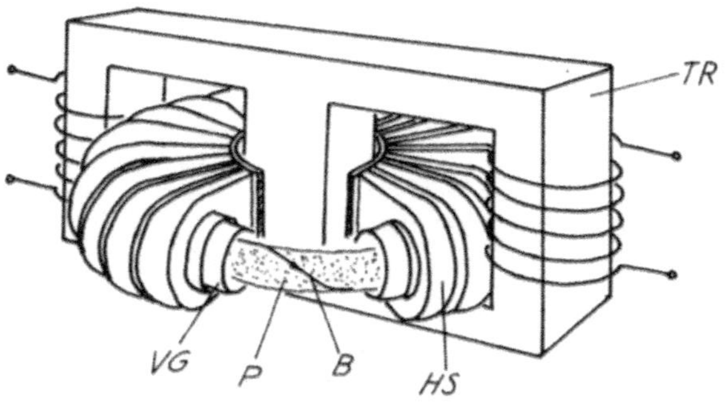

3.9.5. Prinzipanordnung des Tokamak. P ... Plasma, VG ... Vakuumgefäß, HS ... Hauptfeldspulen, TR ... Transformator, B ... magnetische Feldlinie.

Beim Stellarator (Abb. 3.9.6) wird das poloidale Magnetfeld durch helikale Wicklungen entlang der Torusoberfläche erzeugt, die von Gleichströmen (paarweise entgegengesetzt) durchflossen werden.

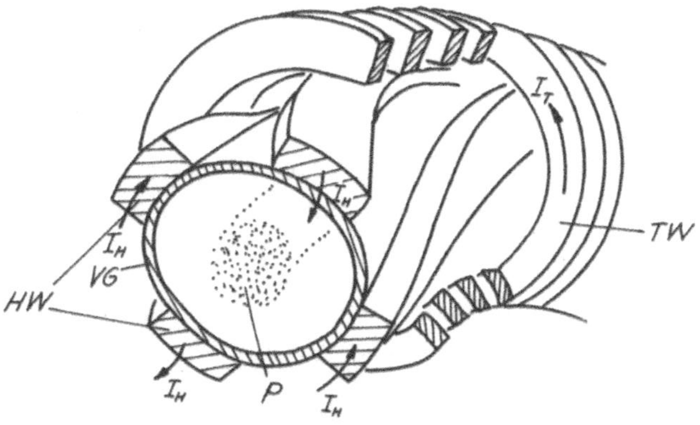

Abb. 3.9.6. Prinzipanordnung der Wicklungen beim Stellarator (Schnittdarstellung). P ... Plasma, VG ... Vakuumgefäß, HW ... helikale Wicklung mit Strom I_H, TW ... toroidale Wicklung mit Strom I_T.

3.9.4. Fusionsreaktor

Die besten Aussichten für eine großtechnische Realisierung scheint die Tokamakanordnung zu besitzen /3.9.2/.

Im Prinzip würde ein solcher Reaktor wie folgt arbeiten:

Im Kern des Reaktors wird die Energie freigesetzt, die dann durch Strahlung und Neutronen nach außen geführt wird und in einem Blanket aus Lithium absorbiert wird. Hiebei kommt es zur Erbrütung von Tritium, die Wärme wird dem Blanket in einem geschlossenen Kreislauf entzogen und einem konventionellen Wärmekraftwerk zugeführt. Abb. 3.9.7 zeigt in schematischer Darstellung das Konzept eines Fusionskraftwerkes /3.9.3/.

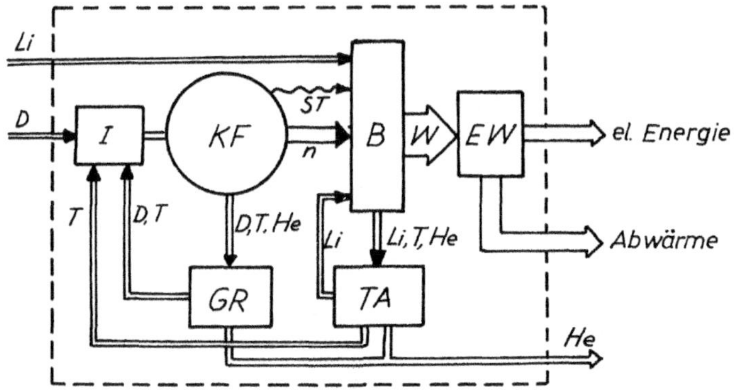

Abb. 3.9.7. Schematische Darstellung eines Fusionskraftwerkes nach /3.9.3/. I ... Injektor, KF ... Kernfusionsraum, B ... Blanket, GR ... Gasreinigung, TA ... Tritiumtrennanlage, ST ... Strahlung, n ... Neutronen, W ... Wärme, EW ... Energieumwandlung.

Es ist klar, daß die extrem hohen Temperaturen an der inneren Wand und der Neutronenbeschuß besonders hohe Materialbeanspruchungen darstellen, die technologisch erst gelöst werden müssen. Weiters sind für die Erzeugung des toroidalen Magnetfeldes supraleitende Spulen extremer Größe notwendig. Es gibt also hier noch ein weites Betätigungsfeld für alle Bereiche der Wissenschaft /3.9.4, 3.9.5/.

3.9.5. Fusionsexperimente mit Laser

Ein in jüngster Zeit besonders an Interesse gewinnendes Verfahren stellt die Kernfusion mit Laserstrahlen dar /3.9.6/. Im Jahre 1968 gelang es Basov und Mitarbeitern im Lebedev-Institut in Moskau erstmals,mit Laser ein Plasma soweit aufzuheizen, daß Bedingungen für Kernfusionen auftraten. Als Alternative zum magnetischen Einschluß des Plasmas gilt hier das Prinzip des "Trägheitseinschlusses". Der "Brennstoff" liegt hier zunächst in fester Form als ca. 1 mm großes gefrorenes Kügelchen aus Deuterium und Tritium vor. Bestrahlt man nun das Kügelchen allseitig mit Laserlicht großer Intensität (einige 10^5 J) und einer Zeitdauer von $t < 10^{-9}$ s, so tritt eine plötzliche Oberflächenverdampfung auf. Die radial abströmende Masse komprimiert den restlichen Kern bis auf das 10 000fache der ursprünglichen Dichte, außerdem werden dabei Temperaturen, wie sie für die Fusionsvorgänge nötig sind, erreicht. Die Realisierung solcher Projekte wird wesentlich von der Entwicklung hochenergetischer Laser abhängen.

Neodym-Gaslaser mit Leistungen bis zu 1,2 TW und Impulsdauern von 0,1 ns wurden bereits vom Lawrence Livermore Laboratorium, Kalifornien, entwickelt und in Garching (BRD) ein Jod-Laser mit einer Leistung von 1 TW bei einer Impulsdauer von 0,5 ns /3.9.7/. Für praktische Fusionsreaktoren müßten eine Vielzahl solcher Laser im Synchronbetrieb möglichst aus allen Raumwinkeln auf ein Deuterium-Tritium-Kügelchen gerichtet werden.

Abb. 3.9.8 zeigt die prinzipielle Anordnung eines Laser-Fusionsreaktors /3.9.7/. Kügelchen aus Deuterium und Tritium gelangen aus einem Injektor in die kugelförmige Reaktorkammer und werden bei Erreichen des Kammermittelpunktes allseitig synchron von Lasern bestrahlt. Die durch den Fusionsvorgang energiereichen Neutronen, Protonen etc. prallen auf einen Lithium-Mantel (Erzeugung von Tritium), die entstehende Wärme wird über Wärmetauscher zur weiteren Nutzung abgeführt.

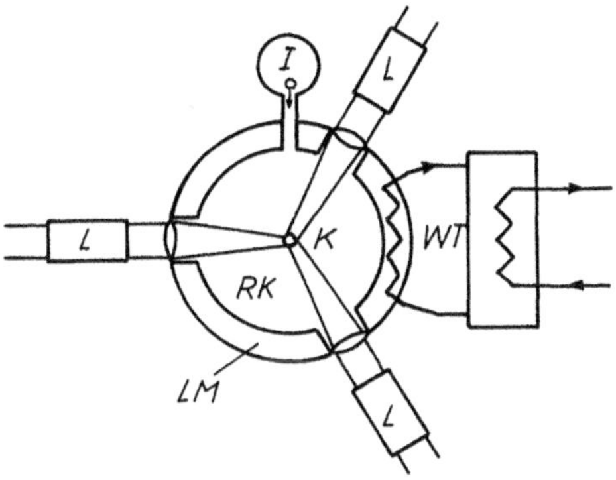

Abb. 3.9.8. Prinzipanordnung eines Laser-Fusionsreaktors /3.9.7/. K ... Deuterium/Tritium-Kügelchen, I ... Injektor, RK ... Reaktorkammer, L ... Laser, LM ... Lithiummantel, WT ... Wärmetauscher.

Generell kann gesagt werden, daß Fusionsreaktoren nur für große Leistungseinheiten im GW-Bereich sinnvoll sind, daß die radioaktiven Abfallstoffe (bei Stillegung des Reaktors) geringer sind als jene bei Kernspaltungsreaktoren und nur relativ kurze Halbwertszeiten besitzen. Sicherlich tragen Fusionskraftwerke ähnlich wie alle "thermischen" Kraftwerke auch zur thermischen Umweltbelastung bei. Vom Standpunkt der Energiewirtschaft wäre mit der Möglichkeit des Einsatzes von D-T-Fusionsreaktoren das Energieproblem praktisch gelöst. Es ist hier jedoch zu prüfen, ob nicht von der Verfügbarkeit der verschiedenen notwendigen Materialien her Schranken gesetzt sind. Ob Fusionsreaktoren jemals großtechnisch gebaut werden können, läßt sich derzeit nicht mit Sicherheit sagen, zumal vorerst steuerbare Kernfusionsreaktionen mit positiver Energiebilanz erreicht werden müssen.

Literatur

3.9.1. Lehner, W.G., Schlüter, A.: Plasmaphysik und Fusionsreaktor. etz-a 92, 249-257 (1971).

3.9.2. Steiner, D.: Nuclear Fusion, Focus on Tokamak. IEEE Spectrum 14, 32-38 (1977).

3.9.3. Darvas, J.: Anwendung des Fusionsreaktors in Kraftwerken. etz-a 96, 29-34 (1975).

3.9.4. Alexander, K.F.: Entwicklungsaussichten und technische Problematik der Kernfusion. Energietechnik 26, 189-193 (1976).

3.9.5. Knoepfel, H.: Kernfusion - Energiequelle der Zukunft? Bull. SEV 66, 261-268 (1975).

3.9.6. Weber, H.: Kernfusion mit Lasern. Bull. SEV 63, 192-197 (1972).

3.9.7. Aschmoneit, E.K.: 1-TW-Laser zur Kernfusion in Garching. etz-a 98, 633-634 (1977).

4. Nichtkonventionelle Energieträger

Angesichts des stets steigenden Energieverbrauches und der zunehmenden Verknappung an fossilen Primärenergieträgern (Kohle, Erdöl, Erdgas etc.) tritt die Frage nach geeigneten neuen Energieträgern immer mehr in den Vordergrund des Interesses.

4.1. Forderungen an neue Energieträger

Hier wären folgende Punkte zu nennen:
Verfügbarkeit: Der Energieträger muß auch in Zukunft großtechnisch verfügbar sein.Gerade im Zeitalter des stets steigenden Energiekonsums und der Verknappung der Hauptenergieträger (Erdöl, Erdgas, Kohle) erkennt man die besondere Bedeutung dieser Forderung.

Transportierbarkeit: Die Energie muß sich ohne große Verluste und kostengünstig vom Erzeugungsort selbst über größte Entfernungen zum Verbraucherschwerpunkt transportieren lassen.

Speicherbarkeit: Da der Energiebedarf nicht konstant ist, ergibt sich die Frage nach Speichermöglichkeiten des betreffenden Energieträgers. Bei elektrischer Energie sind dies meist nur indirekte, auf dem Wege der Energiewandlung basierende Speicherverfahren (z.B. Pumpspeicherkraftwerke).

Umwandelbarkeit in andere Energieformen: Die wirtschaftliche Umwandlung in andere Energieformen ist besonders wichtig, die elektrische Energie bietet hiezu ein gutes Beispiel.

Großtechnische wirtschaftliche Gewinnung: Hier steht eine kostengünstige Gewinnung möglichst aus nichtfossilen Energieträgern im Vordergrund.

Umweltfreundlichkeit: Bei der Energieumsetzung sollen möglichst keine Kohlenstoff- und Schwefelverbindungen freigesetzt werden (CO_2, SO_2 etc.).

Im folgenden werden nun einige "Medien" vorgestellt, die in Zukunft größere Bedeutung als Energieträger erlangen könnten.

4.2. Wasserstoff als Energieträger

Wasserstoff besitzt die meisten der in Abschnitt 4.1 angesprochenen Eigenschaften in hohem Maße und bietet sich daher als Energieträger besonders an.

Wasserstoff steht im Wasser der Weltmeere in praktisch unbegrenzter Menge zur Verfügung.

Der Energietransport in Rohrleitungen, besonders über große Entfernungen, ist möglich und wirtschaftlicher als elektrische Energieübertragung. Gerade dieser Aspekt wird in Zukunft eine große Rolle spielen, denn es ist vorstellbar, daß bei weiter steigendem spezifischen Energieverbrauch und wachsender Bevölkerungszahl große Energieumwandlungszentren geplant und errichtet werden müssen, die weitab von den Verbraucherschwerpunkten liegen. In diesem Falle stellt die Energieübertragung mit gasförmigen oder flüssigen Energieträgern wahrscheinlich die einzige Möglichkeit dar.

Wasserstoff läßt sich gasförmig, flüssig, in fester Form als Metallhydrid und in Form chemischer Verbindungen speichern.

Die Umwandlung von Wasserstoff in thermische und elektrische Energie sowie die Verwendung als Treibstoff ist möglich.

Wasserstoff stellt ferner einen wichtigen Grundstoff für viele chemische Verfahren dar.

Letztlich ist die Verwendung von Wasserstoff extrem umweltfreundlich, bei seiner Verbrennung entsteht wieder Wasser - neben geringen Mengen von Stickoxiden -, der Kreislauf wäre also wieder in sich geschlossen.

Aus vorigem ergibt sich, daß dem Wasserstoff eine gewisse Attraktivität als Energieträger anhaftet und es ist daher nicht verwunderlich, daß seit einiger Zeit das Wort "Wasserstoffwirtschaft" immer öfter auftaucht /4.2.1 bis 4.2.5/. Dies darf aber nicht darüber hinwegtäuschen, daß es noch einige wesentliche Probleme zu lösen gibt, die jedoch technisch lösbar scheinen. Hierher gehören vor allem die Sicherheitsaspekte in Verbindung mit Wasserstoff und die großtechnische Erzeugung aus nichtfossilen Primärenergieträgern.

4.2.1. Sicherheitsaspekte bei Verwendung von Wasserstoff

Wasserstoff ist geruch- und farblos und leichter als Luft. Bei Mischung mit Luft oder Sauerstoff entsteht Knallgas. Die Zündung von H_2-hältigen Gemischen erfolgt bereits bei sehr geringer Energiezufuhr (ca. 1/10 bis 1/15 der Zündenergie von Methan- oder Benzinluftgemischen). Die Entflammbarkeit in Luft reicht von 4 bis 75 Volumsprozent H_2, wobei die Flammausbreitungsgeschwindigkeit mit 2,75 m/s ca. das 7,5-fache jener von Methan beträgt. Wasserstoff diffundiert durch kleinste Spalten und führt mitunter zur Versprödung von Metallen.

Daraus ergeben sich erhöhte Gefahrenmomente, doch bei sachgemäßem Umgang und entsprechend sorgfältiger Herstellung von Behältern, Rohrverbindungen etc. (Vermeidung von Leckstellen) fallen diese nicht allzusehr ins Gewicht.

4.2.2. Großtechnische Gewinnung von Wasserstoff

Daß Wasserstoff auch heute schon in beachtlichen Mengen produziert wird, zeigen folgende Zahlenwerte:
Im Jahre 1938 betrug die Weltproduktion ca. 70 MNm^3, im Jahre 1973 über 250 TNm^3 (≙ 22,5 Millionen Tonnen), 1974 betrug die Weltproduktion 24 Millionen Tonnen und 1977 ca. 30 Millionen Tonnen, wobei ca. 80 % aus Erdöl, 15 % aus Kohle, der Rest mittels Elektrolyse gewonnen werden. Rund 80 % der gesamten Wasserstoffproduktion werden wieder in der Petrochemie für die Ammoniakerzeugung (63 %), für Erdölverarbeitung (30 %) und für Methanolerzeugung - um die wichtigsten Faktoren zu nennen - verbraucht.

Der überwiegende Teil der Wasserstofferzeugung basiert auf fossilen Energieträgern. Im folgenden sollen nun Verfahren zur Gewinnung von Wasserstoff aus nichtfossilen Quellen - in erster Linie aus Wasser - behandelt werden.

4.2.2.1. Elektrolyse

Diese stellt die einfachste Art der Wasserstofferzeugung dar, ist lange bekannt und liefert den reinsten Wasserstoff. Die Lebensdauer solcher Anlagen liegt bei 15 bis 20 Jahren, und doch sind sie großtechnisch nur wenig verbreitet. Der Grund liegt derzeit in den relativ hohen Wasserstofferzeugungskosten, was wiederum durch den großen Anteil an Stromkosten bedingt ist (4,5 bis 4,85 kWh werden für die Erzeugung eines Normalkubikmeters H_2 benötigt). Es existieren heute Anlagen mit Erzeugungsraten von einigen Tonnen H_2 pro Tag.

Konventionelle Elektrolyseanlagen arbeiten mit destilliertem Wasser, als Elektrolyt dient 25 bis 35 %ige Kalilauge bei Temperaturen von 60 bis 90° C. Hinsichtlich der Zellenbauweise unterscheidet man zwischen unipolaren und bipolaren Elektrodenanordnungen (Abb. 4.2.1).

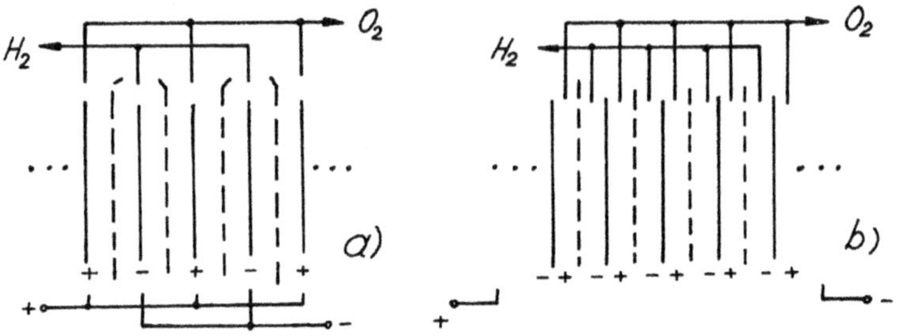

Abb. 4.2.1. Schematische Darstellung der Elektrodenanordnungen bei Elektrolyseanlagen. a) unipolare -, b) bipolare Anordnung.

Bei der unipolaren Ausführung sind die entsprechenden Elektroden (Anode bzw. Kathode) untereinander elektrisch parallel geschaltet, bei der bipolaren Anordnung (eine Elektrode ist gleichzeitig Anode und Kathode) alle Elektroden elektrisch in Serie. Als Kathodenmaterial dient meist Stahl, als Anodenmaterial Nickel. Die an den Elektroden abgeschiedenen Gase (H_2 an Kathode, O_2 an Anode) müssen durch geeignete poröse Diaphragmen voneinander getrennt werden, da sonst Knallgasbildung eintritt. Hiezu wird bei den heute üblichen Temperaturen unter 100° C fast ausschließlich Asbest als Separator verwendet. Elektrolyseanlagen mit bipolarer Zellenbauweise (Aufbau nach Filterpressenprinzip) benötigen, bezogen auf den erzeugten $Nm^3 H_2$, weniger Bodenfläche und werden daher den unipolaren Anlagen vorgezogen. Die Zellspannungen bewegen sich zwischen 1,9 V und 2,3 V. Die Stromdichten liegen bei 150 bis 200 mA/cm^2.

Die Zellspannung und die Stromdichte bestimmen im wesentlichen den Leistungsbedarf und damit den Wirkungsgrad (= oberer Heizwert des erzeugten Wasserstoffs / benötigte elektrische Energie) der Anlage. Man strebt geringe Zellspannung bei gleichzeitig hohen Stromdichten (größere Erzeugungsgeschwindigkeit von H_2) an. Das Problem liegt im Auftreten sogenannter Überspannungen (zur Überwindung der Durchtrittsspannung an der Phasengrenze Elektrolyt - Elektrode) an den Elektroden, die zu einer Anhebung der Zellspannung U_z führen. Für die Zellspannung gilt

$$U_z = U_{rev} + U_{üa} + U_{ük} + U_i$$

wobei U_{rev} die reversible thermodynamische Zellspannung (1,23 V bei 25° C), $U_{üa}$ und $U_{ük}$ die Überspannungen an Anode und Kathode und U_i den inneren Spannungsabfall (Ohmsche Spannungsabfälle) der Zelle darstellen.

Die Überspannungen steigen mit zunehmender Stromdichte an, besonders stark ist die Sauerstoffelektrode betroffen; bei Stromdichten über 150 mA/cm² beträgt $U_{üa}$ mitunter über 0,4 V.

Versuchte man anfangs durch Wahl von speziellen Elektrodenmaterialien und durch Oberflächenvergrößerung die Überspannungen zu verringern, so entwickelte man schließlich hochporöse Elektroden mit geeigneten Katalysatoren wie z.B. Raney-Nickel-Elektroden.

Durch Erhöhung von Temperatur und Druck wurde eine weitere Verbesserung der Eigenschaften der Elektrolyse erreicht.

Seit einigen Jahren beschreitet die Forschung neue Wege. Die Impulse dazu kamen von der Brennstoffzellentechnik. So entwickelte die Firma General Electric einen Festpolymer-Elektrolyten (H-ionenleitender Festelektrolyt), wobei hiemit Zellspannungen von 2 bis 2,1 V bei Stromdichten bis 2 A/cm² und 80° C erreicht werden /4.2.6/. Abb. 4.2.2 zeigt schematisch die Zellanordnung und die Reaktionsabläufe an Kathode und Anode. Der Festelektrolyt

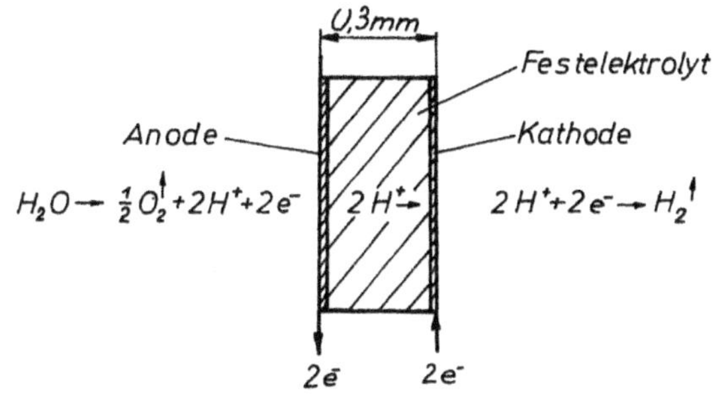

Abb. 4.2.2. Festpolymer-Elektrolyt-(Solid-Polymer-Elektrolyt) Elektrolyse (schematische Darstellung).

- eine aus sulfoniertem Teflon bestehende Membran - mit einer Stärke von ca. 0,3 mm trägt beidseitig das Elektrodenmaterial. Nachteilig ist, daß zufolge des sauren Elektrolyts teure Edelmetallkatalysatoren eingesetzt werden müssen. Die einzelnen Zellen werden nach dem Filterpressenprinzip zu größeren Modulen zusammengebaut.

Andere Verbesserungen laufen in der Richtung höherer Temperaturen (800 bis 1000° C) unter Verwendung von (O^{2-}-Ionen leitenden) Festelektrolyten, wie sie von den Hochtemperatur-Brennstoffzellen bekannt sind (ZrO_2, Y_2O_3-Mischoxid). Bei diesen Verfahren - Hochtemperatur-Wasserdampfelektrolyse (Abb. 4.2.3) - versucht man, die erforderliche Energie zur Spaltung des Wassers nicht alleine durch teure elektrische Energie aufzubringen, sondern auch durch billigere Wärmeenergie, z.B. von Hochtemperaturreaktoren. Die Zellspannungen betragen bei diesem Verfahren rund 1,25 V, der elektrische Energiebedarf pro Nm^3 H_2 nur mehr rund 3 kWh, der Rest wird durch Wärmeenergie gedeckt.

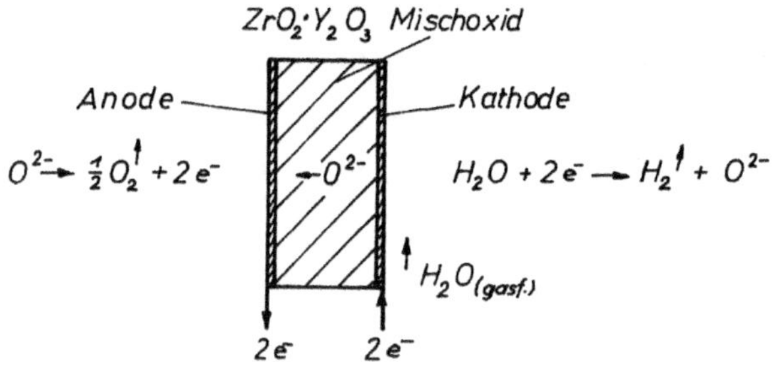

Abb. 4.2.3. Hochtemperatur-Wasserdampf-Elektrolyse (schematisch).

Eine Möglichkeit, den elektrischen Energiebedarf fast vollständig zu unterbinden, stellt der von Spazil, Browall und Hanneman (General Electric) entwickelte Gezro-Prozeß /4.2.7/ dar.

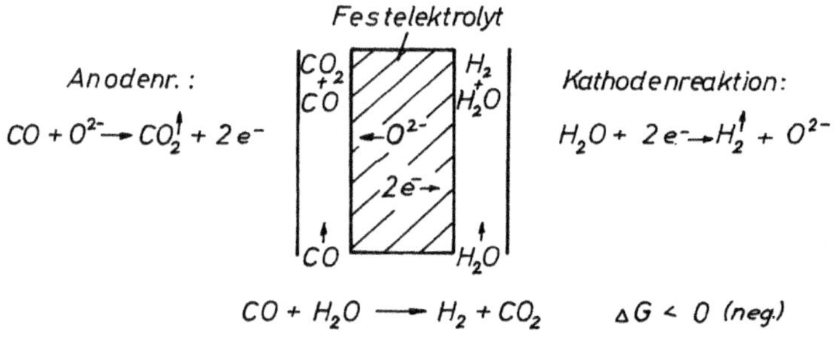

Abb. 4.2.4. Gezro-Verfahren zur H_2-Erzeugung (schematisch).

Der Aufbau dieser Zelle (Abb. 4.2.4) ähnelt der vorher erwähnten, nur mit dem Unterschied, daß der Festelektrolyt zusätzlich auch elektronenleitend ist. An die Anode wird Kohlenmonoxid herangeführt, an die Kathode Wasserdampf. Die Reaktionen verlaufen bei Temperaturen von 800 bis 1000° C, die freie Reaktionsenthalpie ΔG

ist negativ, d.h., es müßte theoretisch sogar elektrische Energie erzeugt werden können. Problematisch bei Hochtemperaturzellen ist die Langzeitbeständigkeit der Festelektrolyte, jedoch müßte mit solchen Zellen ein Gesamtwirkungsgrad von 60 bis 70 % möglich sein.

Die Entwicklungen auf dem Sektor der Elektrolyse sind derzeit in vollem Gange und noch lange nicht abgeschlossen.

4.2.2.2. Thermochemische Spaltungsverfahren

Ein anderes Prinzip, H_2 großtechnisch durch Wasserspaltung zu erzeugen, stellen die Gruppe der thermischen Spaltungsverfahren dar. Wasser durch thermische Energiezufuhr direkt in H_2 und O_2 zu spalten, erfordert Temperaturen von einigen 1000° C, die großtechnisch nicht verfügbar sind. Die Bestrebungen laufen nun in der Richtung, Verfahren zu entwickeln, die bei niedrigeren Temperaturen und in mehreren Stufen das Wasser unter Anwesenheit geeigneter Reaktionsmittler (Katalysatoren) spalten.

Als "klassisches" Beispiel eines solchen Spaltungsverfahrens sei der von De Beni und C. Marchetti entwickelte MARK I-Prozeß angeführt /4.2.8/ (Abb. 4.2.5).

$$CaBr_2 + 2H_2O \xrightarrow{730^\circ C} Ca(OH)_2 + 2HBr \qquad (1)$$
$$Hg + 2HBr \xrightarrow{250^\circ C} HgBr_2 + H_2 \qquad (2)$$
$$HgBr_2 + Ca(OH)_2 \xrightarrow{200^\circ C} CaBr_2 + HgO + H_2O \qquad (3)$$
$$HgO \xrightarrow{600^\circ C} Hg + 1/2\ O_2 \qquad (4)$$
$$\overline{H_2O \longrightarrow H_2 + 1/2\ O_2}$$

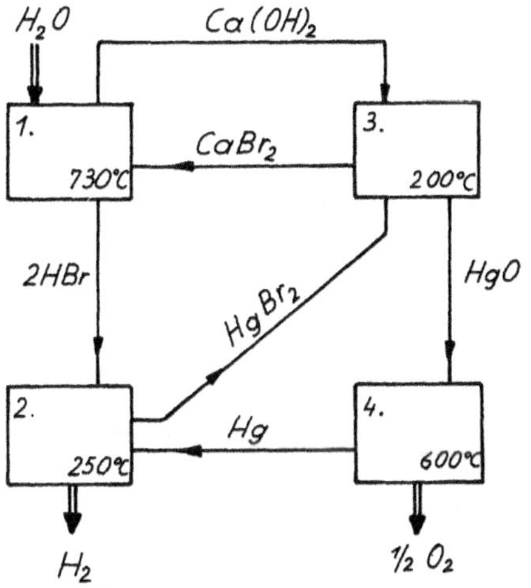

Abb. 4.2.5. Blockschema des MARK I-Prozesses.

Es existiert heute eine große Zahl (einige Tausend !) vom theoretisch möglichen Verfahren. Die meisten weisen jedoch mehr oder weniger große Probleme auf, wie Einsatz teurer, teils giftiger Katalysatoren, die oft nicht für einen großtechnischen Einsatz in genügender Menge vorhanden sind, zu langsame Reaktionsgeschwindigkeit, Materialprobleme bei Wärmetauschern zufolge der hohen Temperaturen und korrosiver Atmosphäre usw. Auch die Erzeugung der hohen Temperaturen selbst (600 bis 800° C) - man denkt hier an den Einsatz von Hochtemperaturreaktoren - bereitet heute noch große Schwierigkeiten.

Vielversprechend sind Verfahren, die eine Kombination von thermischer Spaltung und Elektrolyse darstellen. Hier sind vor allem die von der Firma Westinghouse entwickelten Verfahren auf SO_2-Basis zu nennen.

$$H_2SO_4 \xrightarrow{\text{therm. Spalt. } 800^\circ\text{ C}} H_2O + SO_2 + 1/2\ O_2$$

$$2H_2O + SO_2 \xrightarrow[25^\circ\text{ C}]{\text{Elektrolyse, } 0{,}17\text{ V}} H_2SO_4 + H_2$$

Auch bei diesen Verfahren treten eine Reihe von technologischen Problemen, bedingt durch die Schwefelsäure, auf, doch scheinen diese prinzipiell lösbar.

Es ist vorstellbar, daß künftige Energieumwandlungsanlagen sowohl elektrische Energie als auch Wasserstoff erzeugen, diese Kombination bietet sich nach vorigem direkt an. Als Standorte kämen wegen des Kühlwasserbedarfes für die Kraftwerksanlage und des Wassers für H_2 Erzeugung "schwimmende Inseln" (off-shore-Anlagen) in Küstennähe (günstig wegen Energietransport) oder auf hoher See in Frage. Ein für die Zukunft weiterer wesentlicher Faktor solcher Anlagen liegt in der Möglichkeit der Erzeugung kostbaren Süßwassers aus Meerwasser durch Nutzung der Abwärme, die bei solchen Anlagen anfällt. Zahlreiche Projekte dieser Art mit thermischen Leistungen von 50 GW /4.2.9/ bis 1 TW (Canton Islands Project im Pazifischen Ozean in Äquatornähe /4.2.10/) sind im Planungsstadium, und es bleibt abzuwarten, wie sich die künftige Energiepolitik zu solchen Mammutprojekten stellt.

Erwähnt sei auch die Möglichkeit der Wasserspaltung durch hochenergetische Strahlung, wie sie beispielsweise in homogenen Reaktoren oder vielleicht in Zukunft bei Fusionsprozessen auftritt. Die Ausbeute ist bei derartigen Umwandlungsverfahren derzeit extrem niedrig.

4.2.3. Solar-Wasserstoffwirtschaft

Wurde eingangs die Umweltfreundlichkeit des Wasserstoffs hervorgehoben, so bestehen bei den großtechnischen Erzeugungsmethoden unter Zuhilfenahme von Kernenergie heute noch Bedenken (Einsatz von schnellen Brütern !). Eine extrem günstige Lösung wäre wohl der Einsatz von Sonnenenergie zur Wasserstofferzeugung. Im folgenden soll kurz auf die hier bestehenden nichtkonventionellen Möglichkeiten hingewiesen werden, die sich jedoch alle noch im Entwicklungsstadium befinden.

4.2.3.1. Solarthermische Anlagen

Hiezu gehören alle jene Projekte, die die Sonnenenergie zur Wärmeerzeugung nutzen und diese Wärme unmittelbar - z.B. in thermischen Spaltungsanlagen /4.2.11/ - oder mittelbar über die Erzeugung elektrischer Energie zur Wasserstofferzeugung verwenden. Bei letzteren kommt vor allem die bessere Transportmöglichkeit von Wasserstoff gegenüber elektrischer Energie über große Entfernungen zum Tragen. Zu bedenken sind in diesem Zusammenhang die Probleme der Standortwahl. Erforderlich sind große Flächen in Zonen mit hoher Sonneneinstrahlung und außerdem ausreichende Wasservorkommen. Es ist daher nicht verwunderlich, daß bereits Projekte ausgearbeitet wurden, die die Sonnenenergienutzung zur Wasserstofferzeugung auf dem Meere zum Ziele haben, wobei bei manchen dieser Projekte auch der vertikale Temperaturgradient des Meeres ausgenützt wird /4.2.12, 4.2.13/. Es existieren auch Untersuchungen über die direkte Elektrolyse von Meerwasser /4.2.14/.

4.2.3.2. Photoelektrische Umwandlung

Eine weitere Möglichkeit liegt in der direkten Umwandlung der Sonnenenergie in elektrische Energie mittels Solarzellen und angeschlossener Elektrolyse. Die großtechnische Realisierung solcher Anlagen hängt wesentlich von der weiteren energetischen und kostenmäßigen Entwicklung der Solarzellentechnik ab. Auch hier wären schwimmende Anlagen auf dem Meere denkbar.

4.2.3.3. Photochemische Prozesse zur Wasserstofferzeugung

Die Photosynthese der grünen Pflanzen besteht darin, daß sie mit Hilfe von Pigmentsystemen, die Chlorophyll enthalten, einen weiten Bereich des sichtbaren Anteiles des Sonnenlichtes absorbieren und diese Energie bewirkt dann in einer Reihe von komplizierten biochemischen und biophysikalischen Reaktionen die Assimilation - ein Reduktionsvorgang - atmosphärischen Kohlendioxids zu Kohlehydrat, einem wichtigen Bestandteil der Körpersubstanz der Pflanzen. Wie neuere Forschungen zeigen, stammt der für die Reduktion des Kohlendioxids in den Pflanzen notwendige Wasserstoff aus der Photolyse (Aufspaltung des Wassers in H_2 und O_2 unter Nutzung des Sonnenlichtes) des Wassers /4.2.15/. Der bei der Synthese nicht benötigte Sauerstoff entweicht in die Atmosphäre und bildet die Basis für unser menschliches Leben.

Für den Energietechniker von besonderem Interesse ist dabei die Erzeugung des Wasserstoffs und die Tatsache, daß die bei der Photolyse entstehenden Produkte (Wasserstoff und Sauerstoff) nicht sofort miteinander reagieren und so wieder Wasser entsteht. Wissenschaftler, die dieses Phänomen näher untersuchten, fanden, daß die für die Photolyse maßgebenden absorbierenden Stoffe in genau definierter Weise auf bestimmten Strukturen, nämlich Membranen, angeordnet sind. Das Membranprinzip scheint nun eine Schlüsselstellung in der photosynthetischen Umwandlung der Sonnenenergie in Pflanzen, aber auch in photosynthetischen Bakterien zu spielen.

Wasser selbst absorbiert sichtbares Licht nicht, es müssen diesem vielmehr geeignete Absorber, sogenannte Photosensibilisatoren (Katalysatoren) beigemengt werden. Diese können nun in Wasser in gelöster Form an feste Strukturen (Membrane) gebunden sein. Bei den grünen Pflanzen übernimmt Chlorophyll diese Rolle.

Die Aufgabe dieser Photokatalysatoren ist, das Sonnenlicht zu absorbieren und die dabei aufgenommene Energie möglichst verlustfrei an das Wasser abzugeben.

$$H_2O + \text{Licht} \xrightarrow{\text{Photokatalysator}} H_2 + 1/2\ O_2$$

Als Photokatalysatoren sind bestimmte lösliche Salze wie Cer- oder Eisensalze oder Halbleitersubstanzen bekannt.

Bei gelösten Salzen als Katalysatoren liegen Ionen in verschiedenen Oxydationsstufen vor und die Lichteinwirkung führt zu einer Änderung des Oxydationszustandes, wobei das Wasser entweder zu Wasserstoff reduziert (Elektronenaufnahme) oder unter Elektronenabgabe zu Sauerstoff oxydiert /4.2.15/ wird.

$$Ce^{4+} + 1/2\ H_2O \xrightarrow{\text{Licht}} Ce^{3+} + 1/4\ O_2 + H^+$$
$$Ce^{3+} + H_2O \xrightarrow[\text{254 nm}]{\text{Licht}} Ce^{4+} + 1/2\ H_2 + OH^-$$
$$\text{Summe: } 1/2\ H_2O \xrightarrow{\text{Licht}} 1/2\ H_2 + 1/4\ O_2$$

Da die zweite Reaktion Licht mit einer Wellenlänge von 254 nm benötigt, dieses aber im auf die Erdoberfläche auftreffenden Sonnenlicht nicht enthalten ist, ist dieser Prozeß eher von theoretischer Bedeutung. Die erzielbaren Wirkungsgrade liegen bei solchen Prozessen noch weit unter der 1 % Grenze.

Bei Verwendung von Halbleitern als Photokatalysatoren liegen die energetischen Verhältnisse günstiger. Die in Halbleitern durch Lichteinwirkung entstehenden Elektron-Lochpaare dienen hier zur Zersetzung von Wasser in H_2 und O_2. Der Halbleiter dient dabei als belichtete Elektrode (Anode), die in Wasser getaucht ist. Als Kathode dient beispielsweise Platin. Hiebei bilden sich folgende Reaktionen an den Elektroden aus:

Belichtete Anode (Halbleiter):

$$\text{Halbleiter} + \text{Licht} = 2e^- + 2p^+ \quad (e^- \ldots \text{Elektronen},\ p^+ \ldots \text{Löcher})$$

$$2p^+ + H_2O = 1/2\ O_2 + 2H^+$$

Kathode:

$$2e^- + 2H^+ = H_2$$

$$\text{Summe: } H_2O + \text{Licht} \longrightarrow H_2 + 1/2\ O_2$$

Als Halbleitermaterial kann z.B. Titandioxid (TiO_2) verwendet werden. Damit wurde eine Zelle konstruiert (Fujishima-Honda-Zelle) (Abb. 4.2.6) /4.2.16/, die mit einem Gesamtwirkungsgrad (=Energie

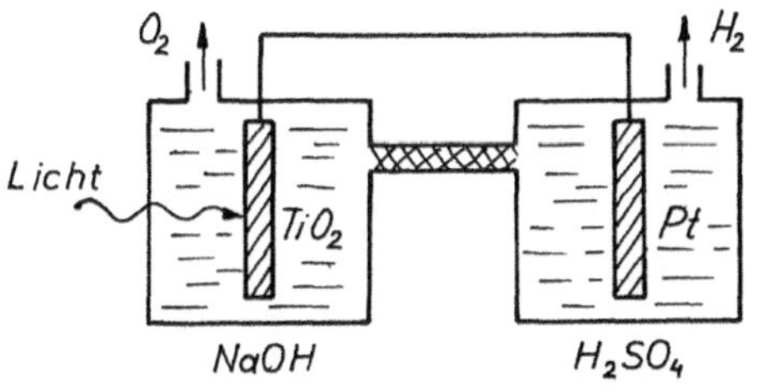

Abb. 4.2.6. Schematische Darstellung der Fujishima-Honda-Zelle.

des erzeugten H_2 / eingestrahlte Sonnenenergie) von einigen 1/10 % Wasserstoff aus Wasser erzeugt. Hiebei ist zu beachten, daß die TiO_2 Elektrode nur rund 10 % der an der Erdoberfläche auftreffenden Sonnenstrahlung nutzen kann. Durch Dotierung des TiO_2 mit Strontium konnte der Wirkungsgrad auf 4 % erhöht werden.

Theoretisch wären mit solchen Systemen bei Verwendung von Halbleitern mit einem Bandabstand von 2 eV Gesamtwirkungsgrade von 28 % möglich, doch sind es hier die extrem hohen Kosten für geeignete Halbleitermaterialien, die einen großtechnischen Einsatz vorerst nicht ermöglichen.

Forschungsarbeiten führten zur Entdeckung einer Rutheniumverbindung mit chlorophyllähnlicher Struktur, die bei Sonneneinstrahlung Wasser in Wasserstoff und Sauerstoff spaltet /4.2.17/. Allerdings ist Ruthenium ein teurer Katalysator und die im Labor angestellten Untersuchungen sind erst im Anfangsstadium.

Es wird sicherlich noch großer Anstrengungen bedürfen, um Wasser unter vertretbarem Aufwand durch Nutzung der Sonnenenergie in Wasserstoff und Sauerstoff zu spalten, doch wäre hiemit eine unerschöpfliche und extrem umweltfreundliche Energiequelle erschlossen.

4.2.4. Speicherung von Wasserstoff

Wie eingangs erwähnt, ist die Speicherung eines Energieträgers von großer Bedeutung. Großanlagen sind nur dann wirtschaftlich, wenn ihr Betrieb ein kontinuierlicher ist. Der Verbrauch unterliegt aber zeitlichen Schwankungen und schon daraus ergibt sich neben vielen anderen Gründen die Notwendigkeit nach geeigneten Speichermöglichkeiten.

Welche Möglichkeiten bestehen nun prinzipiell für die Speicherrung von Wasserstoff?
Für die Speicherung in gasförmigem Zustand eignen sich für kleinere Mengen Druckgasbehälter, Druckflaschen (eventuell aus Glasfaserstoffen) usw. Für größere Mengen sind diese Speicher unwirtschaftlich, da Wasserstoff massemäßig ein sehr guter (119,9 MJ/kg), volumsmäßig aber ein sehr schlechter Energieträger (10,8 MJ/m^3) ist. Es bietet sich die Möglichkeit der Untergrundspeicherung (siehe Abschn. 5.4) an. Erfahrungen mit Erdgas liegen bereits zur Genüge vor. Hier wäre die Speicherung in Steinsalzkavernen und in Porenspeichern sowie in aufgelassenen Erdgas- oder Erdöllagerstätten zu nennen. Die Gasspeicherung in Steinsalzkavernen wurde erstmalig 1961 in den USA praktiziert und hat inzwischen weltweite Verbreitung gefunden. Die Bundesrepublik Deutschland möchte bis 1985 eine Speicherkapazität von 650 Mio.m^3 erreichen, derzeit liegt diese bei ca. 80 Mio.m^3. Die günstigen Speichereigenschaften von Steinsalzkavernen werden in Huntorf (BRD)

für ein Luftspeicher-Gasturbinen-Kraftwerk ausgenützt (siehe Abschn. 5.3).

Die Speicherung von H_2 in flüssiger Form stellt heute kaum Probleme dar, ebensowenig der Transport. In dewargefäßähnlichen Behältern mit "Superisolation" können heute die Verdampfungsverluste auf weniger als 0,5 bis 1 % pro Tag gesenkt werden. Ungünstig ist bei der Verflüssigung von H_2, daß dabei rund 30 % seines Energieinhaltes für die Verflüssigung benötigt wird.

Eine neue Art der Speicherung stellt die Speicherung in Form von Hydriden dar. Manche Metalle und Metallegierungen zeigen die Eigenschaft, daß sie Wasserstoff unter bestimmten Druck- und Temperaturverhältnissen aufnehmen und in ein Hydrid übergehen (z.B. Eisentitanhydrid, Magnesiumhydrid usw.).

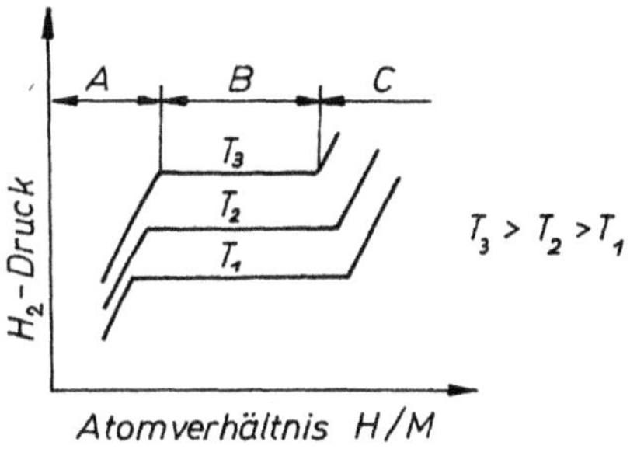

Abb. 4.2.7. Prinzipieller Verlauf der Kennlinienschar von Metallhydriden.

Abb. 4.2.7 zeigt den prinzipiellen Verlauf von Metallhydridkennlinien. Auf der Abszisse ist das Atomverhältnis H : Metall oder Metallverbindung, auf der Ordinate der Wasserstoffdruck aufgetragen. Der Parameter der Kennlinienschar ist die Temperatur T. Im Bereich A steigt zunächst mit wachsendem H_2-Außendruck der H_2-Gehalt im Metall geringfügig an. Nach Erreichen eines bestimmten Druckwertes (abhängig von Temperatur) beginnt die eigentliche Speicherwirkung, bei weiterer Wasserstoffzufuhr wird dieser bei konstantem Druck und Temperatur an das Metall gebunden - es bildet sich eine neue Phase, das Metallhydrid (Bereich B). Am Beginn des Bereiches C ist die Phasenumwandlung abgeschlossen, bei weiterer Wasserstoffzufuhr steigt der H_2-Druck an. Bei Temperaturerhöhung oder Drucksenkung wird der Wasserstoff wieder abgegeben. Der Vorgang ist wiederholbar und dadurch für Speicherzwecke interessant. Das Laden ist ein exothermer, das Entladen ein endothermer Vorgang /4.2.18, 4.2.19/.

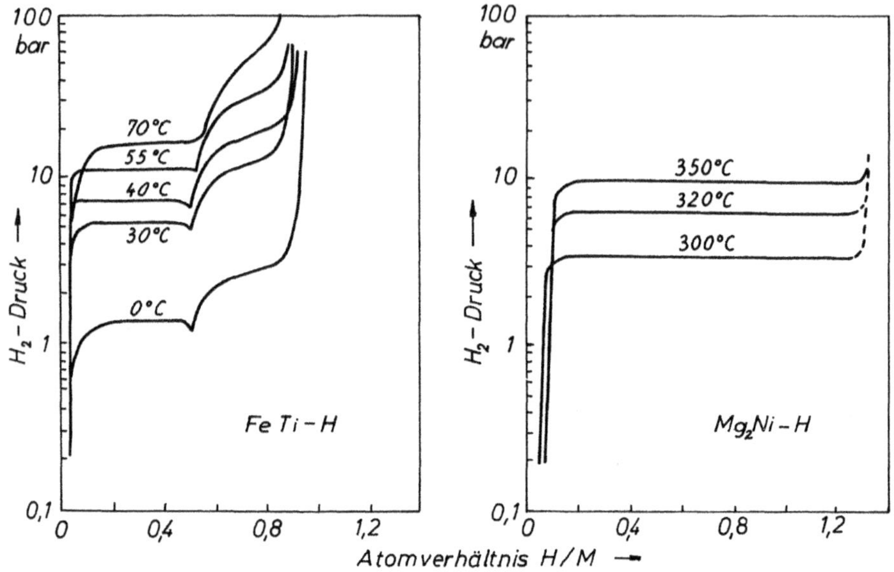

Abb. 4.2.8. Kennlinienverläufe von Fe-Ti- und Mg_2Ni-Hydrid.

Abb. 4.2.8 zeigt die Kennlinienschar von Eisentitanhydrid und von Magnesiumnickelhydrid. Abb. 4.2.9 zeigt den Druck-Temperatur-Zusammenhang von einigen bekannten Metallhydriden bei Gleichgewicht zwischen gasförmiger Wasserstoffphase und Metallhydrid.

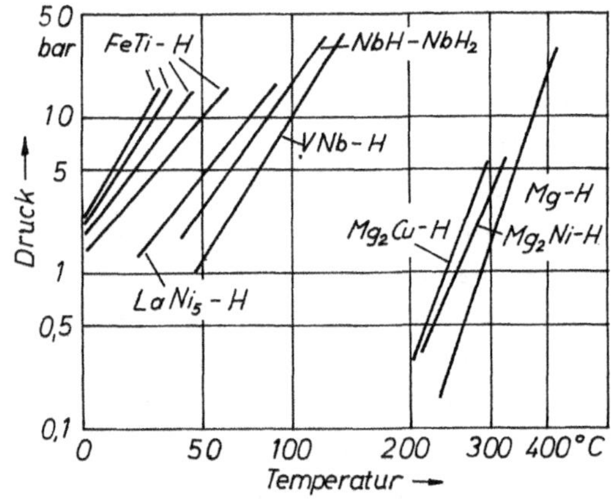

Abb. 4.2.9. Druck-Temperatur-Gleichgewicht verschiedener Metallhydride.

Eine weitere Speichermöglichkeit besteht in der Tatsache, daß bestimmte Stoffkombinationen (z.B. Aktivkohle und Nickelsilikat) Wasserstoff unter bestimmten Druck- und Temperaturverhältnissen adsorbieren.

In chemischer Form kann Wasserstoff z.B. als Ammoniak oder in flüssiger Form als Methanol gespeichert werden.

4.2.5. Energietransport

Wie bereits erwähnt, werden in Zukunft Energieerzeugungsanlagen aus verschiedensten Gründen weitab von den Verbraucherschwerpunkten liegen, dem Energietransport über große Entfernungen kommt daher eine erhöhte Bedeutung zu.

Die elektrische Energieübertragung gewinnt sicherlich in Zukunft noch wesentlich an Bedeutung, doch ist hier zu bedenken, daß nach heutigen Erkenntnissen eine Steigerung der übertragbaren Leistung je Übertragungssystem kaum über 20 GVA denkbar ist, ferner bedingen große Übertragungsstrecken vermehrten technischen Aufwand (siehe Abschn. 6.2).

Wesentlich günstiger liegen hier die Verhältnisse bei flüssigen oder gasförmigen Energieträgern. Dies zeigt sich sehr deutlich am Beispiel einer Tankstelle. Bei einem Energieinhalt von rund 9 kWh je Liter Benzin und einer Förderleistung der Tankstellenpumpe von 60 l/Minute erfolgt das Auftanken mit einer Leistungsübertragung von 32,4 MW. Beim Erdöltransport mit einer Geschwindigkeit von 2 m/s beträgt die Übertragungsleistung bei einem Rohrdurchmesser von 60 cm immerhin 20 GW, bei einem Rohrdurchmesser von 120 cm rund 80 GW. Geringer sind die Übertragungsleistungen bei gasförmigen Energieträgern. Beispielsweise würde eine Rohrleitung von 120 cm Durchmesser mit Wasserstoff bei einem Druck von 100 bar und einer Strömungsgeschwindigkeit von 20 m/s ca.23 GW übertragen /4.2.20/. Bisher bestehen für Wasserstoff bei solchen Drücken keine ausgedehnten Rohrleitungssysteme. Gute Erfahrungen liegen allerdings bereits mit Wasserstoffleitungen in Deutschland vor, bei einem Druck von rund 15 bar und einer Leitungslänge von ca. 300 km.

Die geschätzten spezifischen Transportkosten liegen bei Wasserstoff um rund 30 bis 40 % höher als bei Methan (Erdgas) und um den Faktor 4 bis 5 niedriger als für elektrische Energieübertragung mittels Hochspannungskabel /4.2.8, 4.2.21/. Neben dem gasförmigen Transport ist auch der in flüssiger Form möglich, wobei hier vor allem an noch zu entwickelnde Transporttanker gedacht wird, um den flüssigen Wasserstoff selbst über größte Entfernungen auf dem Seewege wirtschaftlich zu transportieren. Kleinere Mengen werden häufig schon auf dem Bahnwege oder mit Straßenfahrzeugen wirtschaftlich transportiert.

Es existieren auch Pläne, wonach flüssiger Wasserstoff neben Helium als Kühlmittel in supraleitenden Kabeln Verwendung fände, wobei solche Energieübertragungssysteme eine Kombination von Wasserstofftransport und elektrischer Energieübertragung darstellen würden.

4.2.6. Anwendungsmöglichkeiten, Transformierbarkeit in andere Energieformen

Wasserstoff ist einer der wichtigsten Grundstoffe der Chemie und findet unter anderem Verwendung in der hydrierenden Vergasung, Kohlehydrierung, Hydrocraken, Entschwefelung, Direktreduktion von Erzen, Ammoniaksynthese, Methanolsynthese usw.

Die Umwandlung in thermische Energie kann entweder mittels Flamme in geeigneten Brennern oder durch katalytische Verbrennung erfolgen. Luft und Wasserstoff werden durch eine poröse katalytisch wirkende Platte geführt, die Verbrennung erfolgt bei niedrigen Temperaturen (150° C bis 200° C) innerhalb der Poren ohne Flamme. Katalytisch aktiv sind Platin und andere Edelmetalle.

Wasserstoff ist als Treibstoff für Transportflugzeuge interessant, da er ein Energieträger mit relativ hohem gewichtsspezifischen Inhalt ist /4.2.22/. Entwicklungen und Untersuchungen auf diesem Gebiet sind im Gange.

Die Erzeugung elektrischer Energie aus Wasserstoff kann auf thermischer Basis mittels Gasturbine und Generator oder direkt in H_2/O_2-Brennstoffzellen bzw. in MHD-Generatoren erfolgen. In diesem Zusammenhang sei auch auf die Möglichkeit hingewiesen, elektrische Energie in Form von Wasserstoff zu speichern (elektrische Energie - Elektrolyse - Wasserstoff - Brennstoffzelle - elektrische Energie).

Von großer Bedeutung für die Energiewirtschaft ist der Transportsektor - ca. 20 % der gesamten Primärenergie entfallen auf diesen Bereich - und hier wiederum der Individualverkehr. Sicherlich unbestritten ist die Tatsache, daß in naher Zukunft auf diesem Sektor eine Substitution der fossilen Energieträger durch andere nichtfossile stattfinden muß. Seit vielen Jahren wird auf dem Sektor der Elektrotraktion gearbeitet, soweit sich heute Lösungen abzeichnen, kommen sie in erster Linie für den Nahverkehrsbereich in Betracht. Der Grund liegt in der schlechten Speicherbarkeit elektrischer Energie.

Gerade in jüngster Zeit gehen die Entwicklungen in Richtung des wasserstoffbetriebenen Kraftfahrzeuges, wobei hier die Möglichkeiten der Verwendung von Brennstoffzellen in Verbindung mit Elektromotoren oder der Einsatz von Verbrennungsmotoren denkbar sind. Einer der Hauptvorteile bei Verwendung von H_2 in der Traktionstechnik ist die geringe Schadstoffemission. Bei Verwendung von Brennstoffzellen und Elektromotoren ist diese Null, bei Verwendung von Verbrennungsmotoren entstehen nur Stickoxide, die Verbrennung ist wesentlich umweltfreundlicher als jene bei Benzin- und Dieselmotoren /4.2.23/.

Das Kernproblem stellt jedoch die Speicherung des Wasserstoffs im Kraftfahrzeug dar. Eine Speicherung in gasförmiger oder flüssiger Form ist aus verschiedenen Gründen unzweckmäßig, z.B. wegen zu hohen Speichergewichtes, zu großer Drücke oder Verdampfungsverluste, zu hoher Kosten für Kompression oder Verflüssigung usw. Mit Hilfe der Metallhydridspeicher eröffnen sich hier günstigere Möglichkeiten, wenngleich auch hier eine Reihe von Problemen auftreten bzw. noch zu lösen sind. So ist eine aus Gründen der Sicherheit notwendige Forderung an den Hydridspeicher, daß in diesem bei keinem Betriebszustand zu hohe Drücke ($>$ ca. 20 bar) auftreten dürfen, andererseits soll bereits bei niedrigen Temperaturen (unter 30° C) eine Wasserstoffabgabe bei genügend großem Druck sichergestellt sein. Da die H_2-Abgabe einen endothermen Prozeß darstellt, muß dem Speicher Wärme zugeführt werden. Dies ist besonders beim Startvorgang von Bedeutung - im Betrieb kann die Abgaswärme des Motors oder die Abwärme von Brennstoffzellen die notwendige thermische Energie liefern. Bei Verwendung von Brennstoffzellen können hiebei Probleme auftreten, da die Betriebstemperaturen rund 60 bis 80° C betragen und keine gewichtsmäßig und kostenmäßig günstigen Hydride bekannt sind, die bei diesen niedrigen Temperaturen Wasserstoff entsprechenden Druckes abgeben.

Nach Abb. 4.2.9 geben Eisentitanhydride bereits bei Temperaturen um 0° C und darunter Wasserstoff ab, doch scheiden Speicher grossen Volumens aus Gewichtsgründen aus. Andere Hydride, die ebenfalls bei niedrigen Temperaturen Wasserstoff abgeben (z.B. Lanthan-Nickel-Hydrid oder Vanadium-Niob-Hydrid), sind wegen der zu hohen Kosten praktisch nicht einsetzbar. Bei Temperaturen um 200 bis 400° C weisen besonders Magnesiumhydride günstige Speichereigenschaften für Traktionszwecke auf (hohe Speicherbarkeit bei gleichzeitig geringem spezifischen Gewicht). Bei reinen Magnesiumhydriden erfolgt die H_2-Aufnahme und Abgabe relativ langsam, durch Zugabe von einigen Prozenten Nickel werden diese Nachteile wesentlich verringert.

Abb. 4.2.10 zeigt ein mögliches Antriebskonzept eines mit Wasserstoffmotor betriebenen Kraftfahrzeuges /4.2.24/. Als "Starttank" ST dient ein kleiner Fe-Ti-Speicher, der schon bei geringen Außentemperaturen (bis ca. -10° C) Wasserstoff abgibt. Bei zu geringen H_2-Drücken (temperaturabhängig) sorgt ein von einem Elektromotor EM (Batteriespeisung !) angetriebener Kompressor K für eine entsprechende Verdichtung. Nach Anlauf des Verbrennungsmotors WM (Wasserstoffmotor) führen die heißen Motorabgase zur H_2-Abgabe aus dem "Haupttank" HT (z.B. Magnesium-Nickel-Hydrid). Ein Teil des hiebei freigesetzten Wasserstoffs dient zur Aufladung des Starttanks. Der Kompressor dient in allen jenen Fällen zur Erzeugung eines entsprechenden H_2-Druckes, wo dieser aus Temperaturgründen nicht ausreicht. Ein Regler R sorgt für die je nach der geforderten Motorleistung notwendige Wasserstoffzufuhr.

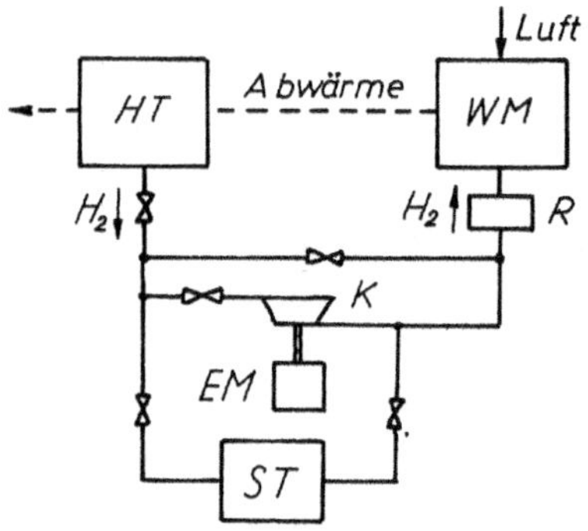

Abb. 4.2.10. Prinzipschema eines wasserstoffbetriebenen Kraftfahrzeuges. WM ... Wasserstoffmotor, HT ... Haupttank, ST ... Starttank, EM ... Elektromotor, K ... Kompressor, R ... Wasserstoffregler.

Bei sehr tiefen Außentemperaturen könnte der Startvorgang auch durch elektrische Heizung des Starttankes erfolgen.

Einige Versuchsfahrzeuge, darunter auch Busse, stehen bereits in praktischer Erprobung /4.2.25/. Ähnlich Batteriefahrzeugen führt auch hier das Speichergewicht zu Problemen. Im günstigsten Fall bei Verwendung von Magnesium-Nickel-Hydrid erreicht man, gleicher Energieinhalt wie bei Benzin vorausgesetzt, ein Gewichtsverhältnis von Benzintank zu Wasserstoffspeicher von rund 1 : 4.

Bis zur serienreifen Fertigung von wasserstoffbetriebenen Kraftfahrzeugen liegt sicher noch ein weiter Weg. Es bedarf noch grosser Forschungs- und Entwicklungsarbeiten auf dem Speichersektor selbst (Hebung der Zahl der Lade-Entladezyklen, Klärung des Verhaltens des Speichers gegenüber H_2-Verunreinigungen wie Luft, Sauerstoff etc.) sowie der Entwicklung der notwendigen Ladestationen (Aufbau einer entsprechenden Infrastruktur). Auch die serienmäßige Erzeugung von wasserstoffbetriebenen Verbrennungsmotoren bedarf noch einiger Ingenieurarbeit. Gleichzeitig ist auch das Problem der kostengünstigen großtechnischen Herstellung von Wasserstoff aus nichtfossilen Energieträgern zu lösen.

Literatur

4.2.1. Seifritz, W.: Die Wasserstoffwirtschaft - eine langfristige Antwort auf das Energieproblem? Chimia 28, 323-340 (1974).

4.2.2. Winsche, W.E. u.a.: Hydrogen: Its Future Role in the Nations Energy Economy. Energy: Use, Conservation and Supply. American Association for the Advancement of Science, Washington 1974.

4.2.3. Getoff, N.: Wasserstoff als Energieträger (Herstellung, Lagerung, Transport). Springer, Wien - New York 1977.

4.2.4. Tschegg, E., Wachter, W.: Wasserstoff als Energieträger. ÖIZ 20, 333-339, 386-392 (1977).

4.2.5. Rummich, E.: Wasserstoff als Energieträger - eine Alternative mit Zukunft. EundM 94, 408-412 (1977).

4.2.6. Titterington, W.A., Fickett, A.P.: Electrolytic Hydrogen Fuel Production with Solid Polymer Electrolyte. Proc. of the 8th IECEC 1973, 574-579.

4.2.7. Neckel A.: Entwicklungstendenzen bei der Wasserelektrolyse. Vortrag anläßlich d. Informationstagung "Wasserstoffökonomie", Österr. Bundesministerium für Wissenschaft und Forschung, Wien 1977.

4.2.8. Marchetti, C.: Hydrogen and Energy. Chemical Economy and Engineering Review, January 1973.

4.2.9. Booth, L.A. u.a.: A Combined Nuclear and Hydrogen Energy Economy. Proc. of the 8th IECEC 1973, 396-403.

4.2.10. Marchetti, C.: Geoengineering and the Energy Island. Research Report RR 76-1, 1976, IIASA-Laxenburg, Austria.

4.2.11. Swet, C.J.: Thermochemical Water Cracking Using Solar Heat. Proc. of THEME (The Hydrogen Economy Miami Energy), 1974, 231-242.

4.2.12. Escher, W.J.D., Hanson, J.A.: Ocean Based Solar-to-Hydrogen Energy Conversion Macro System. THEME Conf. Proc. 1974, 209-229.

4.2.13. Anderson, J.H.: Sea Thermal Power as a Hydrogen and Methanol Generator. THEME Conf. 1974, 197-207.

4.2.14. Williams, L.O.: Electrolysis of Sea Water. THEME Conf. Proc. 1974, 417-422.

4.2.15. Peschek, G.A.: Photochemische Nutzung der Sonnenenergie. EundM 94, 49-57 (1977).

4.2.16. Fujishima, A., Honda, K.: Journal of Chem.Soc.Japan 74, 355 (1971).

4.2.17. Rutheniumverbindung spaltet Wasser. Chemie für Labor und Betrieb 27, 437 (1976).

4.2.18. Müller, W.M. u.a.: Metall Hydrides. Academic Press, New York 1968.

4.2.19. Burger, J.M., Lewis, P.A.: Energy Storage for Utilities via Hydrogen Systems. Proc.of the 9th IECEC 1974, 428-434.

4.2.20. Kugeler, K.: Wasserstoff als Energieträger in Industrie und Haushalt. VDI-Berichte 224, 47-57 (1974).

4.2.21. Reynolds, R.A., Slager, W.L.: Pipeline Transportation of Hydrogen. THEME Conf. Proc. 1974, 533-543.

4.2.22. Dickson, E.M. u.a.: The Use of Hydrogen in Commercial Aircraft. Proc. of the 9th IECEC 1974, 468-478.

4.2.23. Schaffrath, M.: Wasserstoff als Treibstoff für Verbrennungsmotoren. VDI-Berichte 224, 79-85 (1974).

4.2.24. Jonville, P. u.a.: Metal Hydrides: Experimental Methods and Application to Vehicular Propulsion. THEME Conf. Proc. 1974, 765-778.

4.2.25. Hydrides Applied Technology. Hydrogen Progress, Billings Energy Corporation 3rd Quater 1976.

4.3. Methanol als Energieträger

4.3.1. Eigenschaften von Methanol

Methanol CH_3OH, auch Methylalkohol genannt, ist eine farb- und geruchlose Flüssigkeit. Methanol ist der einfachste Alkohol, der in der Natur als Ester in ätherischen Ölen und als Äther in vielen Pflanzenstoffen, z.B. im Lignin des Holzes, enthalten ist. Methanol wurde früher aus Holzgeist gewonnen, heute in großen Mengen (die Weltproduktion liegt über 10 Millionen Tonnen pro Jahr) fast ausschließlich durch katalytische Verfahren aus

Synthesegas hergestellt. Es stellt einen wichtigen chemischen Grundstoff zur Erzeugung zahlreicher chemischer Verbindungen dar (z.B. zur Formaldehydherstellung etc.) und dient als Lösungsmittel. Methanol ist hinsichtlich seiner Giftigkeit mit Benzin vergleichbar.

Der Siedepunkt von Methanol liegt bei Normaldruck bei 64,7° C, die Erstarrungstemperatur bei -97,8° C. Die Dichte beträgt 0,79 kg/dm³. Mischungen von 7 % bis 36 % mit Luft sind entflammbar, die Selbstentzündungstemperatur liegt bei 467° C.

Methanol kann aus einer Reihe von Grundstoffen großtechnisch hergestellt werden, wodurch die Forderung nach Verfügbarkeit gegeben ist. Da es unter Normalbedingungen flüssig ist, ist ein Transport in Rohrleitungen,Tankfahrzeugen, Tankschiffen etc. leicht möglich. Die Speicherung erfolgt drucklos in flüssiger Form, was einen großen Vorteil gegenüber gasförmigen Energieträgern darstellt. Bezüglich Umweltfreundlichkeit muß festgestellt werden, daß Methanol wohl giftig, sonst aber hinsichtlich der Umweltbelastung ähnlich den anderen fossilen Energieträgern einzustufen ist, eher etwas günstiger. Durch die Mischbarkeit mit Wasser kann Methanol leicht verdünnt werden und ist überdies biologisch schnell abbaubar. Weiters besitzt es die Eignung als Treibstoff für Verbrennungsmotoren, was für einen "zukünftigen" Energieträger zweifelsohne von größter Bedeutung wäre /4.3.1/.

4.3.2. Herstellung von Methanol

Die Herstellung von Methanol erfolgt heute hauptsächlich aus Synthesegas. Als Ausgangsstoff dient hiebei meist Kohle (Koks). Wasserdampf und Kohlenstoff reagieren bei Temperaturen oberhalb 600° C nach der folgenden endothermen Reaktion (Wassergasreaktion).

$$C + H_2O = CO + H_2$$

Das entstehende Gasgemisch (Synthesegas) besitzt einen unteren Heizwert von 11,7 MJ/Nm³ - es könnte auch unmittelbar als Brenngas verwendet werden - und bildet die Grundlage für die Methanolherstellung. Unter Wirkung geeigneter Katalysatoren und Drücken von 50 bar bis 200 bar und Temperaturen um 350° C bzw. 450° C vollzieht sich eine exotherme Reaktion, die zur Methanolbildung führt.

$$2H_2 + CO \longrightarrow CH_3OH$$

Vorteilhaft ist hiebei, daß als Ausgangsprodukt Kohle, die nach heutigen Kenntnissen der Weltreserven von allen fossilen Energieträgern mit Abstand am längsten verfügbar sein wird, verwendet wird. Sollte im Zuge einer "Wasserstoffwirtschaft" Wasserstoff als Energieträger fungieren, so wäre auch hier die Methanolgewinnung gesichert.

Zu erwähnen ist ferner, daß die benötigte Wärmeenergie für die Wassergasreaktion auch von Hochtemperatur-Kernreaktoren bereitgestellt werden könnte.

Außer Kohle eignen sich als Ausgangsstoffe vor allem Erdöl und Erdgas, aber auch städtische und landwirtschaftliche Abfallstoffe und pflanzliche Produkte. Hier ergäbe sich eine indirekte Nutzungsmöglichkeit der Sonnenenergie über die Photosynthese. Als zukünftige Möglichkeit könnten sogar das Kohlendioxid der Luft oder Kalkstein zur Methanolgewinnung herangezogen werden. Bei Verwendung von Kalkstein verläuft die Reaktion wie folgt:

$$CaCO_3 \longrightarrow CaO + CO_2 \quad \text{(Kalkbrennen)}$$
$$H_2O \longrightarrow H_2 + 1/2\ O_2 \quad \text{(Wasserstofferzeugung)}$$
$$CO_2 + 3H_2 \longrightarrow CH_3OH + H_2O \quad \text{(Methanolsynthese)}$$

Die benötigten Wärmeenergien für das Kalkbrennen und für die Wasserstofferzeugung (thermische Spaltungsverfahren, siehe Abschn. 4.2.2.2) könnten ebenfalls Hochtemperaturreaktoren liefern. Derzeit liegen die Herstellungskosten von Methanol nach diesem Verfahren noch viel zu hoch.

Bei der Methanolherstellung aus Synthesegas fallen je nach Herstellungsverfahren als Nebenprodukte geringe Mengen anderer Alkohole (Äthanol, Propanol usw.) an, die heute meist entfernt werden müssen, um das für die chemische Industrie nötige "reine" Methanol zu gewinnen. Für den "Energieträger" Methanol wäre eine Entfernung der in geringen Mengen vorhandenen weiteren Alkohole nicht notwendig, da bei diesem Brennstoff - Methylbrennstoff - der Energieinhalt höher liegt als bei reinem Methanol, außerdem wären die Herstellungskosten geringer.

4.3.3. Verwendungsmöglichkeiten von Methanol

Wie bereits erwähnt, ist Methanol ein wichtiger Grundstoff in der Chemie, und da es schwefelfrei ist, stellt es einen umweltfreundlichen Energieträger für Heizzwecke dar und könnte somit auch zur Versorgung von kalorischen Kraftwerken dienen. Weiters kann Methanol in Brennstoffzellen direkt in elektrische Energie umgewandelt werden, was ebenfalls eine günstige Voraussetzung für einen breiten Einsatz wäre. Die vielleicht wichtigste Anwendungsmöglichkeit und damit seine große Bedeutung für die Zukunft liegt in der Tatsache, daß Methanol als Kraftstoff für Verbrennungsmotoren geeignet ist. Bedenkt man, daß heute rund 20 % des gesamten Primärenergieaufkommens auf den Traktionssektor entfallen, so erkennt man die ungeheure Bedeutung, die einem neuen Energieträger auf diesem Bereich zukommt. Es wurde im Abschnitt über Wasserstoff auf die Schwierigkeiten der Speicherung des Energieträgers im Fahrzeug hingewiesen (Gewichts- und Volumsprobleme !), bei Methanol ist dies kein Problem, da dieses, wie bereits erwähnt, in flüssiger Form drucklos ähnlich Benzin in Tanks gespeichert werden kann. Abb. 4.3.1 zeigt eine Übersicht für Methanol als Energieträger.

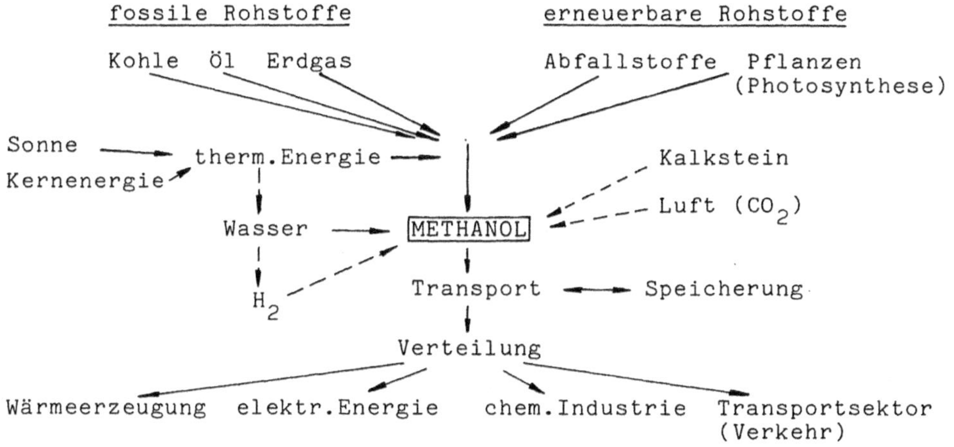

Abb. 4.3.1. Methanol als Energieträger.

Im folgenden soll kurz auf die Möglichkeiten der Substitution von Benzin durch Methanol im Traktionswesen eingegangen werden /4.3.2/.

Superbenzin weist einen Energieinhalt von ≈ 43,2 MJ/kg bzw. ≈ 32,4 MJ/dm^3 auf, Methanol etwas weniger als die Hälfte, nämlich ≈ 19,6 MJ/kg bzw. ≈ 15,5 MJ/dm^3. Dies bedeutet, daß - gleicher Energieumsetzungswirkungsgrad vorausgesetzt - bei gleicher Reichweite eines Fahrzeuges, dieses einen doppelt so großen Tank benötigt wie herkömmliche Benzinfahrzeuge. Dies ist auch der entscheidende Nachteil gegenüber benzinbetriebenen Fahrzeugen, scheint jedoch nicht sehr gravierend im Vergleich zu anderen möglichen Speichersystemen (Batterien, Hydride etc). Methanol besitzt hervorragende Hochleistungseigenschaften (Verwendung in Rennmotoren), hohe Oktanzahl und damit hohe Klopffestigkeit, weiters geringe Neigung zur Selbstentzündung, wodurch eine Verwendung im Dieselmotor nicht möglich ist. Als Treibstoff für Ottomotoren ist Methanol jedoch sehr gut geeignet, gestattet ein hohes Verdichtungsverhältnis (größer 1:12) und bringt gute thermische Wirkungsgrade, die höher als jene bei Benzinmotoren liegen. Bei gleicher Leistung weisen Methanolmotoren und Benzinmotoren etwa gleiche Abmessungen auf, obwohl Methanol geringeren Energieinhalt besitzt. Dies ist in der Tatsache begründet, daß Methanol zufolge des gebundenen Sauerstoffes geringere Luftmengen (ca. 50 %) benötigt, damit kommt man bei beiden Motortypen auf etwa gleiche spezifische Energieinhalte der Gemische und damit zu etwa gleichen Hubvolumina. Hinsichtlich der schädlichen Abgasemission ist der Methanolmotor dem Benzinmotor ebenfalls überlegen.

Probleme bringt der Methanolmotor beim Starten des kalten Motors, da Methanol bei Umgebungstemperatur einen so kleinen Dampfdruck aufweist, daß keine gasförmige Mischung mit Luft möglich ist. Hier bedarf es noch geeigneter Lösungen. Möglichkeiten liegen im Vorwärmen des kalten Motors oder durch Zugabe geeigneter Mittel zur Erhöhung des Methanoldampfdruckes.

Benzinbetriebene Verbrennungsmotoren können nicht unmittelbar mit Methanol betrieben werden, es sind vielmehr Änderungen an den Vergaser- und Einspritzeinrichtungen vorzunehmen, was aber prinzipiell keine Schwierigkeiten bringt. Auf das größere Tankvolumen - bei gleicher Reichweite - wurde eingangs bereits hingewiesen.

Zusammenfassend muß festgestellt werden, daß Methanol in absehbarer Zeit eine echte Alternative für die Versorgung von Verbrennungsmotoren darstellen könnte. Allerdings müßte hiezu die Methanolproduktion wesentlich gesteigert und ein geeignetes Verteilsystem (Tankstellen) geschaffen werden. Auch ein schrittweiser Übergang auf Methanol durch Zumischung von 15 bis 20 % Methanol zu Benzin wäre denkbar.

Literatur

4.3.1. Reed, T.B., Lerner, R.M.: Methanol: A Versatile Fuel for Immediate Use. Energy: Use, Conservation and Supply. AAAS 1974, 131-136.

4.3.2. Pischinger, R.: Methanol als Brennstoff für Fahrzeugmotoren. VDI-Berichte 224, 59-64 (1974).

4.4. Komprimierte und flüssige Luft als Energieträger

Die Verwendung von komprimierter Luft (Druckluft) als Energieträger ist nicht neu. Man denke hier nur an die vielen mit Druckluft betriebenen Maschinen in zahlreichen Einsatzgebieten und in allen Leistungsbereichen (z.B. Bergbaumaschinen), ferner an druckluftbetätigte Schalter und Steuereinrichtungen. In jüngster Zeit nimmt nun komprimierte Luft als Speichermedium und Energieträger bei den verschiedenen Konzepten der Luftspeicherkraftwerke auch großtechnisch eine bedeutende Rolle ein (siehe Abschn. 5.3).

Unter der Annahme, daß Luft in einen Speicher konstanten Druckes mittels eines thermodynamisch ideal arbeitenden Verdichters geladen wird, müßte der Exergieinhalt der Luft der aufgewandten Verdichterarbeit entsprechen. Abb. 4.4.1 zeigt den spezifischen Exergieinhalt in kWh/m^3 der komprimierten Luft in Abhängigkeit des jeweils konstant angenommenen Speicherdruckes p_s. Die Lufttemperatur im Speicher beträgt hiebei 50° C, die Umgebungsbedingungen 1 bar und 15° C /4.4.1/. Die Kurve zeigt den theoretischen Maximalwert an (elektrischer) Energie, der bei verlustloser Umwandlung pro m^3 Speichervolumen durch Entladen des Speichers (p_s = const.) erzielt werden könnte. Bei einem konstant angenommenen Speicherdruck von beispielsweise 50 bar würde 1 m^3 Luft bei Entspannung unter vorigen Bedingungen theoretisch 4,9 kWh an Energie abgeben.

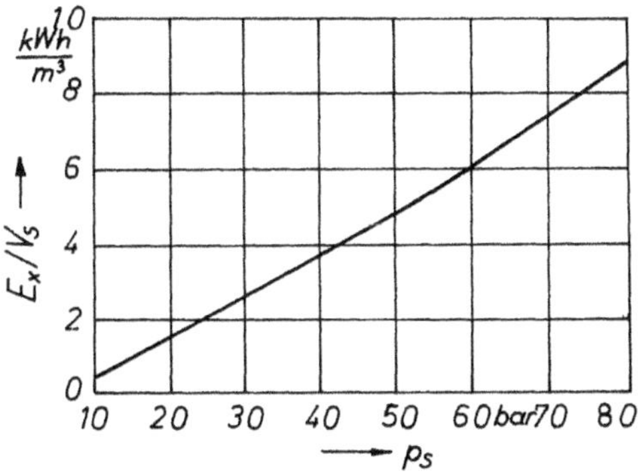

Abb. 4.4.1. Spezifischer Exergieinhalt E_x/V_s für komprimierte Luft in Abhängigkeit vom Speicherdruck p_s. Erläuterungen im Text.

Im folgenden soll eine "futuristische" Möglichkeit des Einsatzes von Luft als Energieträger kurz dargestellt werden, wie sie von C. Marchetti /4.4.2/ entwickelt wurde. Marchetti geht bei seinen Überlegungen von einem Gedankenexperiment aus. Komprimiert man

Gas isotherm, so muß hiebei Wärme abgeführt werden, expandiert das Gas anschließend isotherm, so erfolgt eine Energieabgabe durch Aufnahme von Wärme aus der Umgebung, die Wärmebilanz wäre in Summe Null.

Eine praktische Realisierung dieses Gedankenexperimentes könnte nun mit Luft als Energieträger so aussehen: An Stellen mit Wärmeüberschuß (Energieüberschuß) könnte dieser zur Kompression von Luft herangezogen werden. Die Luft wird über Druckrohrleitungen zu den Verbrauchern geführt, wo unter Expansion eine Energieumwandlung stattfindet. Hiebei wird der Umgebung Wärme entzogen, die ihr letztlich wieder durch die am Verbraucherort umgesetzte Energie zugeführt wird. Es tritt dabei keine Wärmebelastung der Umwelt auf.

Effizienter wäre zweifellos flüssige Luft als Energieträger, wobei das Grundprinzip das gleiche wäre. Als Energiequelle für die Luftverflüssigung könnte eine Kaltdampfanlage, die den Temperaturgradienten tropischer Meere nützt, herangezogen werden (Abb. 4.4.2). Der Kältedampfprozeß würde hier nicht zur Elektrizitätserzeugung dienen (siehe Abschn. 3.6), sondern zum Betreiben einer Luftverflüssigungsanlage. Die flüssige Luft könnte nun in Tankern zu den Küsten transportiert werden und von dort zu den Verbraucherzentren, wo sie in geeigneten Energieumwandlungszentren in andere Energieformen umgewandelt würde. Die treibende Kraft des gesamten Energiesystems wäre die Sonnenenergie. Der Luftkreislauf würde über die Atmosphäre geschlossen. Besonders

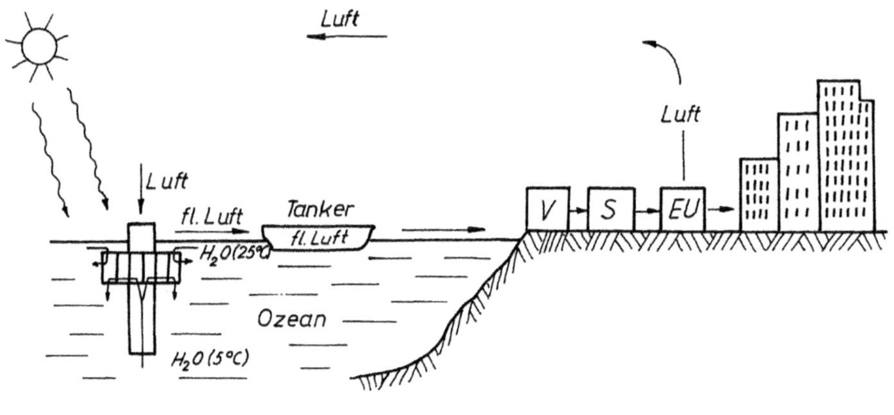

Abb. 4.4.2. Energiekreislauf mit flüssiger Luft als Energieträger (nach /4.4.2/). V ... Verteilersystem, S ... Speicherung, EU ... Energieumwandlungszentren.

vorteilhaft wäre bei diesem System, daß keinerlei thermische Umweltbelastung aufträte und außerdem der "Energieträger Luft" alle Eigenschaften, die in Abschnitt 4.1 aufgezählt wurden, besitzt.

Literatur

4.4.1. Zaugg, P.: Luftspeicherkraftwerke. BBC-Mitteilungen 62, 338-347 (1975).

4.4.2. Marchetti, C.: Transport and Storage of Energy. Proc.of 3rd General Conference of European Physical Society 1975, Romania, 91-114.

4.5. Sekundärenergieträger auf der Basis von Kohleveredelung

4.5.1. Allgemeines

Die Bedeutung der Kohle als Energieträger sank in den letzten Dezennien mit dem zunehmenden Einsatz von Erdöl und Erdgas. Der Grund liegt darin, daß diese beiden Energieträger neben dem hohen Energieinhalt eine Reihe von weiteren wesentlichen Vorteilen gegenüber der Kohle besitzen. Hier sind vor allem die "bequemere" Handhabung und der effizientere Einsatz bei Energieumwandlungsanlagen, bedingt durch die gute Regel- und Überwachbarkeit, und der Wegfall von festen Verbrennungsrückständen (Asche) sowie das Fehlen schwefelhältiger Abgase zu nennen. Weitere Gründe liegen darin, daß diese Energieträger relativ leicht und wirtschaftlich selbst über große Entfernungen in Rohrleitungen transportiert und verteilt werden können und schließlich in der Tatsache, daß Öl und Erdgas in großen Mengen billig gefördert werden konnten (kein Untertageabbau), wodurch auch der Preis für den Endverbraucher äußerst günstig lag. Man kann heute behaupten, daß der Wohlstand vieler Industrienationen zu einem Großteil auf dem kostengünstigen Einsatz dieser Energieträger beruht. Den vielen Vorteilen steht nun die Tatsache der beschränkten Verfügbarkeit beider Energieträger gegenüber, die mit der vielzitierten "Ölkrise" ihren vorläufigen Höhepunkt fand. Tatsächlich übersteigen die heute bekannten und geschätzten Ressourcen an Kohle die von Erdöl und Erdgas um ein Vielfaches. Somit gewinnen Verfahren der "Kohleveredelung", die teilweise im Prinzip schon sehr lange bekannt sind, in den letzten Jahren ständig an Bedeutung. Hiebei geht es in erster Linie darum, die Kohle in gasförmige oder flüssige Energieträger überzuführen, die wieder einen Großteil der vorhin zitierten Vorteile von Erdgas bzw. Erdöl besitzen. Gleichzeitig trachtet man, den "Primärenergieträger" Kohle möglichst wirtschaftlich (effizient) zu nutzen, wobei von Vorteil ist, daß bei diesen Verfahren auch schwefelhältige Kohle eingesetzt werden kann, da der Schwefel im Zuge der Umwandlungsverfahren entfernt werden kann, ohne zu Umweltbelastungen zu führen.

Die Erzeugung flüssiger Energieträger /4.5.1/ wurde vor und während des zweiten Weltkrieges in großem Maßstab betrieben, erwies sich aber in der Folgezeit als nicht wirtschaftlich und wurde seither nur in geringem Umfang für wissenschaftliche Zwecke in Laboratorien durchgeführt. Die Herstellung von Vergaserkraftstoffen scheidet auch unter den in absehbarer Zeit eintretenden Bedingungen aus Kostengründen zufolge der relativ aufwendigen Technologie aus. Wirtschaftlich interessant scheint jedoch die Herstellung von schwerem Heizöl aus Kohle zu sein, da dieses einen umweltfreundlichen schwefelarmen Brennstoff darstellt und zur Versorgung von Kraftwerks- und Industriefeuerungen dienen könnte. An der Entwicklung geeigneter wirtschaftlicher Verfahren wird derzeit gearbeitet.

Für die Kohlevergasung stehen vergleichsweise konventionelle technologisch einfachere Kohlevergasungsverfahren zur Verfügung. Die Vergasungsverfahren beruhen auf der Umsetzung von Kohle (Stein-, Braunkohle) unter Zusatz eines sauerstoff- und/oder wasserstoffhältigen Vergasungsmittels bei Temperaturen, die meist höher als 800° C liegen, in einen gasförmigen brennbaren Energieträger. Als Vergasungsmittel dienen Sauerstoff (Luft), Wasserstoff, Wasserdampf oder Kohlendioxid und deren Gemische. Die Grundreaktionen laufen bei Vorhandensein entsprechender Temperaturen nach nachstehenden Gleichungen ab, wobei in der Praxis meist mehrere Reaktionen parallel auftreten.

$$C + 1/2\ O_2 = CO$$
$$C + 2H_2 = CH_4$$
$$C + H_2O_{(g)} = CO + H_2$$
$$C + CO_2 = 2CO$$

Die beiden ersten Reaktionen verlaufen exotherm, die restlichen endotherm, wobei bei der dritten Reaktion noch die für die Wasserverdampfung ($H_2O_{(g)}$) nötige Energie zuzuführen ist. Die Deckung des Energiebedarfes bei konventionell verlaufenden Reaktionen geschieht durch teilweise Verbrennung des Kohlenstoffträgers

(Kohle), wodurch auch ein Verlust an Gas eintritt. Je nach dem eingesetzten Kohlenstoffträger und dem Vergasungsmittel erhält man als Endprodukt Schwach-, Stark-, Synthesegas oder synthetisches Erdgas (SNG - synthetic natural gas). Letzteres stellt das angestrebte Ziel dar, da es dem Erdgas gleichwertig ist.

Im folgenden soll kurz auf die gebräuchlichsten Vergasungsverfahren eingegangen werden /4.5.2 bis 4.5.4/.

4.5.2. Kohlevergasungsverfahren

4.5.2.1. Winkler-Wirbelschichtverfahren

Abb. 4.5.1a zeigt schematisch den Gasgenerator. Die eingesetzte Kohle (Braunkohle, lignitische Steinkohle, Körnung von 0 bis 10 mm) vergast bei Normaldruck in einem Wirbelbett bei Temperaturen von 800° C bis 1000° C. Die Wirbelbetthöhe beträgt bei einer Generatorhöhe von rund 10 m nur 1 bis 2 m. Die Wasserdampf- und Sauerstoffzufuhr (früher wurde Luft verwendet) erfolgt im unteren Teil des Wirbelbettes, der Gasabzug im oberen Teil des Generatorraumes, in dem auch noch restliche Umsetzungsreaktionen wie Teercracken und Methanisierung (2. Vergasungsstufe) ablaufen. Die anfallende Asche wird unten abgezogen. Nachteilig sind bei diesem Verfahren die großen auftretenden Flugstaubmengen. Moderne Entwicklungen (Hochtemperatur-Winklerverfahren) laufen in Richtung höherer Temperaturen und Drücke im Vergasungsraum.

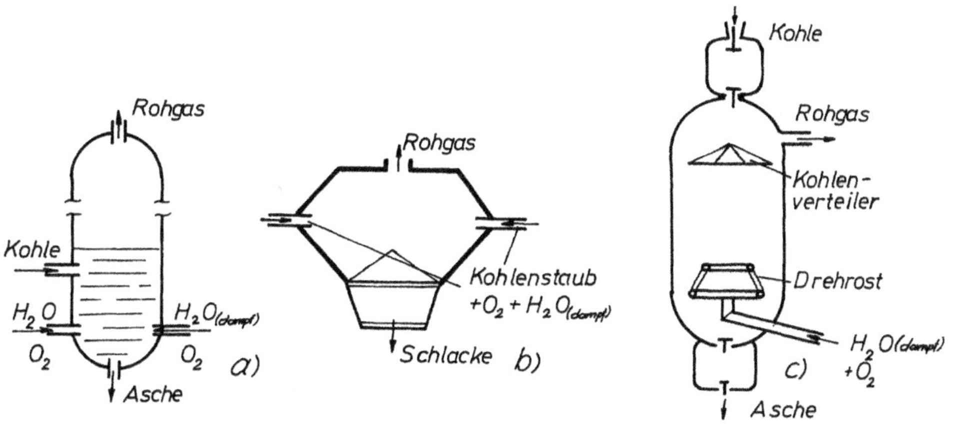

Abb. 4.5.1. Kohlevergasungsgeneratoren. a) Winkler-Gasgenerator, b) Koppers-Totzek-Gasgenerator, c) Lurgi-Druckgasgenerator.

4.5.2.2. Koppers-Totzek-Verfahren

Abb. 4.5.1b zeigt die Prinzipskizze des Generators. Der Generator besteht aus einer flachen runden Vergasungskammer, in die durch eingebaute Düsenringe Kohlenstaub und das Vergasungsmittel (Sauerstoff und Wasserdampf) eingeblasen werden. Die Vergasung findet bei Temperaturen um 1500 bis 1600° C statt. Vorteilhaft ist bei diesem Verfahren, daß alle Kohlearten vergast werden können, auch solche mit hohem Aschegehalt. Die anfallende Schlacke wird unten abgelassen. Nachteilig ist der hohe Sauerstoffverbrauch und die relativ geringe Leistung der Anlage.

4.5.2.3. Lurgi-Druckgasverfahren

Den schematischen Aufbau eines Generators zeigt Abb. 4.5.1c. Bei diesem Verfahren handelt es sich um ein Festbettverfahren, das mit Drücken von 20 bar bis 30 bar arbeitet. Der Kohleeinsatz erfolgt hier über eine Schleuseneinrichtung (wegen Wärme- und Druckverlusten) von oben, die Kohle gelangt über einen Kohleverteiler zunächst in die Schwelzone, in der Methan, andere CH-Verbindungen und Teere gebildet werden. In der darunter befindlichen Zone läuft die Vergasung des Schwelkokses bei ca. 900° C ab. Im Bereich des Drehrostes treten Temperaturen von 1000° C bis 1200° C auf. Der Vergasungsmitteleintritt (Wasserdampf und Sauerstoff) erfolgt im unteren Teil des Druckgenerators. Besonders günstig ist bei dieser Generatorkonfiguration der Gegenstrom von Kohle und Vergasungsmittel. Die Ascheausbringung erfolgt ebenfalls über ein Schleusensystem. Vorteilhaft ist bei diesem Verfahren der geringe spezifische Sauerstoffverbrauch, bedingt durch das vom wärmeökonomischen Standpunkt aus günstige Gegenstromprinzip und die Tatsache, daß das Gas auch Anteile von Methan besitzt (10 % bis 15 %) und einige Destillationsprodukte, die den Heizwert des Gases erhöhen. Nachteilig ist, daß zufolge des hohen Druckes nur schwachbackende Kohlen verwendet werden dürfen, mit einer Körnung von 2 bis 30 mm. Die Durchsatzleistungen solcher Generatoren waren anfangs eher bescheiden. In den USA wurden Ende der 60er Jahre Großgeneratoren entwickelt, mit Leistungen bis zu 50 000 Nm^3 pro Stunde, wobei als Einsatzgut alle Kohlesorten - auch backende Kohlen - verwendbar sind. Um den Gasdurchtritt selbst bei Backung zu gewährleisten, sind diese Druckgeneratoren mit Rührarmen ausgestattet, die die Kohle gleichmäßig verteilen.

Zum Unterschied von den bisher genannten haben neuentwickelte amerikanische Verfahren (Synthane, Hygas, Bigas usw.) die unmittelbare Erzeugung von SNG zum Ziele. Dies wird entweder durch eine autotherme Wasserdampfvergasung ($C + H_2O_{(g)} \longrightarrow H_2 + CO$) mit anschließender Methanisierung des Synthesegases ($CO + H_2$) oder durch Kopplung der Wasserdampfvergasung mit einer hydrierenden Vergasung ($C + 2H_2 = CH_4$) bei Drücken oberhalb 50 bar und Temperaturen über 600° C erreicht.

4.5.3. Nutzung von Hochtemperatur-Reaktorwärme

Bei den bisher beschriebenen Verfahren mußte ein Teil des eingesetzten Kohlenstoffs unter Zufuhr von Sauerstoff zur Deckung der Reaktionswärmen herangezogen werden (autotherme Verfahren), was die erzeugte Gasmenge und damit den Umwandlungswirkungsgrad verringert. Weiters ist für die Bereitstellung des Dampfes ebenfalls thermische Energie nötig. In letzter Zeit wird nun an Verfahren gearbeitet, die die Deckung des Wärmebedarfes aus Fremdenergiequellen zum Ziele haben. Hiezu wären in erster Linie gasgekühlte Hochtemperaturreaktoren geeignet, da diese die erforderlichen hohen Temperaturen liefern könnten. Ein weiterer Vorteil wäre, daß die Sauerstoffanlagen entfallen. Abb. 4.5.2. zeigt das vereinfachte Schema einer Kohlevergasungsanlage unter Nutzung von Reaktorwärme.

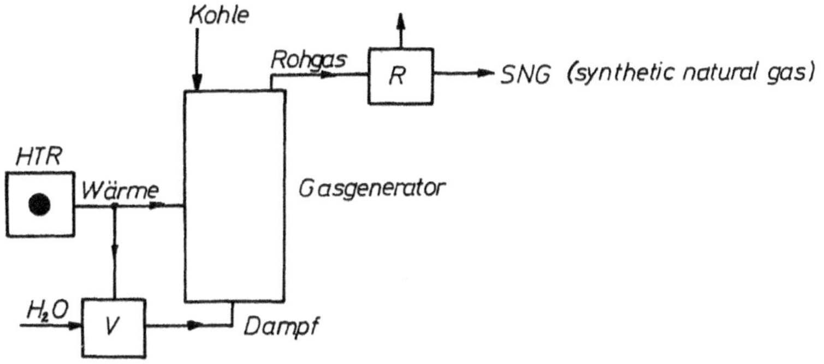

Abb. 4.5.2. Vereinfachtes Schema der Kohlevergasung unter Nutzung von Hochtemperaturreaktorwärme. HTR ... Hochtemperaturreaktor, V ... Verdampfer, R ... Gasreinigung.

4.5.4. Untertagevergasung

Darunter versteht man Verfahren, die die Kohle unmittelbar im Kohleflöz vergasen und somit einen Kohleabbau vermeiden /4.5.5/. Zu diesem Zwecke wird in einem Kohleflöz eine Kohleschicht gezündet und das entstehende Rohgas über Bohrlöcher an die Oberfläche geführt. Da dieses Gas geringen Heizwert aufweist, ist es sinnvoll, dieses an Ort und Stelle unter Ausnutzung der sensiblen Wärme für Verbrennungsprozesse zu nutzen (eventuell zur Versorgung kalorischer Kraftwerke oder Industrieanlagen). Obwohl schon früher bekannt, wurde dieses Verfahren erst nach Ende des zweiten Weltkrieges in einigen europäischen Ländern und vor allem in den USA getestet. Die meisten Anlagen wurden, mit Ausnahme jener in der UdSSR, bald stillgelegt. Gründe für die Einstellung waren meist die Schwierigkeiten der Erzielung eines gleichmäßigen Abbrandes, der Steuerung einer gewünschten Abbrandgeschwindigkeit und -richtung, der große Flächenbedarf des Flözes für die Errichtung geeigneter Kraftwerkseinheiten (je nach Mächtigkeit des Flözes benötigt man für den Betrieb eines 100 MW-Kraftwerkes jährlich 20 bis 50 ha Kohlenflöz) und damit großen Landbedarf. Ferner können Bodensenkungen durch Einsturz unterirdisch entstandener Hohlräume auftreten. Ungeachtet dieser Probleme wird in der UdSSR in einigen Werken (z.B. in Westsibirien und im Donezbecken) seit Jahren Untertagevergasung betrieben, bei jährlich erzeugten Gasmengen von angeblich über 20 Mill. Nm^3. In Manna, Wyoming (USA), besteht eine Anlage mit einer täglichen Gesamtproduktion von 56 000 Nm^3 mit einem spezifischen Energieinhalt zwischen 3,7 und 5,6 MJ/Nm^3 /4.5.6/.

Literatur

4.5.1. Donath, E.E.: Kohleverflüssigung. Ullmanns Enzyklopädie der technischen Chemie, Ergänzungsband 1970, 401-403.

4.5.2. Frank, F.H.: Kohlevergasung. Wärme <u>82</u>, 41-45 (1977).

4.5.3. Gratkowsky, H.W.v.: Kohlevergasung. Ullmann Bd. 10, 376-458, Ergänzungsband 1970, 389-392.

4.5.4. Hackl, A.: Der gegenwärtige Stand der Kohlevergasung. Aktuelle Probleme der Energiewirtschaft (L. Bauer, Hrsg.), Schriftenreihe der TU-Wien, S. 28-35. Springer, Wien - New York 1977.

4.5.5. Thompson, P.N., Mann, J.R., Williams, F.: Unterground Gasification of Coal. Energy World, Okt.1976, 10-11.

4.5.6. Jenkins, N.: Underground Gasification Offers Clean Safe Route to Coal Energy. Energy International <u>14</u>, 28-30 (1977).

4.6. Heißwasser als Energieträger für Fernwärme

Heißwasser als Energieträger gewinnt in den letzten Jahren im Zuge eines verstärkten Ausbaues der Fernwärmenetze zunehmend an Bedeutung und, obwohl die Fernwärmeversorgung bereits ins Jahr 1882 (erste Fernheizung in Lockport bei New York) zurückreicht, wird derzeit noch an vielen Details wie Optimierung verschiedener Netzparameter oder an Untersuchungen über die wirtschaftlichen Einsatzmöglichkeiten gearbeitet. Nach Ansicht vieler Fachleute wird in Zukunft neben elektrischer Energie und gasförmigen Energieträgern auch Heißwasser als Energieträger zur Deckung des Wärmebedarfes im Niedrigtemperaturbereich in Ballungsgebieten zum Einsatz kommen. Dies ist auch der Grund, warum dem "konventionellen" Energieträger Heißwasser ein kurzer Abschnitt gewidmet ist. Wenngleich heute neue Methoden der Fernwärmeübertragung (siehe Abschn. 6.1) diskutiert werden, wird auch in diesen Fällen Heißwasser als Endenergieträger dem Verbraucher zugeführt werden. Für die Fernwärmeübertragung sprechen vor allem die geringere Schadstoffemission durch die zentrale Wärmeerzeugung im Vergleich zur Wärmebedarfsdeckung mittels Einzelanlagen, bessere Ausnutzung der Rohstoffquellen, geringere Abwärmebelastung der Umgebung und die Möglichkeit, verschiedene Primärenergieträger optimal einzusetzen. Schließlich bietet Fernwärme auch für den Verbraucher eine Reihe von Vorteilen.

Für die Wahl der Vorlauftemperatur des Fernwärmenetzes sind eine Reihe von Kriterien maßgebend. Einerseits sollte die Temperatur niedrig angesetzt werden, um die Wärmeverluste bei gegebenem Isolationsaufwand der Leitungen möglichst klein zu halten, außerdem kann im Fall der Kraft-Wärmekupplung mehr thermische Energie zur Elektrizitätserzeugung herangezogen werden. Andererseits muß bei niedriger Vorlauftemperatur eine größere Heißwassermenge (bei gegebener Rücklauftemperatur) zu den Verbrauchern geführt werden, um den Wärmebedarf zu decken, was zu Kostensteigerungen bei den Transportleitungen und Pumpstationen führt. Allerdings ist die Vorlauftemperatur auch nach unten hin durch die erforderlichen Mindesttemperaturen auf der Verbraucherseite begrenzt (Wärmetauscherstationen, Heizungs-, Warmwassertemperaturen etc.). Übliche Wasservorlauftemperaturen liegen zwischen 75 und 130° C, die Rücklauftemperaturen entsprechend niedriger. Da der Wärmebedarf eines Großteils der Verbraucher (Haushalte) von der Jahreszeit abhängt, muß die übertragene Wärmeenergie entweder durch Änderung der Vorlauftemperatur (konstanter Wasserstrom, meist verwendet) oder bei konstanten Temperaturverhältnissen durch Änderung des Heißwasserstromes (seltener) den Bedarfsverhältnissen angepaßt werden.

Als Wärmequellen für Fernwärmenetze kommen reine Heizwerke (nur zur Erzeugung thermischer Energie) oder die, in jüngster Zeit immer mehr an Bedeutung gewinnende - im Prinzip schon lange bekannte, doch früher nur selten ausgeführte - Kombination von Kraft- (elektrische Energie) und Wärmeerzeugung, das sogenannte Heizkraftwerk (Kraft-Wärmekupplung) in Frage /4.6.1, 4.6.2/. Bei letzterem erfolgt die Auskopplung eines Teiles der Wärmeenergie mit entsprechender Temperatur aus oder nach den Dampf- oder Gasturbinen, wobei diese Wärme den Verbrauchern als Fernwärme zugeführt wird. Das Verhältnis Wärmeenergie zu elektrischer Energie hängt von der Art des Prozesses bzw. den geforderten Energiewerten ab. Als Energielieferanten sind Abfallstoffe (Müll) (siehe Abschn. 3.8), fossile Brennstoffe und Kernenergie /4.6.3/ möglich. Für kleinere Leistungen kommen auch dieselmotorbetriebene Heizkraftwerke in Betracht.

Die Ausnützung eines Fernwärmenetzes ist umso günstiger, je größer die transportierte Wärmemenge und die jährliche Auslastung ist, d.h., Fernwärme kommt in erster Linie für dicht besiedelte Gebiete in Frage,wobei hier das wärmeerzeugende Werk möglichst in unmittelbarer Nähe der Verbraucher liegen soll, um die Wärmeverluste klein zu halten. Dies führt vor allem bei Kernkraftwerken zu Problemen, da diese aus Sicherheitsgründen eher in größerer Entfernung von Ballungsräumen errichtet werden /4.6.4, 4.6.5/.

Im folgenden soll kurz auf die Möglichkeiten der Wärmeeinspeisung in Fernwärmenetze durch Heizkraftwerke (Kraft-Wärmekupplung) eingegangen werden. Hier ist zwischen Dampf- und Gasturbinen- und kombinierten Gas/Dampfturbinenanlagen zu unterscheiden.

In Dampfturbinenanlagen besteht die Möglichkeit von Gegendruck- oder Entnahmekondensationsturbinen.

Bei der Gegendruckturbine besteht eine feste Zuordnung von Wärme- und elektrischer Energieerzeugung. Der Dampfstrom durch die Turbine richtet sich nach dem Wärmebedarf des Fernwärmenetzes.
Abb. 4.6.1a zeigt die prinzipielle Schaltung des Wärmetauschers für die Wärmeübertragung in das Fernwärmenetz. Bei der Gegendruckturbine wird der Abdampf generell noch für weitere Zwecke

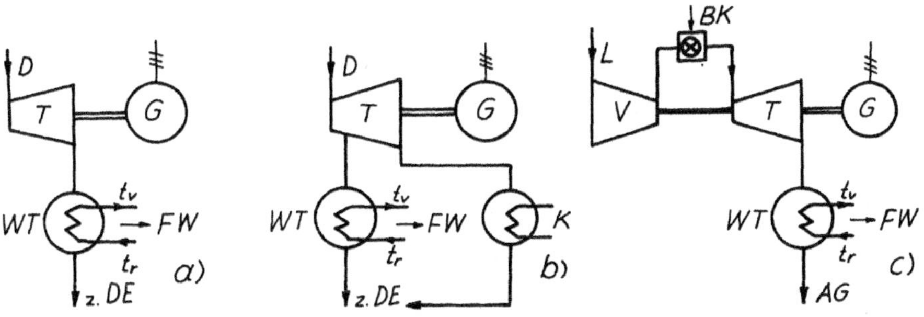

Abb. 4.6.1. Kraft-Wärmekupplung. a) Gegendruckturbine, b) Entnahmekondensationsturbine, c) Gasturbine. D ... Dampf, L ... Luft, T ... Turbine, G ... Synchrongenerator, WT ... Wärmetauscher, FW ... Fernwärmenetz, $t_{v,r}$ ... Vor-, Rücklauftemperatur, z.DE ... zum Dampferzeuger, K ... Kondensator, V ... Verdichter, BK ... Brennkammer. AG ... Abgas.

ausgenützt, die Turbine arbeitet gegen einen höheren Austrittsdruck (Gegendruck) als beispielsweise die Kondensationsturbine, wo der Dampf normalerweise bei Unterdruck kondensiert.

Bei Entnahmekondensationsturbinen ist eine Änderung des Verhältnisses Heizenergie zu elektrischer Energie in weiten Grenzen möglich. Hiebei wird ein Teil des Dampfes der Turbine entnommen, der Rest entspannt in der Turbine und kondensiert bei Unterdruck in einem Kondensator (Abb. 4.6.1b).

In Gasturbinenanlagen wird ein Teil der in den austretenden heißen Abgasen enthaltenen Wärme über geeignete Wärmetauscher dem Fernwärmekreislauf zugeführt (Abb. 4.6.1c) /4.6.6/.

Bei kombinierten Gas/Dampfturbinenanlagen dienen die Abgase der Gasturbine zur Dampferzeugung für den gekoppelten Dampfturbinenkreis. Hier kann Wärme sowohl vom Gas- als auch vom Dampfkreis entnommen werden.

Selbstverständlich können als Dampferzeuger auch Kernreaktoren eingesetzt werden. So könnten in Abb. 4.6.1a und b Leichtwasserreaktoren - die heute am meisten verwendete Reaktortype - als Dampferzeuger fungieren. Die vom Reaktor auf den Primärkreis übertragene Wärme wird mittels Wärmetauscher auf den Sekundärkreis (Dampfkreis) übertragen. Die Dampfturbinendaten liegen hier niedriger als bei konventionellen fossil befeuerten Dampfkraftwerken (Frischdampftemperaturen um 500 bis 550° C). Vergleichbare Dampfwerte wären mit Hochtemperaturreaktoren erreichbar. Eine interessante Hochtemperaturanlage wäre der heliumgekühlte Hochtemperaturreaktor mit einer in direktem Kreislauf betriebenen Heliumturbine. Zum Unterschied von allen anderen Kernkraftwerksanlagen wäre hier die Wärmeauskopplung bei relativ hohem Temperaturniveau möglich, wodurch die Vorlauftemperatur des Fernwärmenetzes in weiten Grenzen verändert und damit den Betriebserfordernissen optimal angepaßt werden könnte.

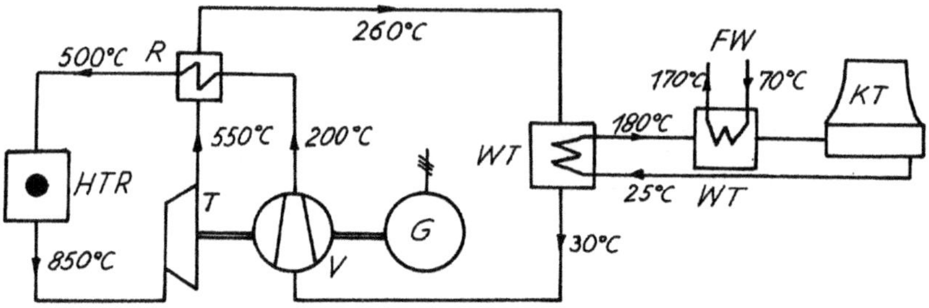

Abb. 4.6.2. Kraft/Wärmekupplung eines Hochtemperaturreaktors mit Heliumturbine (nach /4.6.3/). HTR ... Hochtemperaturreaktor, T ... Turbine, V ... Verdichter, G ... Synchrongenerator, R ... Rekuperator, WT ... Wärmetauscher, FW ... Fernwärmenetz, KT ... Kühlturm.

Abb. 4.6.2 zeigt das Schema einer Kraft-Wärmekupplung eines Hochtemperaturreaktors mit Heliumkreislauf und Gasturbine /4.6.3/. Hochtemperaturreaktoren mit Heliumkühlung stehen derzeit am Beginn ihrer Entwicklung, es existieren bisher nur wenige Versuchsanlagen (z.B. St. Vrain, USA).

Literatur

4.6.1. Mareske, A.: Kraft-Wärmekopplung in Großstädten. Energie 27, 279-284 (1975).

4.6.2. Schwarzenbach, A.: Zur wirtschaftlichen Auslegung von Fernheizkraftwerken. BBC-Mitt. 64, 530-535 (1977).

4.6.3. Heller, A., Minder, R.: Wärmenutzung bei zukünftigen Reaktorsystemen. Bull.SEV 68, 839-843 (1977).

4.6.4. Stoll, P.: Einsatz bestehender und in Bau befindlicher Kraftwerke der Schweiz für Wärmenutzung. Bull.SEV 68, 828-833 (1977).

4.6.5. Winkens, H.P.: Energiewirtschaftliche Aspekte der Wärmenutzung aus Kernkraftwerken. Bull. SEV 68, 818-824 (1977).

4.6.6. Schwarzenbach, A., Frutschi, H.-U.: Gasturbinen für Fernheizkraftwerke. BBC-Mitt. 64, 556-561 (1977).

5. Nichtkonventionelle Energiespeicherung

5.1. Allgemeines

Energiespeicher sind Einrichtungen zur Aufnahme von Primär- oder Sekundärenergie, um diese im Bedarfsfalle wieder abzugeben. Die Aufgabe der Energiespeicher kann sein:

- Aufnahme und Speicherung in Lastangebotszeiten
- Deckung von Lastspitzen
- Bevorratung
- Ausgleich von Lastschwankungen
- Energiedeckung in Fällen, wo dies auf direktem Wege unmöglich ist (z.B. Impulsspeicher)
- Beitrag zur optimalen Nutzung der Primärenergie.

Eine Einteilung kann nach folgenden Gesichtspunkten erfolgen:

- nach Energieart: Primärenergiespeicher, Sekundärenergiespeicher
- nach gespeicherter Energieform: mechanische, thermische, elektrische Energie usw.
- nach Speichergröße (Volumen, Energiedichte)
- nach Speicherdauer: Kurz-, Mittel-, Langzeitspeicher
- nach Energiespeicherverfahren (Umwandlungsverfahren).

Die Wahl des Speichersystems hängt letztlich von der Energiedichte, Speicherdauer, Entnahmecharakteristik, dem Umwandlungswirkungsgrad sowie weiterer Nebenbedingungen (z.B. Standortwahl) und schließlich von den Speicherkosten und der Wirtschaftlichkeit ab.

5.2. Elektrochemische Energiespeicher

Elektrochemische Speicher sind Vorrichtungen, welche die elektrische Energie in Form von chemischer Energie speichern und bei Bedarf diese wieder in elektrische Energie umwandeln und abgeben. Da die Speicherung einen umkehrbaren (elektrochemischen) Prozeß verlangt, kommen hiefür in erster Linie Sekundärelemente (Sekundärbatterien, Akkumulatoren) in Betracht. Prinzipiell wird bei elektrochemischer Energieumwandlung in elektrischen Zellen die chemische Energie (freie Reaktionsenthalpie), die bei der

Reaktion von geeigneten Reaktionspartnern auftritt, nicht in Wärme, sondern direkt in elektrische Energie umgewandelt, wobei dies durch eine Teilung der Bruttoreaktionen in anodische und kathodische Teilreaktionen geschieht. Sekundärelemente besitzen nun die Eigenschaft, daß die bei der Entladung (Energieabgabe) entstehenden Reaktionsprodukte in einer nachfolgenden Elektrolyse (Zufuhr elektrischer Energie, Ladung) größtenteils in ihre Ausgangsstoffe zurückgeführt werden.

Auch auf dem Gebiete der H_2/O_2-Brennstoffzelle wurden Anstrengungen unternommen, diese direkt für Speicherzwecke zu verwenden. Dies stößt praktisch bei der O_2-Elektrode auf Schwierigkeiten, da es bisher nicht gelungen ist, O_2-Elektroden zu bauen, die sowohl als Anode wie auch als Kathode mit gutem Wirkungsgrad arbeiten. Die H_2-Elektrode kann jedoch für beide Vorgänge (Ladung, Entladung) eingesetzt werden, sodaß eine H_2/O_2-Speicherzelle mit drei Elektroden entwickelt wurde /5.2.1/. Diese stellt nun eine Kombination einer "konventionellen" Brennstoffzelle mit einem Elektrolyseur dar.

Elektrochemische Speicher lassen sich hinsichtlich ihres Verwendungszweckes in zwei Hauptgruppen einteilen. Die erste Gruppe umfaßt stationäre Energiespeicher für kleine Notstrom- und Pufferbatterieanlagen bis zu Großanlagen und die zweite umfaßt die für die Elektrotraktion interessanten Speicher. Für letztere sind vor allem hohe Leistungs- und Energiedichte wegen des möglichst geringen Speichergewichtes und -volumens die wichtigsten Kriterien. Generell wird von allen elektrochemischen Speichern hohe Lebensdauer (hohe Zahl der Lade-, Entladevorgänge = Zyklenzahl) verlangt, ebenso gute Speicherwirkungsgrade.

Auf altbewährte und vielfach eingesetzte Speicher wie Bleiakkumulatoren, Nickel-Kadmium-, Eisen-Nickel-Batterien soll hier nicht weiter eingegangen werden, wenngleich auch bei diesen Batterien in letzter Zeit wesentliche Verbesserungen erzielt wurden. Beispielsweise wurden beim Bleiakku die Energiedichten von 20 bis 25 Wh/kg auf 40 Wh/kg (Spezialausführung) erhöht, doch scheint die obere Grenze aus heutiger Sicht bei Ausschöpfung aller technischen Möglichkeiten kaum über 50 Wh/kg zu liegen, obwohl die theoretische Energiedichte 161 Wh/kg beträgt, was den Einsatz in Elektrofahrzeugen auf Sonderfälle (reiner Stadtverkehr) beschränkt. Übliche Werte von Bleipanzerplattenbatterien liegen bei 30 Wh/kg, 150 W/kg und 1500 Zyklen. Der Grund für die

Differenz zwischen theoretischen Werten und den praktisch erreichten liegt darin, daß bei praktischer Nutzung nicht die gesamte Masse der Reaktionspartner umgesetzt wird, der Elektrolyt meist in verdünnter Form vorliegt und Polverbinder sowie Stromabführungen vorhanden sein müssen, die die Massenbilanz wesentlich verschlechtern.

Im folgenden soll kurz auf einige in letzter Zeit entwickelte Sekundärbatteriesysteme mit höheren Energiedichten eingegangen werden, von denen einigen gute Zukunftschancen eingeräumt werden /5.2.2., 5.2.3/.

5.2.1. Niedrigtemperaturzellen

5.2.1.1. Silber/Zink-Batterie

Die Gesamtreaktion verläuft nach der Gleichung

$$2\ AgO + 2\ Zn + H_2O \longrightarrow ZnO + Zn(OH)_2 + 2Ag$$

Als Elektrolyt dient 35 bis 40 %ige Kalilauge, die Zellspannung beträgt 1,6 bis 1,7 Volt. Die theoretische Energiedichte beträgt 460 Wh/kg, die praktisch erreichte liegt bei 100 Wh/kg und 400 W/kg. Auf Grund des teuren Elektrodenmaterials und der bisher erreichten relativ niedrigen Zyklenzahl (200) wird diese Zelle nur in Sonderfällen (Raumfahrt, militärische Zwecke) zum Einsatz kommen. Weiters ist bei allen mit Zinkelektroden arbeitenden Batterien beim Ladevorgang die Dendritenbildung von Zink ein Problem, da diese zu Kurzschlüssen führt.

5.2.1.2. Metall/Luft-Batterien

Bei Metall/Luft-Batterien arbeitet die Sauerstoffelektrode (Katalysatorelektrode) beim Ladevorgang als Anode zur Sauerstoffentwicklung und als Luftkathode bei der Entladung. Die Zellen sind kapazitätsmäßig von der negativen Speicherelektrode (Metallelektrode) begrenzt.

Zink/Luft-Batterie

Die Reaktionsgleichung lautet:

$$2Zn + O_2 \longrightarrow 2ZnO$$

Die Energie der Zink/Luft-Batterie wird beim Umwandlungsprozeß von Zink in Zinkoxid gewonnen. Die Reaktion verläuft bei alkalischen Elektrolyten bei Betriebstemperaturen von 20 bis 100° C ab, die theoretische spezifische Energie beträgt 318 Wh/kg, die

Zellspannung 1,35 bis 1,65 V. Praktische Werte dürften um 100 bis 150 Wh/kg liegen. Problematisch ist, wie vorhin erwähnt, die Dendritenbildung von Zink, was zusätzliche Maßnahmen erfordert und die maximale Zyklenzahl herabsetzt.

Eisen/Luft-Batterien

Der Eisen/Luft-Batterie werden gute Zukunftschancen eingeräumt. Sie arbeitet bei Temperaturen von 20 bis 60° C. Die Entladeprodukte bleiben zum Unterschied von der Zinkelektrode als feste Stoffe in der Elektrode. Die Reaktionsgleichung lautet

$$2Fe + O_2 + 2H_2O \longrightarrow 2\,Fe(OH)_2$$

Als Elektrolyt dient Kalilauge. Die theoretische spezifische Energie liegt bei 760 Wh/kg, auf Grund durchgeführter Untersuchungen bei der Firma Siemens rechnet man mit praktischen Werten um 115 Wh/kg. Zu beachten ist weiters, daß bei der chemischen Umsetzung Wasser aus dem Elektrolyten entweicht, dies muß durch Nachfüllen oder durch Kondensation des verdunstenden Wassers wieder ausgeglichen werden. Das CO_2 der Luft wird von der Kalilauge absorbiert, wodurch es zu Kapazitätseinbußen kommt, es muß daher die Luft vor Eintritt in die Zelle von CO_2 befreit werden (CO_2-Absorber).

Vielversprechend sind Neuentwicklungen mit Lithium als Anodenmaterial und organischen Elektrolyten. Das Kathodenmaterial besteht aus Metalloxiden, Chloriden und Sulfiden. Beispielsweise bringt eine Zelle mit Lithium als Anode und Titansulfid als Kathode und einer Lithium-Phosphor-Fluor-Verbindung in organischem Elektrolyten eine Zellspannung von rund 2,5 V bei einer spezifischen Energie von 480 Wh/kg und hoher Zyklenzahl. Diese Zellen stehen erst am Anfang ihrer Entwicklung und es bleibt abzuwarten, ob auch eine großtechnische Realisierung möglich ist.

5.2.2. Hochtemperaturzellen

Hier scheinen vor allem zwei Systeme erfolgversprechend zu sein, nämlich die Natrium/Schwefel- und die Lithium/Schwefel-Zelle.

5.2.2.1. Natrium/Schwefel-Zelle

Die Na/S-Zelle wurde erstmals 1966 von Ford vorgestellt. Bei dieser Zelle liegen die Elektroden (Na und S) in flüssiger Form vor. Als Elektrolyt dient ein keramischer Festelektrolyt (β-Aluminiumoxid, $Na_2O \cdot Al_2O_3$), der die Eigenschaft besitzt, bei Betriebstemperatur der Zelle (300 bis 350° C) ein guter Ionen(Na^+)-Leiter zu sein /5.2.4/. Gleichzeitig dient dieser Festelektrolyt als Separator zwischen den beiden Elektroden.

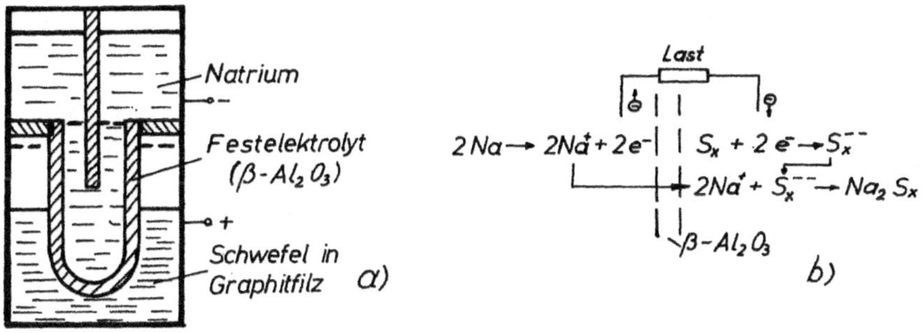

Abb. 5.2.1. a) Schnitt durch eine Na/S-Zelle (schematisch);
———— geladener, – – – – entladener Zustand /5.2.5/;
b) Schema der chemischen Reaktionen.

Abb. 5.2.1 zeigt schematisch den Aufbau dieser Zelle /5.2.5/. Im geladenen Zustand befindet sich flüssiges Natrium im oberen Behälterteil, im unteren befindet sich Schwefel, der in einer Graphitstruktur (Filz) aufgesaugt ist, die zur Stromabfuhr an das Edelstahlgehäuse (Pluspol) dient. Den negativen Pol bildet das flüssige Natrium, die Stromabfuhr erfolgt durch einen Metallbolzen, der mittig an der oberen Behälterwandung angeschlossen ist. Bei Energieentnahme wandern die positiven Natriumionen durch den Festelektrolyten zum Schwefel, wo Natriumpolysulfide entstehen. Es steigt dabei auch das Volumen der Schwefelelektrode an, das Natriumvolumen sinkt während der Entladung bis zur strichlierten Grenze. Bei der Ladung werden die gebildeten Natriumpolysulfide wieder abgebaut, die Na^+-Ionen wandern durch den Festelektrolyten zurück, der ursprüngliche Zustand ist wieder hergestellt. Für den praktischen Betrieb solcher Zellen ist ein geringer Innenwiderstand zu fordern, d.h. im besonderen, den spezifischen Widerstand des Elektrolyten zu verringern, was durch Dotieren mit Fremdkationen (z.B. Mg^{++}-Ionen mit MgO) gelingt. Die theoretische spezifische Energie beträgt 795 Wh/kg, die Leerlaufspannung 2,1 V, und man hofft, praktische Werte um 200 Wh/kg und 200 W/kg zu erreichen. Problematisch ist bei dieser Zelle die hohe Betriebstemperatur, weiters die Folgen, die beim Bruch des Keramikrohres auftreten, da beim unmittelbaren Zusammentreffen von Na und S Temperaturen bis 1000° C auftreten können. Um dies zu vermeiden, wurden Versuche mit Metallfilzen angestellt, die das Natrium durch Kapillarkräfte halten, wodurch bei Elektrolytzerstörung die chemische Reaktion auf eine kleine Fläche beschränkt bleibt. Andere Entwicklungen verwenden statt des keramischen β-Al_2O_3-Festelektrolyten Na^+-ionenleitende mit Na gefüllte Glasfaserkapillare, die in Schwefel eintauchen. Allerdings liegt hiebei der Innenwiderstand der Zellen wesentlich höher.

Wenngleich bisher schon einige Versuchsfahrzeuge mit Na/S-Prototypzellen ausgestattet wurden, sind bis zur technischen Reife noch erhebliche Schwierigkeiten zu überwinden. Letztlich bleibt abzuwarten, inwieweit die hohe Betriebstemperatur und das flüssige Natrium einen Einsatz im Traktionswesen (Unfallgefahr) zulassen. Für Energiespeicherzwecke zur Spitzenlastdeckung liegen die Verhältnisse günstiger.

5.2.2.2. Lithium/Schwefel-Batterie

Die Lithium/Schwefel-Batterie wurde vor allem von den Argonne National Laboratories (USA) entwickelt. Das Anodensystem besteht aus Lithium, das Kathodensystem aus Schwefel. Der Elektrolyt wird durch eutektische Salzverbindungen gebildet, die bei Betriebstemperaturen (300 bis 400° C, abhängig vom Elektrolyten) als Salzschmelze vorliegen. Salzschmelzen sind bei höheren Temperaturen äußerst korrosiv, sodaß an die Konstruktionsmaterialien hohe Anforderungen gestellt werden. Lagen ursprünglich die beiden Elektroden in flüssiger Form vor, so werden vor allem in letzter Zeit Li-Al-Elektroden auf der Anodenseite und Eisensulfid als Kathode eingesetzt. Dies führt wohl zu Spannungsabsenkungen und Massenerhöhung, bringt aber den Vorteil, daß beide Elektroden mechanisch stabil und elektrisch gut leitend sind. Außerdem war bei Verwendung von reinem Schwefel die obere Betriebstemperatur durch dessen Siedepunkt (440° C) begrenzt. Abb. 5.2.2. zeigt einen Schnitt durch eine von den Argonne National Laboratories entwickelte Zelle in Bicell-Ausführung /5.2.6, 5.2.7/, d.h.,

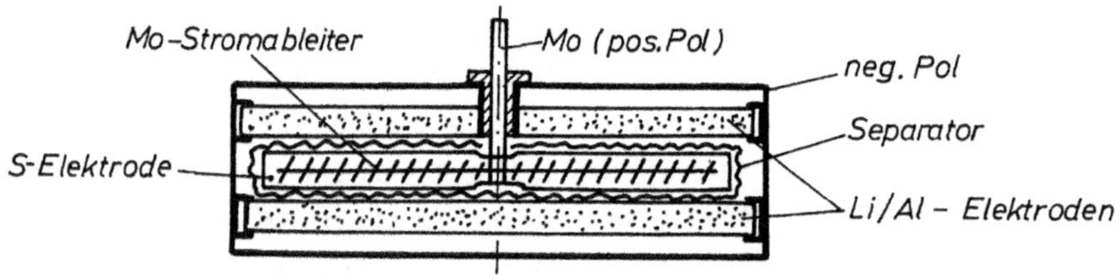

Abb. 5.2.2. Schnitt durch eine von den Argonne National Laboratories entwickelte Li/S-Zelle in Bicell-Ausführung.

eine Schwefelelektrode liegt zwei Lithium-Elektroden gegenüber. Das Ziel dieser Entwicklungen sind Zellen mit 140 bis 175 Wh/kg bei Zyklenzahlen über 1000. Es wurden auch Untersuchungen mit Kupfersulfidelektroden durchgeführt, die ebenfalls günstige Ergebnisse brachten und spezifische Energiewerte von 130 bis 170 Wh/kg erwarten lassen, bei 2000 bis 3000 Zyklen.

Weitere Hochtemperaturzellen sind die Calzium/Fluorid-Zelle (Festelektrolytzelle) und die Lithium/Chlor-Zelle (Schmelzelektrolytzelle).

Abb. 5.2.3 zeigt die spezifischen Werte einiger Hochenergiezellensysteme, als Vergleich sind der konventionelle Bleisäureakkumulator und der Nickel-Cadmium-Akkumulator eingezeichnet.

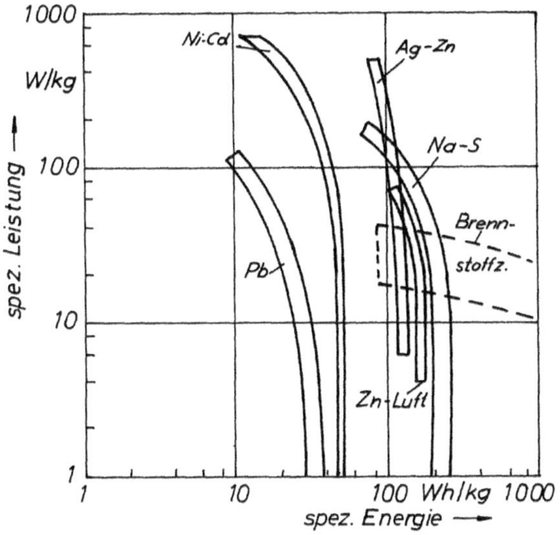

Abb. 5.2.3. Spezifische Leistung in Abhängigkeit von der spezifischen Energie für verschiedene Sekundärzellensysteme.

Generell kann gesagt werden, daß die in der Literatur gemachten Angaben hinsichtlich spezifischer Energie und Leistung mitunter stark voneinander abweichen. Dies ist jedoch nicht verwunderlich, wenn man bedenkt, daß sich die vorhin erwähnten Zellen erst im Entwicklungsstadium befinden und die einzelnen Werte oft unter ganz unterschiedlichen Laborbedingungen ermittelt wurden.

Literatur

5.2.1. Justi, E.W., Ewe, H.H.: Speicherung mittels Brennstoffzellen. VDI-Berichte 223, 109-117 (1974).

5.2.2. Schreiber, H.: Elektrochemische Energiespeicherung.

Österreichisches Bundesministerium für Wissenschaft und Forschung, Sektion Forschung 1976.

5.2.3. Elektrisch angetriebene Kraftfahrzeuge. Studie der Gesellschaft für elektrischen Straßenverkehr mbH, Düsseldorf 1973.

5.2.4. Mitoff, S.P., Bush, J.B.: Characteristics of a Sodium-Sulfur-Cell for Bulk Energy Storage. 9th IECEC-Proceedings 1974, S. 916-923.

5.2.5. Fischer, W., Baukal, W.: Der Natrium-Schwefel-Akkumulator als Antriebsmittel für Elektrofahrzeuge. etz-a 98, 75-79 (1977).

5.2.6. Walsh, W.J. u.a.: Development of Prototype Lithium/Sulfur Cells for Application to Load-Leveling Devices in Electric Utilities. 9th IECEC-Proceedings 1974, S. 911-915.

5.2.7. Chilenskas, A.A. u.a.: Lithium/Sulfur Batteries for Marine Application. 9th IECEC-Proceedings 1974, S. 654-659.

5.3. Luftspeicher-Kraftwerke

Wie bei jedem Energieträger treten auch bei elektrischer Energie Schwankungen im Bedarf auf. Bestimmte Kraftwerkstypen (Laufkraftwerke, Kernkraftwerke, kalorische Grundlastwerke) liefern eine dem Verbrauch nicht angepaßte "Grundlast". Bei Bedarfsspitzen treten eigens konzipierte Spitzenkraftwerke in Aktion, die die erforderliche Spitzenenergie liefern (z.B. Pumpspeicherwerke). In Schwachlastzeiten kann nun die überschüssige Energie der Grundlastwerke gespeichert werden, um sie dann zur Spitzendeckung heranzuziehen. Ein Problem stellt hiebei die schlechte Speicherbarkeit elektrischer Energie dar. Bisher wurden hauptsächlich hydraulische Pumpspeicherkraftwerke eingesetzt.

Eine neue Möglichkeit, elektrische Energie in großen Mengen wirtschaftlich zu speichern und bei Bedarfsspitzen wieder ins Verbundnetz zu liefern, bieten Luftspeicher-Kraftwerke (pneumatische Druckspeicherkraftwerke) /5.3.1.,5.3.2/.

5.3.1. Grundprinzip eines Luftspeicherkraftwerkes

Bei diesem Kraftwerkstyp wird elektrische Energie indirekt über die Verdichtung von Luft gespeichert. In Schwachlastzeiten wird Überschußenergie zur Luftverdichtung herangezogen, die komprimierte Luft in unterirdischen Kavernen gespeichert und in

Bedarfszeiten - nach zusätzlicher thermischer Energiezufuhr - in Gasturbinen abgearbeitet. Der Unterschied zu konventionellen Gasturbinenanlagen liegt hier u.a. in der zeitlichen Trennung von Verdichtung und Expansion des Arbeitsmediums Luft. Abb. 5.3.1 zeigt das Prinzipschema einer solchen Anlage, wie sie bereits in Huntorf (BRD) realisiert wurde /5.3.3/. Eine Synchronmaschine SM, die sowohl als Motor wie auch als Generator betrieben werden kann,

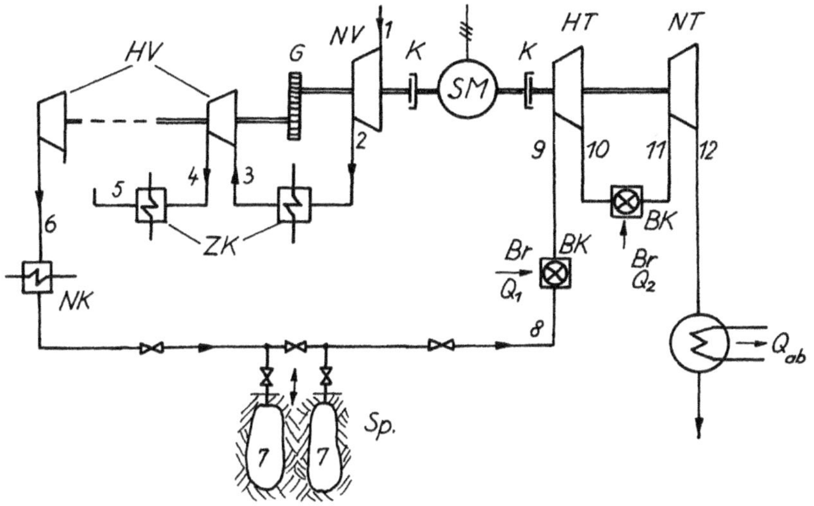

Abb. 5.3.1. Schema eines Luftspeicherkraftwerkes. SM ... Synchronmotor/Generator, NV, HV ... Niederdruck-, Hochdruckverdichter, ZK, NK ... Zwischen-, Nachkühler, HT, NT ... Hochdruck-, Niederdruckturbine, Sp ... Speicher, BK ... Brennkammer, Br ... Brennstoff, G ... Getriebe, K ... Kupplung, Q ... Wärmezu-, -abfuhr.

treibt eine Verdichtergruppe, die die angesaugte Luft auf 40 bis 70 bar verdichtet. Dies geschieht in mehreren Verdichterstufen mit Zwischen- und Nachkühlung. Dies bringt den Vorteil einer kleineren erforderlichen Verdichterarbeit gegenüber einer einstufigen Verdichtung. Außerdem soll die Lufttemperatur für die Speicherung möglichst niedrig sein, da hohe Temperaturen die Speicherwandung beanspruchen und durch thermische Verluste Druckabfälle im Speicher auftreten, die sich auf den Betrieb nachteilig auswirken; weiters ist das spezifische Volumen kalter Luft geringer. Die komprimierte Luft wird in unterirdischen Kavernen gespeichert, deren Volumen sich nach der zu speichernden Energiemenge und dem Speichertyp (siehe Abschn. 5.3.2) richtet. Zu erwähnen ist, daß Lade- und Entladevorgang des Speichers im allgemeinen unterschiedliche Zeitdauer aufweisen. Sind t_E und t_L die Entlade- und Ladezeit, so bezeichnet man das Verhältnis $t_E : t_L$ als "Ladeverhältnis", das je nach Auslegung der Anlage Werte von 1:1 bis 1:4 (seltener höher) annehmen wird. Im letzteren Fall haben die Verdichter nur 1/4 des Luftdurchsatzes der Turbinen.

Zur Spitzenlastdeckung wird komprimierte Luft den Speichern entnommen und einer der Turbine vorgeschalteten Brennkammer BK zugeführt. Dort erfolgt eine thermische Energiezufuhr, das Gasgemisch durchströmt die Gasturbinen, wobei die thermische Energie in mechanische umgewandelt wird. Aus energetischen Gründen ist es sinnvoll, die thermische Energie in einem Hochdruck (HT)- und Niederdruck (NT)-Turbinenteil - unter Zwischenschaltung einer weiteren Brennkammer - in mechanische Energie umzuwandeln (z.B. in Huntorf). Während des Turbinenbetriebes arbeitet die Synchronmaschine als Generator und liefert Spitzenenergie ins Netz.

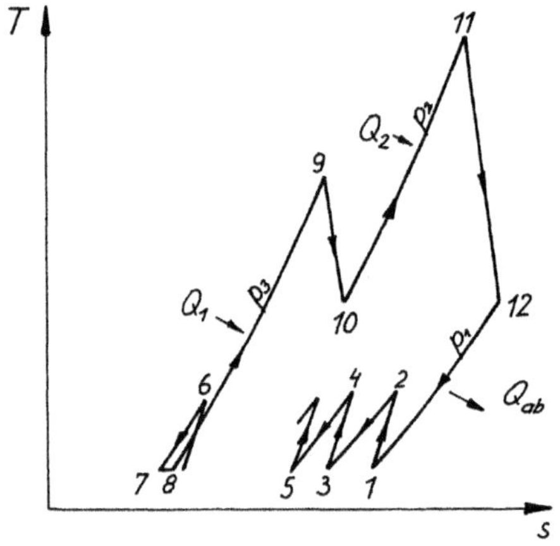

Abb. 5.3.2. T-s Diagramm eines Luftspeicher-Kraftwerkes nach dem Schema von Abb. 5.3.1. Die Ziffern beziehen sich auf die Positionen der Abb. 5.3.1 ($p_1 < p_2 < p_3$ ... Isobare, 7 - 8 Druckverlust im Speicher).

Durch die thermische Energiezufuhr (Erdgas, Heizöl, ev. in Zukunft Wasserstoff ?) in den Brennkammern ist die am Generator abgegebene Energiemenge um 20 bis 40 % höher als die dem Verdichter zugeführte. Bei hydraulischen Pumpspeicherkraftwerken liegt der Betrag der abgegebenen Generatorarbeit um ca. 25 % niedriger als die aufgewendete Pumparbeit. Ein Betrieb ohne thermische Energiezufuhr wäre praktisch unmöglich, da sich die Luft bei der Expansion in den "Luftturbinen" so stark abkühlen würde, daß es zur Vereisung der Turbinenschaufeln - zufolge der stets vorhandenen, wenn auch geringen Luftfeuchtigkeit - und damit zu Betriebsstörungen käme. Selbst bei trockener Luft würden Materialprobleme durch die Versprödung der Werkstoffe bei den tiefen Temperaturen auftreten.

Abb. 5.3.2 zeigt das T-s-Diagramm des gesamten Arbeitskreises. Der in der Praxis auftretende Druckabfall im Speicher (eventuell auch in einer vorhandenen Drossel) ist durch die Strecke 7 - 8 angedeutet. Die Ziffern entsprechen den in Abb. 5.3.1 eingezeichneten Stellen.

Eine Möglichkeit, zusätzlichen Brennstoff zu sparen, bestünde darin, die beim Komprimieren der Luft entstehende Wärmemenge zu speichern und sie dann wieder der Luft beim Entladevorgang zuzuführen /5.3.4/.

5.3.2. Speichervarianten

Den wesentlichen Bestandteil dieser Kraftwerksvariante stellt die Speicheranlage dar. Für größere Kraftwerkseinheiten kommt aus Volumsgründen praktisch nur unterirdische Speicherung in Betracht. Je nach den Druck- und Volumsverhältnissen im Speicher während der Ladung bzw. Entladung unterscheidet man zwischen:

5.3.2.1. Festdruckspeicher

Bei diesen Speichern steht die Luft immer unter konstantem Druck, unabhängig vom Luftvolumen. Abb. 5.3.3a zeigt eine mögliche Variante mit einem Wasserbecken als Druckausgleich. Bei einem

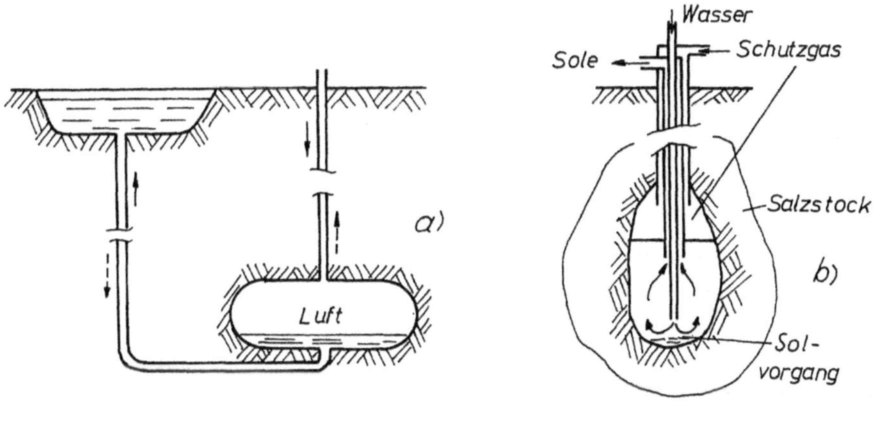

Abb. 5.3.3. Unterirdische Luftspeicher. a) Festdruckspeicher, b) Herstellung eines Gleitdruckspeichers durch Aussolen eines Salzstockes

Druck von 60 bar müßte die geodätische Höhendifferenz der Wasserspiegel in Becken und Speicher rund 600 m betragen. Vorteilhaft ist bei dieser Speichertype, daß unabhängig vom Luftvolumen konstanter Speicherdruck herrscht. Speicher dieser Konzeption benötigen ein wesentlich kleineres Volumen als Gleitdruckspeicher, da fast die gesamte Energie der im Speicher enthaltenen Luftmenge in Nutzarbeit umgewandelt wird. Ihre Herstellung erfolgt nach bergbaulichen Methoden in geeigneten - vor allem dichten - Gesteinsformationen.

5.3.2.2. Gleitdruckspeicher

Bei diesem Speichertyp tritt bei Luftentnahme ein Sinken des Speicherdruckes bei gleichbleibendem Volumen auf (Abkühlung der Luft). Es ist klar, daß in diesem Fall das Speichervolumen wesentlich größer sein muß als bei der ersten Variante, denn es darf hier der Speicherdruck trotz gleichbleibendem Volumens nur bis zu einem von den Turbineneintrittsdaten bestimmten Mindestwert absinken. Um an der Turbine konstanten Eintrittsdruck zu haben, was den Betrieb mit konstanter Leistung wesentlich erleichtert, wird man in vielen Fällen nach dem Speicher ein Drosselventil anordnen, das beim Entladen trotz variablen Speicherdruckes an der Turbine konstante Druckverhältnisse schafft. Dies führt zu geringen Drosselverlusten, die aber durch die günstigere Betriebsart vertretbar sind. Im Falle des Kraftwerkes Huntorf wurden zwei solcher Gleitdruckspeicher mit je 135 000 m^3 Speichervolumen in Steinsalzstöcken durch Aussolen hergestellt (Abb. 5.3.3b). Das Vorhandensein des Salzstockes und damit verbunden die Möglichkeit einer relativ einfachen und billigen Herstellung der Speicher war einer der entscheidenden Gründe für die Standortwahl des ersten Luftspeicherkraftwerkes.

5.3.3. Anlage in Huntorf

Die Anlage in Huntorf (BRD) /5.3.3/ ist für eine maximale Turbinenleistung von 290 MW bei einer täglichen Betriebszeit von 2 Stunden ausgelegt, die Generatorleistung beträgt 341 MVA, $\cos \varphi = 0{,}85$, U = 21 kV, n = 3000 U/min. Es werden zwei Gleitdruckspeicher à 135 000 m^3 verwendet, wobei der Druck zwischen 66 und 46 bar schwankt. Der Eintrittsdruck an der Hochdruckturbine beträgt 46 bar (durch Drossel konstant gehalten), die Eintrittstemperatur 550° C. Die entsprechenden Daten der Niederdruckgasturbine sind 11 bar und 825° C. Die Antriebsleistung der Hochdruck-

und Niederdruckverdichter beträgt 60 MW, das Ladeverhältnis der Anlage 1:4. Die Oberfläche des Salzstockes in Huntorf befindet sich in einer Tiefe von 500 m. Aus geologischen Gründen liegen die Luftspeicher in einer Tiefe von 600 m und mehr. Der Speicherdurchmesser beträgt rund 30 m und die Vertikalausdehnung rund 200 m. Salzstöcke weisen den Vorzug auf, daß sie absolut dicht sind, womit die Undichtheitsverluste gering bleiben. Das Aussolen der Salzkaverne erfolgte durch Wasserzufuhr in Richtung von oben nach unten. Um ein weiteres Aussolen bereits geschaffener Speicherräume zu verhindern, wird ein Schutzgaspolster verwendet (Abb. 5.3.3b). Das Aussolen der beiden 135 000 m^3 Speicher dauerte in Huntorf rund 13 Monate, die Gesamtanlagekosten liegen niedriger als die Kosten eines vergleichbaren hydraulischen Pumpspeicherkraftwerkes.

Luftspeicher-Kraftwerksanlagen stellen vor allem in Flachländern eine günstige Möglichkeit der elektrischen Energiespeicherung zur Spitzenlastdeckung dar. Allerdings ist auch hier das Vorhandensein bestimmter geologischer Gegebenheiten (Salzstöcke) Voraussetzung für die wirtschaftliche Errichtung solcher Speicheranlagen.

Literatur

5.3.1. Zaugg, P.: Luftspeicherkraftwerke. BBC-Mitt. 62, 338-347 (1975).

5.3.2. Gütter, G.: Das "Pneumatische Druckspeicherwerk" - ein neuer Kraftwerkstyp zur Erzeugung elektrischer Spitzenenergie. Energietechnik 25, 327-332 (1975).

5.3.3. Weber, O.: Das Luftspeicher-Gasturbinenkraftwerk Huntorf. BBC-Nachrichten 57, 401-406 (1975).

5.3.4. Schüller, K.H.: Pneumatisches Speicherwerk ohne Brennstoffzufuhr. Elektrizitätswirtschaft 76, 833-838 (1977).

5.4. Untergrundspeicherung von Energieträgern

In den letzten Jahren war eine extrem hohe Steigerung des Erdöl- und Erdgasverbrauches in allen Industriestaaten zu verzeichnen. Dies führte dazu, daß von den ursprünglich oberirdisch angelegten Speicheranlagen aus Kosten- und Platzgründen immer mehr auf unterirdische Großspeicher zur Bevorratung der meist importierten Primärenergieträger sowie zum Ausgleich des schwankenden Energiebedarfes übergegangen wurde /5.4.1 - 5.4.3/.

Für unterirdische Speicher bestehen prinzipiell folgende Möglichkeiten:

- aufgelassene Öl- oder Gaslagerstätten
- Porenspeicher (Aquiferspeicher)
- künstlich geschaffene Hohlräume in Salzstöcken durch Aussolen
- künstlich geschaffene Hohlräume in festen dichten Gesteinsformationen (Felskavernen, Tunnel, Herstellung mit bergmännischen Verfahren, ev. aufgelassene Bergwerke).

5.4.1. Porenspeicher (Aquiferspeicher)

Porenspeicher eignen sich besonders für die Langzeitspeicherung von Gasen. Voraussetzung ist das Vorhandensein geeigneter poröser permeabler Gesteinsschichten, die meist Wasser enthalten. Weiters sollte diese Schicht in gewölbter Form (Abb. 5.4.1) vorliegen (Bildung einer Gasblase), und ferner muß eine gasundurchlässige Deckschichte das Abströmen des Gases nach oben verhindern.

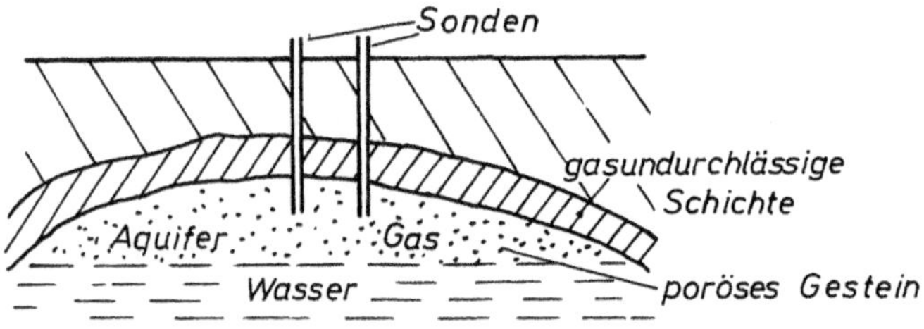

Abb. 5.4.1. Schematischer Schnitt durch einen Porenspeicher.

Die Ladung und Entladung des Speichers erfolgt über entsprechende Sonden, wobei ein Teil dieser nur zur Überwachung des Ladezustandes und des Gasdruckes dient. Übliche Gasdrucke liegen zwischen 40 und 60 bar, die Größe richtet sich nach den geologischen Voraussetzungen des Speichers. Porenspeicher eignen sich wegen ihrer Größe (bis zu 10^9 m^3) vor allem zum saisonalen Ausgleich des Gasbedarfes. Dies auch deshalb, weil die Entladung von Porenspeichern aus physikalischen Gründen langsamer vor sich geht als z.B. jene von Kavernenspeichern. Das schwierigste Problem stellt die Auffindung solcher geologisch günstiger Aquiferspeicher dar, doch sind schon in vielen Ländern große Speicher seit einigen Jahren zur vollsten Zufriedenheit im Einsatz (Frankreich, Deutschland, USA, Kanada, UdSSR usw.), und es wird derzeit an der Prospektierung neuer Lagerstätten gearbeitet.

Zu den Porenspeichern sind auch aufgelassene Öl- und Erdgaslagerstätten zu zählen, die meist ohne große Explorationskosten in Gasspeicher umfunktioniert werden können.

5.4.2. Speicherung in Steinsalzkavernen

Künstlich durch Aussolen hergestellte Steinsalzkavernen eignen sich sowohl für die Öl- als auch für die Gasspeicherung (gasförmig und flüssig) und zeichnen sich besonders durch ihre Dichtheit aus. Während Ölspeicher vor allem der Bevorratung dienen, eignen sich Gasspeicher wegen ihrer raschen Entladbarkeit besonders zur Deckung von Spitzenlasten. Hiebei ist aber zu beachten, daß bei dieser Betriebsart (Gleitdruckspeicher, siehe Abschn. 5.3.2.2) Druckschwankungen auftreten, die außerdem mit Temperaturänderungen einhergehen. Dies bedeutet für die Speicherwandungen erhöhte Belastungen, was eine sorgfältige Planung und Einhaltung der maximalen Druckbeanspruchungen und Schwankungen voraussetzt. Bei Ölspeichern wird in manchen Fällen das Öl mittels Wasser aus dem Speicher gedrückt, was eine Vergrößerung des Speichervolumens durch Aussolen zur Folge hat und dementsprechend berücksichtigt werden muß. Salzkavernen dienen darüber hinaus auch als Speicher für Druckluft (z.B. Anlage Huntorf) und vereinzelt auch zur Speicherung von Flüssiggas (z.B. Kaverne Heide 101 der Texaco, BRD, mit 20 000 m^3 Speicherinhalt für Propan/Butan). An der Untergrundspeicherung von flüssigem Erdgas (LNG, liquid natural gas) wird derzeit gearbeitet.

Ähnlich wie bei Porenspeichern müssen auch hier geeignete geologische Voraussetzungen zur Errichtung solcher Kavernenspeicher gegeben sein.

5.4.3. Speicherung in Felskavernen

Hiezu zählen aufgelassene Bergwerke oder eigens für Speicherzwecke geschaffene künstliche Hohlräume in Felsregionen. Problematisch ist in vielen Fällen die Dichtheit des Gesteins. Gasspeicher wurden bisher nicht bekannt, sondern nur Ölspeicher (z.B. Felskavernen in Norwegen und Schweden). In manchen Fällen, wo die Dichtigkeit des Gesteins von vornherein nicht gegeben erscheint, wird die Tatsache genützt, daß die Kaverne unter dem hydrostatischen Druck des in Poren des Gesteins gespeicherten Wassers steht. Liegt nun der Öldruck unterhalb dieses Druckes, so kann Öl nicht aus der Kaverne austreten, was neben Speicherverlusten auch noch zu Umweltbelastungen führen würde. Allerdings funktioniert diese "Dichtung" nur, wenn ständig Wasser aus höheren Gesteinsschichten zur Kaverne fließen kann.

Literatur

5.4.1. Reiss, J., Schaumberg, G.: Die Lagerung von Kohlenwasserstoffen im Untergrund. Bull.SEV 68, 10-16 (1977).

5.4.2. Haddenhorst, H.G. u.a.: Hochdruck-Erdgas-Kavernen. Erdöl-Erdgas-Zeitschrift 1974, S.154-161, 197-204.

5.4.3. Garstka, J. u.a.: Untergrundgasspeicher in Frankreich. Energietechnik 26, 408-412 (1976).

5.4.4. Arnold, C.: Über Zusammenhänge zwischen Erdgasspaltung und unterirdischer Gasspeicherung. Energietechnik 26, 519-523 (1976).

5.5. Wärmespeicherung

5.5.1. Wärmespeicherung durch Heterogenverdampfung

Manche chemischen Verbindungen AB (fest, flüssig) zeigen die Eigenschaft, daß bei Wärmezufuhr unter bestimmten Druck- und Temperaturverhältnissen eine Komponente (B) in die Gasphase übergeht, während ein fester oder flüssiger Reaktionsteil (A) zurückbleibt. Führt man das Gas (B) zu einem späteren Zeitpunkt wieder der flüssigen oder festen Komponente (A) zu, so erfolgt eine Rückreaktion unter Abgabe der Reaktionswärme /5.5.1, 5.5.2/. Die Reaktionen verlaufen in weiten Bereichen isotherm, wobei die Temperatur vom Druck abhängig ist. Dieser mehr oder weniger reversible Vorgang bildet nun die Grundlage für diese Art von Wärmespeicherung.

$$\text{AB (fest, flüssig)} \underset{\text{Wärmeabfuhr}}{\overset{\text{Wärmezufuhr}}{\rightleftharpoons}} \text{A (fest, flüssig)} + \text{B (gasförm.)}$$

Die bei solchen Reaktionen umgesetzten Wärmemengen je Mol sind meist größer als die Verdampfungswärme von Wasser (40,7 kJ/mol), in manchen Fällen um den Faktor 2 bis 3.

Es gibt eine Reihe von Salzen, wie z.B. $FeCl_2$, $CaCl_2$, $ZnCl_2$, $CaBr_2$ usw., die große Mengen Ammoniak (NH_3) binden können. Als Beispiel seien nur zwei Reaktionen mit ihren Reaktionswärmen angeführt /5.5.1/.

$$FeCl_2 \cdot 6NH_3 \rightleftharpoons FeCl_2 \cdot 2NH_3 + 4NH_3, \quad Q = 52{,}3\ \text{kJ/mol}NH_3$$
$$(p = 1\ \text{bar},\ T \approx 100^\circ\ \text{C})$$

$$FeCl_2 \cdot NH_3 \rightleftharpoons FeCl_2 + NH_3, \quad Q = 106{,}3\ kJ/mol\ NH_3$$
$$(p = 1\ bar,\ T \approx 300^\circ\ C)$$

Andere Stoffe, wie z.B. $MgCO_3$, $CaCO_3$, spalten bei hohen Temperaturen CO_2 ab.

Ein auf diesem Prinzip beruhender Wärmespeicher besteht aus zwei Teilspeichern: einem, in dem sich nach Wärmezufuhr die flüssige oder feste Komponente der Reaktionspartner befindet und einem zweiten mit dem abgespalteten Gas. In manchen Fällen ist eine Verflüssigung des Gases und damit eine starke Volumsverringerung bei geringem Energieaufwand möglich (oberirdische Speicherung in Druckbehältern). Andernfalls käme bei großer Speicherkapazität auch eine Untertagespeicherung des Gases in Frage.

Erwähnt sei, daß auch die Metallhydridspeicher, bei denen die H_2-Abgabe durch Wärmezufuhr, die H_2-Aufnahme jedoch bei Wärmeabfuhr erfolgt (siehe Abschn. 4.2), zu dieser Speichergruppe zu zählen sind /5.5.3/.

Da bei Heterogen-Verdampfungsspeichern die einzelnen Reaktionskomponenten voneinander getrennt gespeichert werden und sich auf Umgebungstemperatur befinden, könnte die (chemisch gebundene) Wärmeenergie, zum Unterschied von allen anderen Wärmespeichern, theoretisch sehr lange gespeichert werden. Nachteilig ist hingegen die Tatsache, daß praktisch die Reaktionen nicht vollständig reversibel verlaufen, es treten Hystereseerscheinungen auf, die letztlich zu größeren exergetischen Verlusten führen. Bis zur großtechnischen Realisierung solcher Speichersysteme sind noch eine Reihe von Untersuchungen anzustellen, die vor allem über die Thermodynamik solcher Reaktionen, über Reaktionsgeschwindigkeiten, Umwandlungswirkungsgrade, Korrosionsprobleme etc. Aufschluß geben müssen.

5.5.2. Wärmespeicherung mit Elektrokessel

Es wurde bereits erwähnt, daß elektrische Energie direkt schlecht speicherbar ist. Eine indirekte Speichermöglichkeit bietet sich in Form von Heißwasserspeicherung zur Versorgung von Fernwärmenetzen. Die großtechnische Erzeugung von Heißwasser in Elektrokesseln ist sicherlich dann wirtschaftlich, wenn ein Land über viele hydraulische Grundlastwerke oder Kernkraftwerke verfügt, deren Überschußenergie z.B. in Nachtzeiten zur Aufheizung von Heißwasserspeichern verwendet werden kann. Solche "Nachtstromspeicherheizwerke" können auch nachträglich in Verbraucherschwerpunkten errichtet werden, da sie nur geringen Platz benötigen und zu keinerlei Umweltbelastung führen. Als Beispiel einer solchen Anlage sei das im Jahre 1974 in Stuttgart (BRD) errichtete Fernheizwerk Marienstraße erwähnt /5.5.4/. Abb. 5.5.1. zeigt das Schema dieser Anlage. Wasser wird durch elektrische Heizung von ca. 65° C auf 180° C erwärmt. Um Dampfbildung zu vermeiden, beträgt der Betriebsdruck in den Kesseln und im Speicher ca. 16 bar. Aus dem unteren Teil des Speichers wird 65-grädiges Wasser entnommen und in die Elektrokessel gepumpt, von wo es nach Aufheizung in den oberen Teil des Speichers gelangt. In diesem bildet sich zufolge der unterschiedlichen Dichten von Heiß- und Kaltwasser eine Trennschichte aus (Schichtenspeicher), eine Durchmischung tritt nicht ein. Im Zuge der Aufheizung verschiebt sich die Trennschichte nach unten. Die Volumsänderungen des Wassers zufolge der Temperaturänderungen werden durch Ausgleichsgefäße und Druckpumpen ausgeglichen. Die Wärmeabgabe an das Fernheiznetz erfolgt über Wärmetauscher bei einer Vorlauftemperatur von 110° C. Eine Trennung von Speicherkreislauf und Fernwärmenetz ist wegen der unterschiedlichen Systemdrücke notwendig. Weiters ist es vorteilhaft, das Wasser selbst als Widerstandsmaterial zu verwenden, es also direkt aufzuheizen (Wirkungsgrad ≈ 0,98). Das Wasser muß hiezu speziell aufbereitet werden, um eine entsprechende elektrische Leitfähigkeit aufzuweisen (Zugabe von Soda oder Natronlauge). Die Aufheizung erfolgt im konkreten Fall in drei Hochspannungselektrodenkesseln mit einer maximalen Leistung von je 20 MW. Die Speicherkapazität beträgt rund 290 MWh. Die Energieabgabe an das Fernwärmenetz erfolgt kontinuierlich.

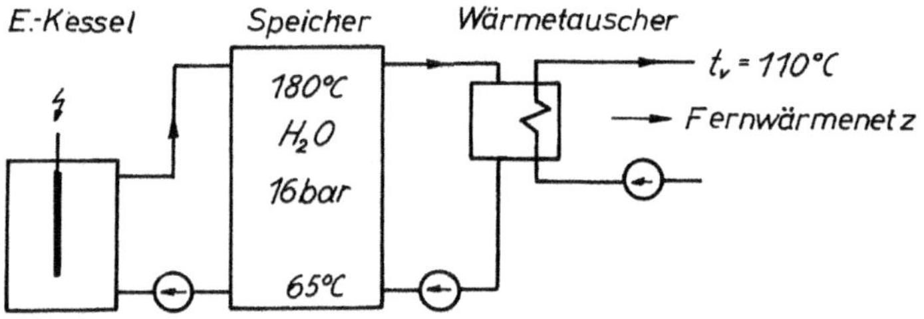

Abb. 5.5.1. Schema einer Elektroheißwasserspeicheranlage.

5.5.3. Großwärmespeicher für Niedrigtemperaturwärme

Der Grundgedanke für die verschiedenen Konzepte dieser Art ist einmal mehr die Tatsache, daß ein Großteil der benötigten thermischen Energie bei Temperaturen unter 100° C liegt. Andererseits fallen riesige Wärmemengen als Abwärme in diesem Temperaturbereich an, die, wenn billig und über längere Zeit hin gespeichert, zur Deckung des Wärmebedarfes für Raumheizung in den Wintermonaten herangezogen werden könnten (ev. unter Einsatz von Wärmepumpen). Die Vorschläge für solche Speicheranlagen reichen von künstlich angelegten ober- oder unterirdischen Seen (reine Wasserspeicher) bis zu unterirdischen Speicheranlagen, bei denen auch Bodenmaterial (z.B. Schotter) als zusätzlicher Energiespeicher herangezogen wird (sog. Aquiferspeicher) /5.5.5 - 5.5.8/. Nach der Art der Wärmespeicherung wird noch zwischen Schichten- (gleichbleibendes Volumen) und Mengenspeichern unterschieden. Bei ersteren wird die schlechte Wärmeleitfähigkeit von Wasser ausgenützt, ferner die Tatsache, daß warmes Wasser spezifisch leichter ist als kaltes (siehe auch Abschn. 5.5.2). Zur Wärmeentnahme wird Wasser aus den oberen Schichten über Wärmetauscher gepumpt und im abgekühlten Zustand in tiefere Schichten des Speichers zurückgeführt. Beim Mengenspeicher wird kein Wasser zurückgeleitet.

Abb. 5.5.2 zeigt den Schnitt durch zwei künstlich angelegte Speicherseen (Schichtenspeicher), wobei hier die Tatsache berücksichtigt wird, daß solche Speicherseen in Nähe der Verbraucher liegen sollten und damit gleichzeitig einen Beitrag zur Verbesserung und Verschönerung des Lebensraumes leisten könnten.

In Abb. 5.5.2a wird die Wasseroberfläche zwecks Verminderung der

Abb. 5.5.2. Schnitt durch künstlich angelegte Speicherseen. 1, 4 ... Folien, 2 ... Schaumstoffplatten, 3 ... Drahtgeflecht, 5 ... Speichersee, 6 ... begehbare Schaumstoffplatten, 7 ... thermische Isolierung, 8 ... See für Erholungszwecke.

Wärmeverluste von einer schwimmenden Folie (1) und von Schaumstoffplatten (2) abgedeckt /5.5.5, 5.5.6/. Ein darüber gespanntes Drahtnetz (3) schützt die Oberfläche vor äußeren Einwirkungen. Durch Aufbringen dickerer Schaumstoffplatten auf die Wasseroberfläche könnte eine Tragfähigkeit erreicht werden, die ein Begehen des Speichers gestattet bzw. nach Aufbringen einer dünnen Humusschichte das Anlegen von Grünflächen ermöglicht. Zur Vermeidung von Sickerverlusten wird der Speicher mit wasserundurchlässigen Kunststoffolien (4) ausgelegt.

In Abb. 5.5.2b erfolgt die Abdeckung des Speichers durch begehbare Schaumstoffplatten sowie eine weitere Wasserfläche, die als "Badesee" für Erholungszwecke genützt werden könnte /5.5.7/.

5.5.4. Latentwärmespeicher

Die Speicherung von Wärme in festen oder flüssigen Stoffen beruht darauf, daß durch thermische Energiezufuhr die potentielle und kinetische Energie der Atome und Moleküle erhöht wird (sensible oder fühlbare Wärmespeicherung durch Temperaturerhöhung des betreffenden Stoffes). Darüber hinaus kann ein Stoff Wärme aufnehmen, die zur Änderung des Aggregatzustandes oder zur Struktur-(Phasen-)änderung führt, ohne daß hiebei eine Erhöhung der Temperatur eintritt. Typische Beispiele hiefür sind das Schmelzen oder Erstarren eines Stoffes (Übergang fest - flüssig), das Verdampfen bzw. Kondensieren (flüssig - gasförmig) und das Sublimieren bzw. Kristallisieren (fest - gasförmig). Die in diesen Fällen zugeführte - oder bei Umkehr des Vorganges abgegebene Wärmemenge - bezeichnet man als latente Wärmemenge, da ihre Aufnahme - oder Abgabe - ohne Temperaturänderung verläuft. Da es sich hiebei um reversible Vorgänge handelt, können diese zur Wärmespeicherung herangezogen werden ⟶ latente Wärmespeicher.

Für die praktische Nutzung dieser Effekte werden möglichst geringe Volumsänderungen (Speicherbehälter !) angestrebt, sodaß in erster Linie die Umwandlung fest - flüssig von Interesse ist.

Die gesamte Wärmemenge Q, die in einem Medium mit der Schmelztemperatur T_s und der spezifischen Schmelzwärme ΔH_s und der Masse m im Temperaturbereich T_1 bis T_2 ($T_1 < T_s < T_2$) gespeichert werden kann, ergibt sich zu

$$Q = m \int_{T_1}^{T_s} c_{p,fest}\, dT + m\Delta H_s + m \int_{T_s}^{T_2} c_{p,fl}\, dT$$

wobei $c_{p,fest}$, $c_{p,fl.}$ die spezifischen Wärmen des Mediums im festen bzw. flüssigen Zustand bei konstantem Druck sind. Die beiden Integralglieder repräsentieren die gespeicherte sensible und der Mittelterm die gespeicherte latente Wärmemenge. Beispielsweise beträgt die Schmelzwärme von Eis 332 kJ/kg (siehe Abb.5.5.3 und Tab. 5.5.1).

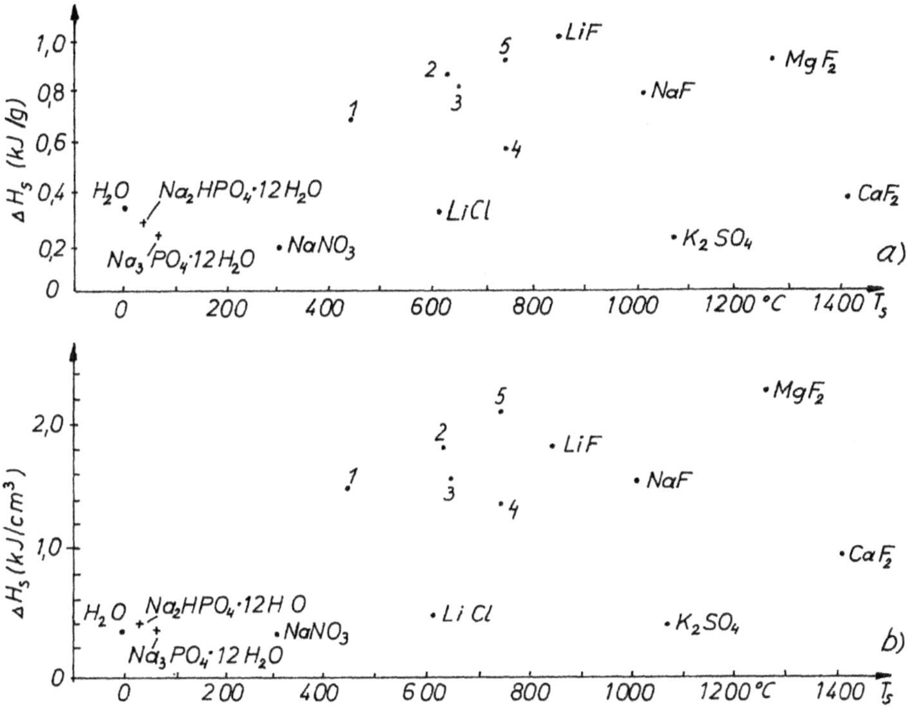

Abb. 5.5.3. Schmelzwärmen verschiedener Latentspeichermassen in Abhängigkeit der Schmelztemperatur nach /5.5.9/. 1: 12NaF/40KF/44LiF/4MgF$_2$ (T_s = 449° C), 2: 46LiF/44NaF/10MgF$_2$ (632° C), 3: 60LiF/40NaF (652° C), 4: 65NaF/23CaF$_2$/12MgF$_2$ (745° C), 5: 67LiF/33MgF$_2$ (746° C).

Die Hauptaufgabe bei der Entwicklung von Latentspeichern besteht darin, Stoffe zu finden, die eine möglichst große spezifische Schmelzwärme und außerdem eine, in dem für die Wärmespeicherung interessanten Temperaturbereich liegende Schmelztemperatur besitzen. Da sich die Speicherstoffe in geschlossenen Behältern befinden, darf der Dampfdruck im flüssigen Zustand keine hohen Werte annehmen. Darüber hinaus sollen die betreffenden Stoffe chemisch stabil sein, zu keinen Korrosionserscheinungen mit dem Behälter führen, möglichst kleine Volumsänderungen aufweisen, im festen und geschmolzenen Zustand gute thermische Leitfähigkeit besitzen, zu keiner Umweltgefährdung (giftig, explosibel, feuergefährlich) führen, leicht verfügbar und letztlich großtechnisch herstellbar und billig sein. Eine Reihe von Forderungen, die nur schwer zu erfüllen sind.

Abb. 5.5.3 zeigt die Schmelzwärmen verschiedener für Latentspeicherung geeigneter anorganischer Verbindungen und Salzhydrate (nach J. Schröder /5.5.9/). In Abb. 5.5.3a sind die auf die Masseneinheit, in Abb. 5.5.3b die auf die Volumseinheit bezogenen Schmelzwärmen über der Schmelztemperatur dargestellt. Aus dem Diagramm erkennt man, daß bei hohen Temperaturen (> 850° C) die Fluoride von Lithium, Natrium und Magnesium extrem hohe Schmelzwärmen aufweisen. Diese Temperaturen sind für Speicherzwecke kaum interessant, da die technisch verfügbaren Wärmequellen meist bei niedrigeren Temperaturwerten liegen. Im Temperaturbereich von 400 bis 800° C weisen vor allem eutektische Fluoridgemische hohe Schmelzwärmen auf und sind daher für Latentspeicher interessant (Punkte 1 bis 5).

In Zusammenhang mit Sonnenenergie- und Abwärmenutzung ist der niedrige Temperaturbereich (< 100° C) von größtem Interesse. Hier bieten sich vor allem verschiedene Salzhydrate an. Tab.5.5.1 /5.5.10/ zeigt verschiedene Verbindungen, deren Schmelzpunkte, Dichten und spez. Schmelzwärmen. Die bekannteste Substanz ist hiebei Glaubersalz ($Na_2SO_4 \cdot 10H_2O$).

Tabelle 5.1.1. Latentspeichermaterialien für niedrige Temperaturen

Chemische Verbindung	Schmelz-temp. (°C)	Dichte (kg/m^3)	Spez. Schmelzwärme (kJ/kg)	(MJ/m^3)
$Na_2C_2H_3O_2 \cdot 3H_2O$	58	1298	265	343
$Na_2S_2O_3 \cdot 5H_2O$	48	1650	209	347
$Ca(NO_3) \cdot 4H_2O$	47	1858	154	285
$FeCl_3 \cdot 6H_2O$	36	1618	223	361
$Na_2CO_3 \cdot 12H_2O$	36	1522	265	402
$Na_2CO_3 \cdot 10H_2O$	34	1442	251	363
$Na_2SO_4 \cdot 10H_2O$	32	1458	251	367
P116 Paraffinwachs	47	785	209	164

In /5.5.10/ wurden vor allem Natrium-Thiosulfat-Pentahydrat ($Na_2S_2O_3 \cdot 5H_2O$) und die organische Verbindung P116, ein Paraffinwachs, näher untersucht. Da die Wärmeleitfähigkeit beider Stoffe mit 0,57 W/mK und 0,14 W/mK gering ist, muß für einen guten

Wärmeübergang zwischen Wärmeträger und Speichersubstanz gesorgt werden (ähnliches gilt für alle Hydrate). Dies führte zur Idee von Speichermodulen, Abb. 5.5.4, die bausteinartig zu Blöcken zusammengebaut werden können. Die Größe richtet sich nach der erforderlichen Speicherkapazität.

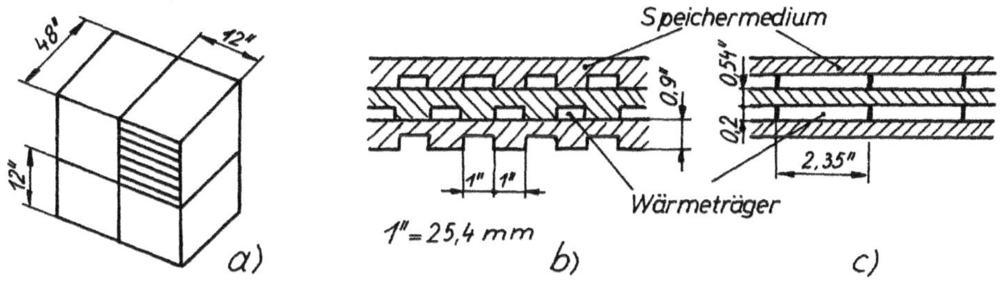

Abb. 5.5.4. Latentwärmespeicher in Modulbauweise. a) Prinzipielle Anordnung, b, c) Schnitt durch die Speichermodule, $Na_2S_2O_3 \cdot 5H_2O$ (b) und P116 (c).

Neben den vorerwähnten Speicherstoffen wurde auch Kaliumfluorid-Tetrahydrat ($KF.4H_2O$) in letzter Zeit untersucht /5.5.9/, da diese Substanz einen extrem niedrigen Schmelzpunkt von $18{,}5^{\circ}$ C bei einer Schmelzwärme von 331 MJ/m^3 besitzt.

Leider entsprechen die im Niedrigtemperaturbereich bekannten Latentspeichermassen nur unvollständig den eingangs erwähnten Forderungen, sodaß bis heute, von wenigen Ausnahmen abgesehen, auf diesem Sektor nur sensible Wärmespeicher (Wasser, Gestein) eingesetzt wurden.

Bei den bisher erwähnten Latentspeichermassen tritt i.a. eine Volumsvergrößerung beim Schmelzvorgang auf, dies muß bei der Konstruktion des Speicherbehälters und bei der Anordnung der Wärmetauscher (für Wärmezu- und -abfuhr) beachtet werden, was nicht selten zu großen Schwierigkeiten führt. Es wurden daher Untersuchungen angestellt, Speichermassen zu entwickeln, die auch im geladenen Zustand formstabil bleiben. Dies führt zu sogenannten polymorphen Verbindungen, bei denen die Wärmespeicherung auf Umkristallisationsvorgängen beruht /5.5.11/. Allerdings sind auch auf diesem Sektor noch eine Reihe von Fragen zu klären.

Der Einsatz geeigneter Latentspeicher würde sowohl bei höheren Temperaturen als auch bei Niedrigtemperaturen einen wesentlichen Beitrag zur optimalen Energienutzung liefern. Es bleibt zu hoffen, daß in absehbarer Zeit großtechnisch und wirtschaftlich günstige Lösungen gefunden werden.

Literatur

5.5. 1. Alefeld, G.: Energiespeicherung durch Heterogenverdampfung I. Wärme 81, 89-93 (1975).

5.5. 2. Alefeld, G.: Energiespeicherung durch Heterogenverdampfung II. Energie 27, 180-183 (1975).

5.5. 3. Libowitz, A.: Metal Hydrides for Thermal Energy Storage. 9th IECEC Proceedings 1974, S. 322-325.

5.5. 4. Stücheli, A.: Wirtschaftliche Anwendung von Elektrokessel für die Dampf- und Heißwassererzeugung. Techn.Rundschau Sulzer 2, 103-111 (1975).

5.5. 5. Schöll, G.: Großwärmespeicher. VDI-Nachrichten 48 (1971).

5.5. 6. Schöll, G.: Warmwasser-Großwärmespeicher. VDI-Berichte 223, 33-35 (1974).

5.5. 7. Weißenbach, B.: Langzeitspeicherung für Niedrigtemperaturwärme. VDI-Berichte 223, 39-44 (1974).

5.5. 8. Mayer, C.F., Todd, D.K.: Heat-Storage Wells for Conserving Energy and Reducing Thermal Pollution. 8th IECEC Proceedings 1973, S. 428-432.

5.5. 9. Schröder, J.: Thermal Energy Storage Using Fluorides of Alkali and Alkaline Earth Metals. 148th Meeting of the Electrochemical Society Dallas, Texas, 1975.

5.5.10. Lorsch, H.G.: Thermal Energy Storage Devise Suitable for Solar Heating. 9th IECEC Proceedings 1974, S. 572-577.

5.5.11. Laing, N.: Kristallisations-Wärmespeicher und deren Anwendung. VDI-Berichte 223, 49-65 (1974).

5.6. Schwungradspeicher

Der Anwendungsbereich von Schwungrädern lag bisher hauptsächlich auf dem Gebiet des Ausgleiches von Last- und Drehmomentschwankungen (Antriebe mit Kolbenmaschinen, Walzwerk- und Förderantriebe), ferner zur Energiedeckung in unterbrechungsfrei arbeitenden Notstromanlagen bei Ausfall der elektrischen Energiezufuhr bis zur vollen Lastübernahme durch das Notstromaggregat. Ein besonderer Anwendungsfall war der Einsatz als Antriebsmittel in den Gyrobussen. In jüngster Zeit zeichnet sich, bedingt durch moderne technologische Herstellungsverfahren, der erhöhte Einsatz von Stahlschwungrädern zur Bereitstellung von extrem hohen Impulsleistungen für die verschiedensten Versuche der Plasmaphysik und Fusionsforschung ab. Weiters existieren Pläne, wonach Schwungräder als Energiespeicher zur Spitzenlastdeckung von

Verbundnetzen herangezogen werden sollen, allerdings unter Verwendung neuer Schwungradkonstruktionen und moderner Werkstoffe. Schwungradspeicher für Kraftfahrzeuge sind ebenfalls im Gespräch.

5.6.1. Grundlagen der Schwungradspeicherung

Die in einem Schwungrad mit dem Massenträgheitsmoment J speicherbare Energie W ergibt sich aus der Differenz der kinetischen Energien im geladenen bzw. entladenen Zustand zu

$$W = \frac{J}{2}(\omega_{max}^2 - \omega_{min}^2) = \frac{J}{2}\omega_{max}^2\left[1 - \left(\frac{\omega_{min}}{\omega_{max}}\right)^2\right] = \frac{J}{2}\omega_{max}^2\left[1 - \left(\frac{n_{min}}{n_{max}}\right)^2\right]$$

Dabei ist $\omega = 2\pi n$ die Winkelgeschwindigkeit und n die Drehzahl des Schwungrades. Daraus folgt, daß W umso größer ist, je größer das Trägheitsmoment J, die maximale Winkelgeschwindigkeit und der Drehzahlhub (n_{max}/n_{min}) sind. Die speicherbare Energie wird vor allem auch durch die mechanische Beanspruchung (Normalspannungen in radialer σ_r und tangentialer Richtung σ_φ) des Schwungrades begrenzt.

Für ein zylindrisches Schwungrad mit Bohrung (Radius r_i) und dem Außenradius r_a (Abb. 5.6.1a) ergeben sich die Normalspannungen bei freier Rotation mit der Winkelgeschwindigkeit ω zu

$$\sigma_\varphi(r) = \rho\,\omega^2 r_a^2\left[\frac{r^2}{r_a^2} + \frac{3+\mu}{8}\left(1 + \frac{r_i^2}{r^2} + \frac{r_i^2}{r_a^2} - 3\frac{r^2}{r_a^2}\right)\right]$$

$$\sigma_r(r) = \rho\,\omega^2 r_a^2\,\frac{3+\mu}{8}\left(1 + \frac{r_i^2}{r_a^2} - \frac{r_i^2}{r^2} - \frac{r^2}{r_a^2}\right)$$

ρ stellt dabei die Dichte des Materials dar, μ die Querdehnungszahl (μ = 0,3 für Stahl). Abb. 5.6.1b zeigt den Spannungsverlauf

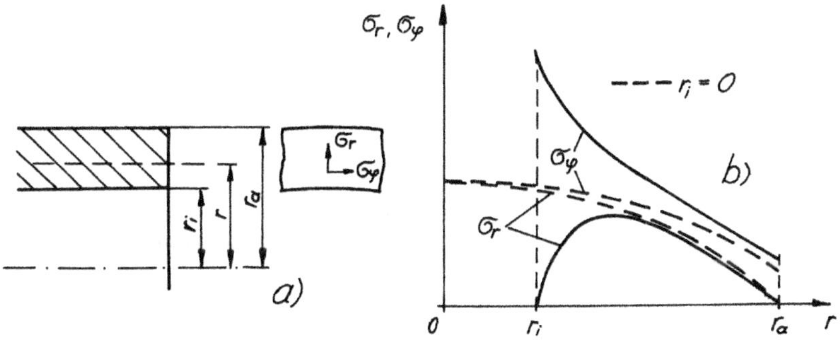

Abb. 5.6.1. Hohlzylinder. a) Abmessungen, b) Spannungsverteilung im rotierenden Zylinder.

$\sigma_\varphi(r)$ und $\sigma_r(r)$ für eine Scheibe mit und ohne Bohrung ($r_i = 0$). Man erkennt daraus, daß σ_φ die höheren Werte annimmt und daher die maximal zulässige Beanspruchung $\sigma_{zul.}$ des Materials nicht überschreiten darf. Besonders hohe Normalspannungen treten an der Innenfläche bei Zylindern mit Bohrungen auf. Allgemein läßt sich für den Maximalwert von σ_φ schreiben (C abhängig von Material und Abmessungen)

$$\sigma_{\varphi\,max} = C\,\rho\,\omega_{max}^2\,r_a^2$$

wobei stets gelten muß, daß $\sigma_{\varphi\,max} \leq \sigma_{zul}$ ist.

Für einen Vollzylinder ($J = mr_a^2/2$, Masse $m = \rho V$, V ... Volumen) erhält man für die speicherbare Energie durch Einsetzen in die Beziehung für W

$$W = \frac{mr_a^2}{2}\,\frac{1}{2}\,\omega_{max}^2 \left[1 - \left(\frac{n_{min}}{n_{max}}\right)^2\right] = V\,\frac{1}{C}\,\sigma_{\varphi\,max}\,\frac{1}{4}\left[1 - \left(\frac{n_{min}}{n_{max}}\right)^2\right]$$

wodurch deutlich die Abhängigkeit der speicherbaren Energie von der maximal auftretenden Normalspannung $\sigma_{\varphi\,max} \leq \sigma_{zul}$ sichtbar wird.

Die speicherbare Energie pro Masseneinheit w erhält man aus voriger Beziehung zu

$$w = \frac{W}{m} = \frac{1}{C}\,\frac{\sigma_{\varphi\,max}}{\rho}\,\frac{1}{4}\left[1 - \left(\frac{n_{min}}{n_{max}}\right)^2\right]$$

Daraus folgt die wichtige Tatsache, daß die gespeicherte spezifische Energie umso größer sein kann, je höher die maximal zulässige (Zug-) Beanspruchung σ_{zul} und je kleiner die Dichte des verwendeten Materials sind. Hier liegt der Ansatzpunkt für neue Schwungradkonstruktionen.

5.6.2. Schwungradkonstruktionen

5.6.2.1. Stahlschwungräder

Wie eingangs erwähnt, werden heute Stahlschwungräder als Impulsspeicher zur Stoßleistungsdeckung für plasmaphysikalische Untersuchungen verwendet. Die größte bisher ausgeführte Anlage befindet sich im Max Planck Institut für Plasmaphysik in Garching bei München (BRD) /5.6.1 bis 5.6.3/. Das Schwungrad besitzt eine Masse von 223 Tonnen und ist aus vier zylindrischen Scheiben zusammengesetzt. Der Außendurchmesser des Schwungrades beträgt 2,9 m, die Länge 3,9 m. Die maximale Drehzahl liegt bei 1650 U/min, die minimale bei 1275 U/min. Die hiebei gespeicherte nutzbare Energie beträgt 1450 MWs, die maximale Leistung 150 MW. Als Antrieb dient ein 5,7 MW! Asynchronmotor, der das Schwungrad auf die Drehzahl von 1650 U/min hochfährt und der direkt vom 10 kV Netz gespeist wird. Eine stoßweise Belastung des Netzes mit 150 MW wäre undenkbar. Das Schwungrad ist mit einem 167 MVA Synchrongenerator gekuppelt, welcher die erforderliche elektrische Stoßleistung für das Experiment liefert. Die Fertigung solcher Schwungräder wurde erst durch die Herstellung großer homogener Stahlschmiedeblöcke möglich und unter Verwendung modernster Berechnungsverfahren. Derzeit stehen noch größere Schwungräder in Planung. Für zukünftige Fusionsprojekte werden nutzbare Energien bis zu 5 GWs erforderlich sein, für deren Deckung heute drei der vorhin erwähnten Schwungräder nötig wären. Es ist aber nicht ausgeschlossen, daß durch die Realisierung der nachstehend beschriebenen Schwungradkonstruktionen wesentlich höhere Energien bei kleineren Schwungradvolumina bereitgestellt werden können.

5.6.2.2. Neue Schwungradkonstruktionen

Bisher wurden fast ausschließlich Stahlschwungräder verwendet. Die speicherbare spezifische Energie ist durch die relativ niedrige maximal zulässige Zugbeanspruchung und die große Dichte eher bescheiden und liegt bei ca. 40 bis 50 Wh/kg. Da die gespeicherte spezifische Energie proportional σ_{zul}/ρ ist, eignen sich vor allem kunstfaserverstärkte Verbundstoffe für den Bau von Schwungrädern, da diese extrem hohe Zugspannungen aufnehmen und kleine Dichte besitzen. Die ersten Schwungräder auf Basis der Kunstfasertechnik waren jedoch ein Fehlschlag, da die Schwungräder wie bisher als Vollscheiben ausgebildet wurden. Hiebei traten die üblichen Radialspannungen auf, die zur Zerstörung der Schwungräder führten, da die Kunstfaserstoffe nur in Faserrichtung hoch beanspruchbar sind, quer dazu aber schlechte Festigkeitseigenschaften besitzen.

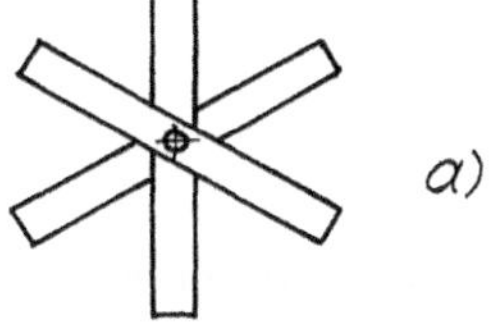

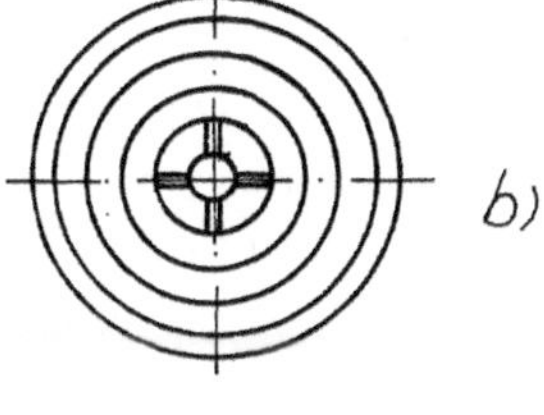

Abb. 5.6.2. Schwungradformen. a) "Super"-Schwungrad, b) aus dünnen Ringen aufgebautes Schwungrad.

R. und S. Post /5.6.4/ entwickelten neue Schwungradkonstruktionen. Die erste Stufe war das "Superschwungrad" (super flywheel) - Abb. 5.6.2a. Hiebei treten die Beanspruchungen nur in Faserrichtung auf, nachteilig ist jedoch, daß die maximale Beanspruchung mittig auftritt, wo außerdem noch durch die Welle eine Schwächung des Querschnittes erfolgt. Weiters treten große Luftreibungsverluste auf und die Ausnützung des vom Schwungrad umstrichenen Rotationsvolumens ist schlecht.

Die nächste Entwicklungsstufe führte zu einem Schwungrad, das aus lauter dünnen zylinderischen Ringen aufgebaut ist (Abb.5.6.2b). Von Vorteil ist hiebei, daß durch die Ringkonstruktion das Material nur in Umfangsrichtung (= Faserrichtung) beansprucht wird, hingegen in Radialrichtung keine großen Spannungen auftreten. Die Dehnung der Ringe zufolge der Fliehkraftbeanspruchung muß durch elastische Zwischenringe aufgefangen werden. Nachteilig ist bei dieser Schwungradausführung, das nur der äußerste Ring voll beansprucht wird, während die Beanspruchung der Ringe nach innen zu abnimmt, die guten Materialeigenschaften werden dadurch nicht voll ausgenützt.

Ein weiterer Schritt zur Schwungradoptimierung führt nun dazu, daß die Masse der inneren Ringe durch Zugabe von spezifisch schwereren Bestandteilen (z.B. Metallpulver) in die Kunststoffverbundmasse erhöht wird, dadurch steigt das Trägheitsmoment. Weiters kann durch entsprechende Dosierung der Materialzugabe erreicht werden, daß die radiale Dehnung aller Ringe etwa gleich ist, und jeder Ring in Tangentialrichtung voll beansprucht wird. So lassen sich nach Berechnungen von Post mit Quarzfaserverbundstoffen (Reißlänge $\sigma_{zul}/g\rho$ = 720 km, ρ = 2,1 kg/dm^3) spezifische Energiewerte bis zu 870 Wh/kg erreichen.

Um die hohe mechanische Festigkeit der Kunstfaserstoffe auszunützen, müssen solche Schwungräder mit sehr hohen Drehzahlen betrieben werden. Dies führt zu Herstellungsproblemen (Vermeidung von Unwuchten) und Lagerungsproblemen (es wird hier auch an supraleitende magnetische Lagerung gedacht). Weitere Punkte betreffen das dynamische Verhalten, die Geräuschbildung und die Herabsetzung der Reibungsverluste, wobei hier an die Anordnung von Schwungrädern in Wasserstoff oder Vakuum gedacht wird. All diese Fragen können erst nach dem Bau und der Erprobung solcher Schwungräder geklärt werden. Es bleibt abzuwarten, ob Schwungräder mit solch extrem hohen Energiedichten in naher Zukunft eingesetzt werden können.

5.6.3. Einsatzmöglichkeiten für Schwungradspeicher

5.6.3.1. Stoßlastlieferung

Wie bereits erwähnt, werden Schwungräder in Zukunft verstärkt auf diesem Sektor zum Einsatz kommen /5.6.5/. Abb. 5.6.3a zeigt das Grundprinzip der Stoßlastdeckung. Ein Antriebsmotor bringt das Schwungrad auf die maximale Drehzahl und bei Stoßlastbedarf gibt dieses unter Drehzahlabfall seine Energie an einen Synchrongenerator ab, der das Experiment mit elektrischer Energie versorgt.

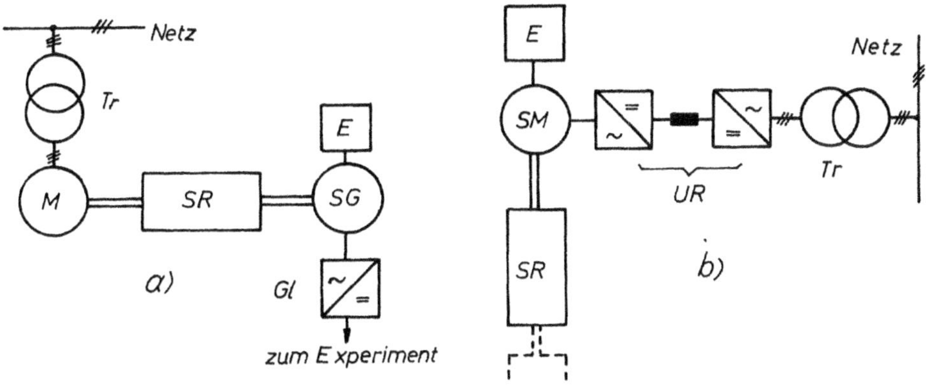

Abb. 5.6.3. Schwungradspeicher. a) zur Stoßleistungslieferung, b) zur Spitzenlastdeckung im Verbundnetz; Tr ... Netztrafo, M ... Antriebsmotor, SR ... Schwungradspeicher, UR ... Umrichter mit Gleichstromzwischenkreis, SG ... Synchrongenerator, SM ... Synchronmaschine, E ... Erregungseinrichtung, Gl ... Gleichrichter.

5.6.3.2. Spitzenlastdeckung im Verbundnetz

Abb. 5.6.3b zeigt die prinzipielle Schaltung. Hiebei ist grundsätzlich von Nachteil, daß die Netzspannung und -frequenz konstant vorgegeben sind, das Schwungrad aber eine Synchronmaschine mit veränderlicher Drehzahl antreibt. Dies bedingt aufwendige Umrichter mit Gleichstromzwischenkreis und erfordert hohen Regelungsaufwand. Die Synchronmaschine muß hiebei sowohl im Motor- (Laden) als auch im Generatorbetrieb (Entladen) gefahren werden.

5.6.3.3. Energiespeicher in Kraftfahrzeugen

Es existieren hier eine Reihe von Vorschlägen, die von einer Schwungradpufferung (Speicherung der Bremsenergie) bis zur vollständigen Energielieferung reichen /5.6.4/. Die Energieabgabe oder -aufnahme könnte prinzipiell über Getriebe erfolgen oder elektrisch, indem das Schwungrad mit einer elektrischen Maschine gekuppelt ist. Um das Fahrverhalten des Fahrzeuges durch die Kreiselwirkung des Schwungrades nicht zu stören, müßten zwei gegenläufige Schwungräder angeordnet werden. Nach bisherigen Beobachtungen dürfte der Gyroantrieb für PKW kaum großtechnisch realisiert werden und auch der für Stadtbusse bereits verwendete Antrieb keine Wiedergeburt erfahren.

5.6.3.4. Schwungradspeicher in Schienenfahrzeugen

Hier würden Schwungräder die beim Bremsen anfallende Energie mechanisch speichern und beim Anfahren wieder dem Fahrzeug zuführen. Es könnten dadurch die hohen Anfahrlastspitzen verhindert werden. Konzepte dieser Art sind derzeit in Ausarbeitung, ein wirtschaftlicher Einsatz wäre sicherlich nur in Bahnen mit kleinen Haltestellenabständen gegeben.

Literatur

5.6.1. Vau, G.: Einsatz von Schwungrädern für die Energiespeicherung. VDI-Berichte 223, 87-94 (1974).

5.6.2. Müller, H., Musil, R.v.: Elektrische und konstruktive Gesichtspunkte beim Bemessen eines 167 MVA Stoßleistungsumformers. Siemens-Z. 49, 587-592 (1975).

5.6.3. Mertens, H.: Schwungrad für einen 167 MVA Stoßleistungsumformer.Siemens-Z. 49, 592-595 (1975).

5.6.4. Post, R.F., Post, S.F.: Flywheels. Scientific American 229, 17-23 (1973).

5.6.5. Vau, G.: Gepulste Stromversorgung großer Leistung für Kernfusionsexperimente. Siemens-Z. 49, 580-586 (1975).

5.7. Supraleitende Energiespeicher

5.7.1. Magnetische Speicherung

Die Speicherung elektrischer Energie erfolgt in den meisten Fällen durch Umwandlung in eine andere Energieform (z.B. hydraulische Pumpspeicherwerke, Sekundärbatterien etc.). Eine <u>direkte Speicherung elektrischer Energie</u> ist prinzipiell <u>in kapazitiven</u> und <u>induktiven Speichern</u> möglich. Im ersten Fall ist die Energie im <u>elektrostatischen Feld</u> von Kondensatoren, im zweiten Fall im <u>magnetischen Feld</u> von Luftspulen gespeichert. Beiden Speichersystemen ist gemeinsam, daß die gespeicherte Energie in äußerst kurzer Zeit abgegeben werden kann, was sie besonders als Impulsspeicher für viele Anwendungsfälle (z.B. in der Plasma- und Fusionsforschung) interessant macht. Für die Speicherung großer Energiemengen ist vor allem die magnetische Speicherung vorteilhaft, da hier die erzielbaren Energiedichten wesentlich höher liegen als bei elektrostatischen Speichern. Die in einem Magnetfeld der Induktion B gespeicherte Energiedichte w (Energie/Volumseinheit) ergibt sich aus der Beziehung

$$w = \frac{B^2}{2\mu_o\mu_r}$$

wobei $\mu_o = 4\pi \cdot 10^{-7}$ Vs/Am die absolute und μ_r die relative Permeabilität (des betreffenden Speichermediums) sind. Hieraus erkennt man, daß, um möglichst große Energiedichte und damit große Speicherkapazität zu erhalten, eine möglichst große Induktion und ferner $\mu_r = 1$ (paramagnetisches Medium, Luft, Vakuum) zu wählen ist. Beispielsweise betragen für $\mu_r = 1$ und B = 2; 3,5; 5; 10; 15 T die Energiedichten w = 1,6; 4,9; 10; 39,8; 89,3 MJ/m^3.

Erst mit der Entwicklung supraleitender Werkstoffe wurde die Möglichkeit zur Erzeugung solch starker Magnetfelder geschaffen und damit neue Perspektiven für die Speicherung eröffnet /5.7.1/. Vereinfacht läßt sich die Supraleitung (SL) so beschreiben: Bestimmte Elemente, Verbindungen oder Legierungen zeigen die Eigenschaft, daß sie bei Abkühlung unter eine bestimmte Temperatur (Sprungtemperatur) praktisch widerstandslos werden. Die erzielbaren Stromdichten sind je nach Supraleitermaterial unterschiedlich, erreichen aber praktische Werte von einigen 10^5 A/cm^2 ! Neben der Temperatur T und der Stromdichte J spielt auch die Größe der Induktion B für den Supraleiter eine wichtige Rolle, da der SL-Zustand nur innerhalb bestimmter Werte (kritische Größen) auftritt; bei Überschreitung einer dieser Größen geht der Leiter in den normalleitenden Zustand über /5.7.2., 5.7.3/. Abb. 5.7.1a zeigt den prinzipiellen Zusammenhang dieser Größen in räumlicher Darstellung für einen vielverwendeten Supraleiter, NbTi50,einen sog. harten Supraleiter (Typ 3-SL). Harte Supraleiter eignen sich besonders für hohe magnetische Feldstärken. Im Bereich unterhalb der in Abb. 5.7.1a dargestellten Fläche (bis zu den Koordinatenachsen) ist das Material supraleitend, darüber normalleitend.

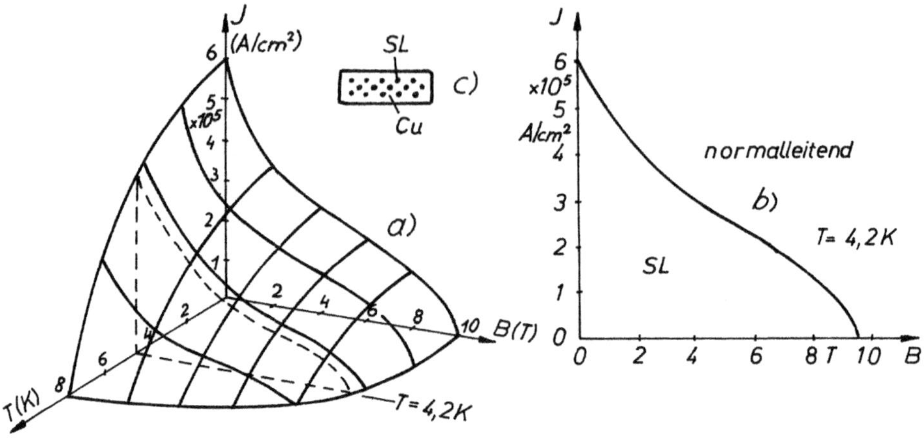

Abb. 5.7.1. Zusammenhang der kritischen Größen (J, T, B) für ein Supraleitermaterial (NbTi50) a) b); c) Schnitt durch einen Supraleiter.

Neben NbTi sind NbZr, Nb_3Sn, V_3Ga weitere wichtige Legierungen für harte Supraleiter. Da bei allen supraleitenden Materialien die SL nur bei sehr tiefen Temperaturen auftritt, muß als Kühlmedium flüssiges Helium verwendet werden. In Abb. 5.7.1a ist bei T = 4,2 K ein Schnitt durch die Fläche angedeutet, die entstehende Kurve (Abb. 5.7.1b) liefert für das betreffende Material den Zusammenhang zwischen kritischer Stromdichte und Induktion bei Kühlung mit flüssigem Helium (4,2 K). Angesichts der niedrigen erforderlichen Temperaturen ist klar, daß besondere Vorkehrungen für die thermische Isolation der in flüssigem Helium befindlichen supraleitenden Magnetspulen getroffen werden müssen. (Einbau in Kryostaten ähnlich Dewargefäßen mit extrem guter thermischer Isolation (Superisolation), Anschluß an Kältemaschinen etc.). Selbst die Anschlußverbindungen der Spule nach außen müssen speziell ausgeführt werden, um eine Wärmezufuhr von außen durch Wärmeleitung möglichst zu vermeiden. Weiters sei kurz auf die praktische Ausführung von supraleitenden Drähten hingewiesen. Aus Gründen, auf die hier nicht näher eingegangen werden kann, ist es möglich, daß Supraleiter partiell in den normalleitenden hochohmigen Zustand übergehen können. Dies würde aber bei den großen Stromstärken, die zur Erzeugung der hohen magnetischen Felder nötig sind, zu einer sofortigen Zerstörung der Spule durch die auftretenden Stromwärmeverluste zur Folge haben. Um dies zu verhindern, packt man einzelne Supraleiterfilamente in gut normalleitendes Material, z.B. Kupfer, ein (Abb. 5.7.1c). Geht der Supraleiter partiell in den normalleitenden hochohmigen Zustand über, so tritt der Strom in das niederohmige Leitermaterial (Cu) über, und so dieses einen entsprechenden Querschnitt aufweist, wird es nur zu geringfügiger Erwärmung kommen, die sofort an das flüssige Helium abgeführt wird und somit keine Aufwärmung der Supraleiterstörstelle erfolgt. Nach Verschwinden der partiellen Störung geht der Strom wieder auf den Supraleiter über → kryostatische Stabilisierung. Bei auf diese Art stabilisierten Supraleitern beträgt das Verhältnis Supraleiter- zu Normalleitermaterial 1 : (15-25). Durch die hohen erzielbaren Stromdichten und Induktionswerte und den damit verbundenen Stromkräften muß der mechanischen Beanspruchung der Leiter und der gesamten Spule größte Beachtung geschenkt werden, was sich wiederum auf die Spulenkonstruktion und -anordnung auswirkt.

Der größte Einsatz von Supraleitern erfolgte bisher beim Bau von Magnetspulen zur Erzeugung hoher magnetischer Feldstärken, wobei hier weniger die Speicherfunktion im Vordergrund stand. Daß dabei auch heute schon beachtliche Energien gespeichert werden, zeigt folgendes Beispiel: Der aus zwei zylindrischen Teilspulen bestehende supraleitende Magnet der europäischen Blasenkammer BEBC (Big European Bubble Chamber) bei der CERN (Genf) besitzt im Nennbetrieb (5700 A, mittige Induktion 3,5 T) einen Energieinhalt von 800 MJ. Die beiden Teilspulen haben einen Innendurchmesser von 4,7 m, einen Außendurchmesser von 6 m und eine Höhe von je 1,5 m. Sie sind in Abstand von 1 m übereinander angeordnet und die Anziehungskraft der beiden Teilspulen erreicht 90 MN. Angesichts dieser großen gespeicherten Energiemenge ist es nicht verwunderlich, daß heute bereits Pläne von supraleitenden Großspeichern für Netzverbundbetrieb zur Deckung von Lastspitzen ausgearbeitet werden.

5.7.2. Supraleitende Energiespeicher als Impulsgeneratoren

Impulsgeneratoren extrem hoher Leistung (im MW-Bereich) bei Entladezeiten im Millisekundenbereich werden heute schon in der Fusionsforschung und in der Laserentwicklung eingesetzt, wobei diese Stoßleistungen nicht unmittelbar dem Netz entnommen werden können. Beispielsweise wurde am Lebedev Institut (Moskau) ein 0,5 MJ supraleitender Impulsspeicher gebaut, dessen zylindrische Spule einen Durchmesser von 505 mm bzw. 635 mm aufweist und eine

Höhe von 255 mm besitzt /5.7.4/. Die maximal mögliche Stromstärke beträgt 3460 A. Bei einem Strom von 2300 A wurde bei einer Entladezeit von ca. 14 ms eine Maximalleistung von 30 MW erreicht, die maximal auftretende Spulenspannung betrug hiebei 13,8 kV (die minimale Entladezeit wird durch die Größe der auftretenden Selbstinduktionsspannung in der Spule - und der damit verbundenen Spannungsbeanspruchung von Spule und Kryosystem - bestimmt). Die Gesamtmasse - Spule samt Kryostat - beträgt 500 kg.

Abb. 5.7.2 zeigt den Lade-, Speicher- und Entladevorgang bei einem supraleitenden Energiespeicher /5.7.5/. Die Ladung erfolgt mit kleinen Gleichspannungen, aber großen Strömen.

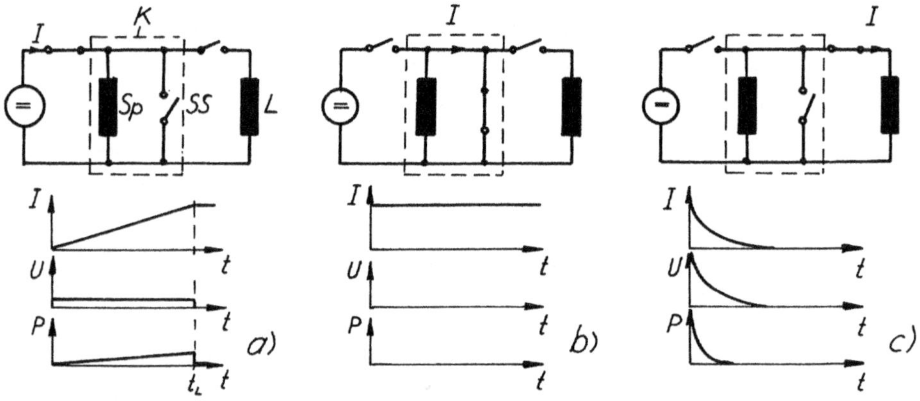

Abb. 5.7.2. Laden a), Speichern b), Entladen c) eines supraleitenden Impulsspeichers. Sp ... supraleitende Spule, SS ... supraleitender Schalter, K ...Kryosystem, L ... Last, I, U, P ... Strom, Spannung, Leistung i.A. der Zeit.

Die Ladezeit liegt je nach der Energiemenge und der Höhe der Speisespannung bei einigen Sekunden bis Minuten, die Speicherzeit kann theoretisch beliebig lange dauern. Es treten in der supraleitenden Wicklung keinerlei Verluste auf - es müssen nur die von außen eintretenden Wärmemengen durch Kältemaschinen abgeführt werden - und die Entladezeit liegt im Millisekundenbereich.

Wenngleich solche Impulsspeicher schon vereinzelt eingesetzt werden, so sind auf diesem Gebiet noch erhebliche Forschungsarbeiten durchzuführen, dies betrifft vor allem die supraleitenden Schalter.

5.7.3. Supraleitende Speicher für Spitzenlastdeckung im Verbundnetz

Um supraleitende Energiespeicher zur Deckung von Lastspitzen im Verbundnetz heranziehen zu können, müßte die Speicherkapazität um einige Größenordnungen höher sein als jene des vorerwähnten Blasenkammermagneten. Prinzipiell müßte ein solcher supraleitender Speicher über eine Umrichterstation (Gleich-, Wechselrichterbetrieb) mit dem Drehstromnetz verbunden sein, wobei die Energieabgabe an das Netz unabhängig von der Momentanleistung und dem Speicherzustand mit konstanter Spannung und Frequenz erfolgen müßte. Vorteilhaft wäre unter anderem die sofortige Verfügbarkeit solcher Speicher und eine Energiespeicherung mit höchstmöglichem Wirkungsgrad (Verluste nur im Kühlsystem und im Umrichter).

Hinsichtlich der Speicherspulen wird man trachten, möglichst hohe Energiedichten, bezogen auf das eingesetzte Supraleitermaterial, zu erhalten. Weiters sollen Streufelder vermieden werden. Von den Zylinderspulen weist die Brooksche Spule bei gegebener Leitermaterialmenge die größte Speicherfähigkeit auf /5.7.6/, Abb. 5.7.3a, allerdings treten große Streufelder auf. Spulen in Kugelform können zur Streufeldabdämpfung mit einer zweiten Kugel (mit entgegengesetzter Stromrichtung) als Schirm versehen werden (Abb. 5.7.3b). Optimale Verhältnisse treten bei einer $\sin\Theta$-proportionalen Stromdichteverteilung entlang der Kugelfläche auf, wobei das Verhältnis der Kugelradien 1,59 und das Stromdichteverhältnis (Außenkugel zu Innenkugel) 1 : 4 betragen soll /5.7.6/. Bei toroidalen Spulen (Abb. 5.7.3c) treten keine Streuflüsse auf.

In /5.7.6/ wurden für eine fiktive Speicherkapazität von 10 GJ

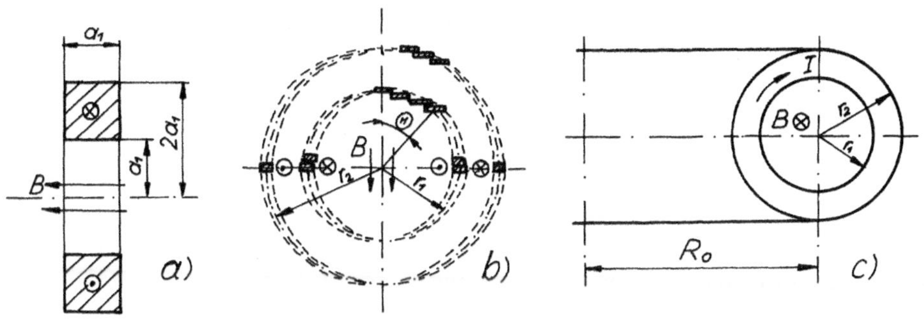

Abb. 5.7.3. Spulengeometrie für magnetische Speicherung. a) Brooksche Spule, b) sphärische Magnetspule mit Abschirmung, c) toroidale Magnetspule.

bei einer maximalen Induktion von 10 T ! und einem Maximalwert des Stromes von 10 000 A die Hauptabmessungen der drei verschiedenen Spulensysteme ermittelt. Für die Brooksche Spule ergibt sich a_1 = 2,44 m, für die Kugel r_1 = 2,36 m und für den Torus R_o = 6,4 m, r_1 = 0,96 m, r_2 = 1,8 m.

Sind vorige Spulen mit heutigen Mitteln noch kaum realisierbar, so sind die Vorschläge von Boom und Peterson /5.7.7/ für die Errichtung eines supraleitenden Energiespeichers von 10 GWh heute reine Utopie.

Die Speicherkapazität soll durch unterirdische Anordnung von drei zylinderförmigen Spulen (Abb. 5.7.4) erreicht werden. Die Abmessungen betragen hiebei R_1 = 146,5 m , R_2 = 160,5 m, H_1 = 16,2 m. Studien über die Auslegung des Kühlsystems liegen ebenfalls bereits vor /5.7.8/.

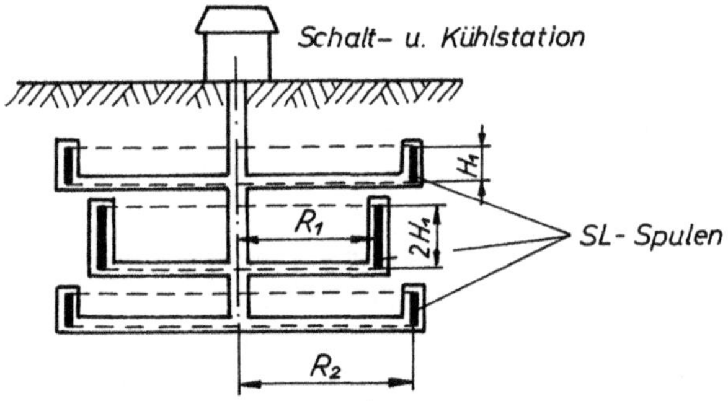

Abb. 5.7.4. Unterirdische Anordnung eines supraleitenden Energiespeichers für 10 GWh (nach /5.7.7/).

Während Impulsspeicher heute schon an einigen Stellen durchaus mit Erfolg eingesetzt werden, scheint der Bau von Großenergiespeichern auf Grund des heutigen Entwicklungsstandes in absehbarer Zeit kaum durchführbar zu sein.

Literatur

5.7.1. Heinz, W.: Energiespeicherung mit supraleitenden Magneten. EundM 90, 430-434 (1973).

5.7.2. Buckel, W.: Supraleitung. Physik Verlag, Weinheim 1972.

5.7.3. Parsch, C.P.: Supraleiter und supraleitenden Magnete. Siemens AG 1975.

5.7.4. Vul, B.M.: Superconducting Electromagnetic Energy Storage. Proc. of the 3rd Conf. of. Eur.Phys.Soc. 1975, Rom, 337-342.

5.7.5. Heinz, W., Komarek, P.: Supraleitende Energiespeicher. VDI-Berichte 223, 103-107 (1974).

5.7.6. Brechna, H.: Superconducting Magnet Systems. Springer, Berlin-Heidelberg-New York 1973.

5.7.7. Boom, R.N., Peterson, H.A.: Large Superconductive Energy Storage. IEEE Trans. MAG 8, 701 (1972).

5.7.8. Hilal, M.A., McIntosh, G.E.: Cyrogenic Design for Large Super Conductive Energy Storage Magnets. Advances in Cryogenic Engineering Vol. 21, S. 69-77. Plenum Press, New York - London 1975.

6. Nichtkonventioneller Energietransport

6.1. Nichtkonventionelle Wärmeübertragung (nukleare Fernwärme)

Die Kernenergie wird sicherlich in Zukunft weiter an Bedeutung gewinnen; diese Energie wird jedoch nicht nur zur Erzeugung elektrischer Energie, sondern in zunehmendem Maße auch zur Bereitstellung von Prozeßwärme herangezogen werden. Problematisch ist hiebei die Tatsache, daß heute und sicher auch in Zukunft Kernkraftwerke eher in größeren Entfernungen von den Verbrauchern errichtet werden. Damit ergibt sich das Problem der Wärmeübertragung über größere Entfernungen (nukleare Fernwärme).

Für die Erzeugung von Prozeßwärme eignen sich in erster Linie Hochtemperaturreaktoren, da diese Wärme mit entsprechend hohen Temperaturen liefern. Diese Wärme kann aber nicht direkt transportiert werden, da die thermischen Verluste zu groß wären. Eine Lösung dieses Problems wurde in der Kernforschungsanlage Jülich (BRD) unter Leitung von R. Schulten in Form eines in sich geschlossenen Energietransportsystems über den Umweg eines "Latentwärmegases" gefunden /6.1.1, 6.1.2/.

Das Prinzip eines solchen Kreislaufes besteht nun darin, daß Wärmeenergie durch chemische Reaktionen in latente chemische Energie des Latentwärmegases umgewandelt wird, dieses transportiert und beim Verbraucher durch chemische Rückreaktion die Wärmeenergie wieder freigesetzt wird.

Folgende Bedingungen sind an ein solches thermochemisches Übertragungssystem zu stellen: Der Ablauf der chemischen Reaktionen zwischen den Reaktionspartnern muß umkehrbar und nur bei Vorhandensein geeigneter Katalysatoren erfolgen. Beim Ablauf der chemischen Reaktionen wird Wärme aufgenommen oder abgegeben, je nach Verlaufsrichtung der Energiewandlung. Der Ablauf der chemischen Reaktion muß während des Energietransportes unterbleiben, ferner soll sich das Übertragungsmedium auf niedriger Temperatur befinden, um Wärmeverluste zu vermeiden.

6.1.1. Das EVA/ADAM-Transportsystem

Hier wird als Latentwärmegas "Methan/Synthesegas" verwendet. Dieses Gemisch aus Methangas (CH_4) und Wasserdampf (H_2O) einerseits und Wasserstoffgas (H_2) und Kohlenmonoxidgas (CO) andererseits, kann durch folgende reversible chemische Reaktion (Gleichgewichtszustand) beschrieben werden.

$$CH_4 + H_2O \rightleftharpoons 3H_2 + CO$$

Die Vorwärtsreaktion ($\longrightarrow$) ist endotherm, die benötigte Wärmemenge liefert ein gasgekühlter Hochtemperaturreaktor. Diese Reaktion läuft im EVA-Chemiereaktor (Einzelspaltrohr-Versuchs-Anlage) ($CH_4 + H_2O = 3H_2 + CO$ ... steam reforming process) unter entsprechender Wärmezufuhr und Druckverhältnissen bei Anwesenheit geeigneter Katalysatoren ab. Abb. 6.1.1a zeigt die Gleichgewichtszusammensetzung der Vorwärtsreaktion in Abhängigkeit vom Umsatz und der Temperatur bei einem Druck von 40 bar und einem Anfangsmolverhältnis $H_2O : CH_4 = 3 : 1$ /6.1.1/. Man erkennt daraus, daß zur Erzielung eines möglichst großen Energieumsatzes hohe Temperaturen erforderlich sind.

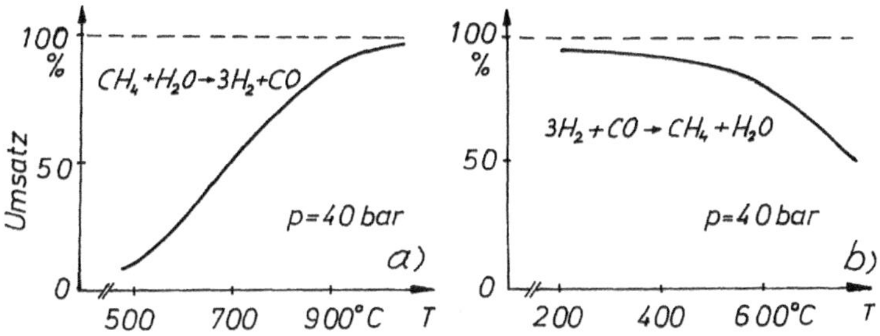

Abb. 6.1.1. Gleichgewichtszusammensetzungen der a) Hin- (EVA-Reaktor) und b) Rückreaktion (ADAM-Reaktor) in Abhängigkeit vom Umsatz und der Temperatur bei einem Druck von 40 bar /6.1.1/.

Erwähnt sei, daß ein Teil des gebildeten Kohlenmonoxids zu Kohlendioxid und Wasserstoff reagieren ($CO + H_2O \longrightarrow CO_2 + H_2$), doch ist diese Reaktion unbedeutend, sie bewirkt bloß das Auftreten von CO_2 in geringer Konzentration im Latentwärmegas. Nach Abkühlung des Latentwärmegases (im wesentlichen Synthesegas) auf Umgebungstemperatur wird dieses mit entsprechenem Druck über Rohrleitungen zum ADAM-Reaktor (der Name paßt zu EVA) transportiert, wo sich die Rückreaktion ($\longleftarrow$) ($3H_2 + CO = CH_4 + H_2O$, Methansynthese) unter Wärmeabgabe vollzieht. Abb. 6.1.1b zeigt die Gleichgewichtszusammensetzung für die Rückreaktion i.A. von

Umsatz und Temperatur bei einem Gesamtdruck von 40 bar im ADAM-Reaktor. Auf Grund dieses Bildes müßte im Gleichgewichtszustand bei den niedrigen Temperaturen des Latentgases vor allem Methan und Wasserdampf vorliegen und nicht das Synthesegas ($3H_2$ + CO). Der Grund liegt darin, daß das Latentwärmegas (Synthesegas) sich in einem stabilen Ungleichgewicht befindet. Wäre dieser Zustand nicht möglich, so müßte das Synthesegas bei den hohen Temperaturen transportiert werden, was wirtschaftlich nicht tragbar wäre. Zufolge der Eigenschaft, daß Synthesegas selbst bis zu hohen Temperaturen im stabilen Ungleichgewicht bleibt und erst bei Anwesenheit geeigneter Katalysatoren die Rückreaktion eintritt, ist dieses System für die Wärmeübertragung gut geeignet. Aus Abb. 6.1.1b erkennt man, daß eine günstige Wärmeabgabe bei ca. 500° C erfolgt. Durch die Wärmeübertragung auf ein Sekundärsystem kann Dampf oder Heißwasser gewonnen werden, und diese Träger können dem Verbraucher über kurze Distanz zugeführt werden. Das bei der Rückreaktion entstehende Methan wird vom Wasserdampf getrennt und über Rohrleitungen zum EVA-Reaktor zurückgeführt. Abb. 6.1.2 zeigt das Gesamtübertragungssystem.

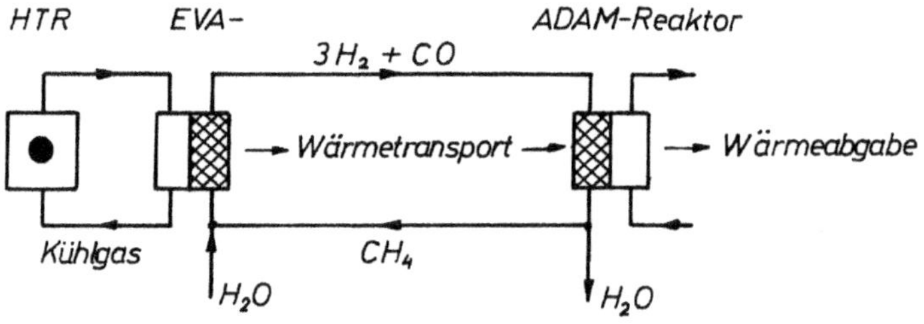

Abb. 6.1.2. Schema der nuklearen Fernwärmeübertragung. HTR ... Hochtemperaturreaktor.

Da, wie eingangs erwähnt, Kernreaktoren in Zukunft sicherlich auch verstärkt zur Wärmeenergiebedarfsdeckung herangezogen werden, stellt das beschriebene System eine mögliche Form der Energieübertragung dar. Eine Versuchsanlage besteht seit einigen Jahren in der Kernforschungsanlage Jülich.

Literatur

6.1.1. Schulten, R., Barnert, H.: Energieversorgung in geschlossenem Kreislauf. VDI-Berichte 224, 25-32 (1974).

6.1.2. Schulten, R., Kugeler, H., Barnert. H.: Nukleare Energie und sekundäre Energieträger. Ber. Deutsche Phys.Tagung 1974, S. 148.

6.2. Elektrische Energieübertragung

Elektrische Energie gehört zu jenen Sekundärenergieträgern, die mit 100 %iger Sicherheit auch in Zukunft eine dominierende Rolle spielen werden, nicht zuletzt deshalb, weil es eine Reihe von Anwendungsgebieten gibt, wo sie durch keine andere Energieform substituiert werden kann. Der ständig anwachsende Bedarf - in den letzten Dezennien betrug die jährliche Zuwachsrate in den verschiedenen Industriestaaten rund 7 % (Verdopplungszeit 10 Jahre !) - führte zu immer größeren Kraftwerkseinheiten mit Leistungen im GW-Bereich. Um diese gigantischen Leistungen möglichst mit geringen Verlusten zu den Verbraucherschwerpunkten zu führen, werden in den letzten Jahren auf dem Sektor der elektrischen Hochleistungsübertragung neue Wege beschritten. Prinzipiell ist zwischen Freileitungen und Kabel als Übertragungsmittel zu unterscheiden.

6.2.1. Freileitungen

Generell gilt, daß die mit einem Drehstromsystem übertragene (Schein-) Leistung proportional der verketteten Spannung U_v (Spannung zwischen den Drehstromleitern) und dem Leiterstrom I_L ist.

$$S = \sqrt{3}\, U_v\, I_L$$

Daraus ergibt sich sofort, daß die übertragbare Leistung umso größer wird, je höher die Übertragungsspannung und der Leiterstrom sind. Nun sind aber für beide Größen nach oben hin Grenzen gesetzt. Für die Begrenzung des Stromes gilt, daß die Spannungsabfälle der Leitung und vor allem die Ohmschen Leitungsverluste aus Wirtschaftlichkeitsgründen möglichst gering sein müssen, außerdem darf keine nennenswerte Erwärmung der Leiter im Betrieb auftreten (Minderung der Festigkeitseigenschaften !). Weiters kann der Querschnitt der Freileitungen (Leiterseile) nicht beliebig vergrößert werden (Seilgewicht, Material-, Kostenfragen, etc.), d.h., bei der Leiterstromstärke stößt man bald auf die obere Grenze und diese ist heute praktisch erreicht, wenn man von den "thermischen Reserven" der heutigen Netze absieht. Damit ist gemeint, daß auf Grund diverser Vorschriften die Belastungsströme von Freileitungsseilen so festgelegt sind, daß für ein bestimmtes Leitermaterial (z.B. Aluminium) eine maximale Seiltemperatur (in Österreich 80° C) nicht überschritten wird, wobei diese Werte für relativ ungünstige Umweltbedingungen (Umgebungstemperatur 35° C, Windgeschwindigkeit 0,6 m/s) festgesetzt wurden, die praktisch nur selten auftreten.

Auf Grund der vorhin erwähnten Tatsachen ist es verständlich, daß die Vergrößerung der Übertragungsleistung nur durch Erhöhung der Übertragungsspannung möglich ist. Waren ursprünglich 110 kV, dann 220 kV und 380 kV die höchsten Übertragungsspannungen, so sind derzeit schon Versuchsanlagen mit 750 kV in Betrieb und Projekte für eine Energieübertragung mit 1150 kV in Ausarbeitung /6.2.1/. Auf Grund dieser Spannungssteigerung könnte es scheinen, als wäre der Spannungsanhebung nach oben hin keine Grenzen gesetzt. Dies wird vielleicht noch darin bestärkt, wenn man erfährt, daß in den USA bereits Versuche mit Spannungen in der Höhe von 2,25 MV /6.2.2/ laufen. Dazu kurz folgendes: Mit der Erhöhung der Spannung treten bei Einzelleitern bald hohe elektrische Randfeldstärken auf, die zu der sog. Koronastrahlung führen. Diese bedingt neben zusätzlichen Wirkverlusten vor allem Störungen von nachrichtentechnischen Einrichtungen, da es sich bei der Koronastrahlung um hochfrequente Strahlungsvorgänge handelt. Weiters tritt Geräuschbildung auf /6.2.3/. Besonders stark kommen Koronaerscheinungen bei Regen oder Rauhreifbelag der Leitungen zum Tragen. Diese Erscheinungen treten jedoch schon bei niedrigeren Übertragungsspannungen auf und sind daher schon lange bekannt. Die beiden Österreicher G. Markt und B. Mengele entwickelten zur Verringerung der Koronaverluste den sog. "Bündelleiter". Hiebei erfolgt eine Aufteilung eines einzelnen Phasenleiters (das Drehstromsystem besitzt drei Phasenleiter) in mehrere Teilleiter kleineren Querschnittes, die in einem Abstand von 30 bis 50 cm (Abstandshalter) angeordnet sind. Die Bündelleitung bringt aber noch andere wesentliche Vorteile, wie kleineren Wellenwiderstand, höhere übertragbare natürliche Leistung etc. Bei 380 kV Netzen ist eine Aufteilung des Phasenleiters in vier Teilleiter üblich. Bei höheren Spannungen steigt die Zahl der Teilleiter. So besteht beim vorhin erwähnten 2,25 MV Versuch der Bündelleiter aus 18 Teilleitern, die kreisförmig (Kreisdurchmesser 1,22 m) angeordnet sind. Dies stellt einen Extremfall dar, da so hohe Übertragungsspannungen aus Gründen der notwendigen Sicherheitsabstände der Leitungen zu den geerdeten Mastteilen und untereinander zu entsprechend großen Mastabmessungen führen, die praktisch kaum realisierbar sind.

Abb. 6.2.1 zeigt verschiedene Mastformen für Höchstspannungs-

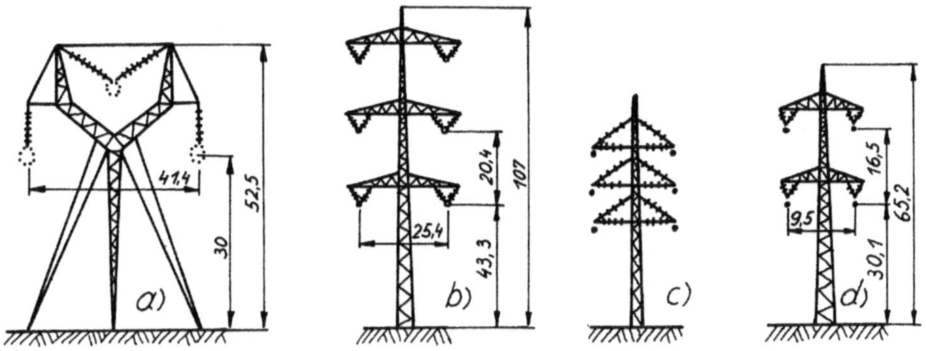

Abb. 6.2.1. Mastformen für Höchstspannungsleitungen: a) b) 1150 kV Drehstrommaste, c) Mastform mit Isoliertraversen, d) Mast für HGÜ. Maße in m, Zeichnungen nicht maßstäblich!

leitungen. Abb. 6.2.1a zeigt den Entwurf eines Leitungsmastes für eine Drehstromübertragung mit 1150 kV und einer Übertragungsleistung von 5 GVA, wie sie für die 1170 km lange Freileitung Zentralsibierien - Kasachstan (UdSSR) geplant ist /6.2.1/. Es sind hiebei Bündelleiter mit 8 Teilleitern à 300 mm^2 Aluminium vorgesehen. Zu erwähnen ist, daß die Geräuschbelastung bei Regen in einer Entfernung von 15 m von der äußeren Phase rund 60 dB(A) ! betragen wird. Abb. 6.2.1b zeigt eine Mastform für zwei Drehstromübertragungssysteme mit 1150 kV und 6er Bündelleiter mit Aluminiumteilleitern zu je 805 mm^2 /6.2.4/. Die Übertragungsleistung beträgt hier bei einer Stromdichte von 1 A/mm^2 9,6 GVA je System, also in Summe fast 20 GVA ! Es bleibt abzuwarten, ob solche Mammutbauwerke je errichtet werden, die technischen Möglichkeiten hiezu sind prinzipiell gegeben.

Da höhere Betriebsspannungen zu größeren Mastabmessungen führen, kommt der Trassenführung verstärkte Bedeutung zu und dies führt in dichter besiedelten Gebieten sicherlich zu großen Problemen. Es ist bereits heute schwierig, für 380 kV-Leitungen geeignete Trassen zu finden, da hier die verschiedensten Sicherheitsbestimmungen und sonstige Randbedingungen (Vermeidung von Flugschneisen, von dicht besiedelten Gebieten, von Kreuzungen mit anderen Leitungstrassen, Straßen, Bahnlinien etc.) beachtet werden müssen. Es ist klar, daß der Trassenbreite auch vom wirtschaftlichen Standpunkt aus größte Bedeutung zukommt. Man versucht daher, durch geeignete Maßnahmen bereits bestehende Trassen für höhere Übertragungsspannungen - natürlich mit anderen Mastkonstruktionen - zu nutzen bzw. auch bei neu zu errichtenden Trassen die Mastabmessungen möglichst klein zu halten (auch schon aus Gründen der "optischen" Umweltbelastung).

Eine Möglichkeit, die Masthöhe zu reduzieren, besteht darin, die Leiterseile von den machanischen Beanspruchungen weitgehend zu entlasten (dies geschieht heute durch Stahlseile innerhalb der eigentlichen Aluminiumleiter). Durch Anordnung getrennter Tragseile aus Kunstfaserverbundstoffen mit extrem hohen Zugfestigkeiten und geringen Wärmedehnungen kann der Durchhang der Leitungen (auch bei hoher Strombelastbarkeit und hohen Umgebungstemperaturen) und damit die Masthöhe wesentlich verringert werden /6.2.3/. Um Trassenbreite zu sparen, versucht man neue Mastformen einzusetzen, die auf metallische Ausleger verzichten und statt dessen die Halterung der Leiterseile durch entsprechend angeordnete Isolatoren (Isoliertraversen) bewerkstellen /6.2.5/ (Abb. 6.2.1c). Damit ist es beispielsweise möglich, die heute übliche Mastbreite bei 380 kV-Leitungen bis zu 40 % zu verkleinern.

Parallel mit der Spannungssteigerung der Übertragungsnetze laufen auch Forschungs- und Entwicklungsarbeiten auf dem Sektor der zugehörigen Einrichtungen wie Schaltstationen, Kompensationseinrichtungen, Höchstspannungstransformatoren, Isolatoren bis zu Meß-, Schutz- und Überwachungseinrichtungen; auf all diese Fragen kann jedoch nicht näher eingegangen werden.

In den letzten Jahren gewinnt auch die HGÜ (Hochspannungs-Gleichstromübertragung) ständig an Bedeutung. Sie weist vor allem bei sehr großen Entfernungen ($>$ 1000 km) Vorteile auf, es treten keine Stabilitätsprobleme wie bei Drehstromübertragungssystemen, keine Probleme der Blindleistungskompensation und keine Spannungserhöhung bei leerlaufender Leitung auf. Allerdings sind die Gleich- und Wechselrichteranlagen relativ aufwendig und teuer und die erreichbare Spannungshöhe liegt heute noch unter der von Drehstromsystemen. Abb. 6.2.1d zeigt eine mögliche Mastform für eine zukünftige HGÜ-Übertragung mit $\pm$ 600 kV /6.2.4/. Es sind auch hier zwei Systeme mit Bündelleitern zu je vier Teilleitern à 805 mm^2 angenommen. Die übertragbare Gleichstromleistung liegt bei einer Stromdichte von 1 A/mm^2 pro System bei 3,86 GW, zusammen also bei rund 7,7 GW.

Die Freileitung wird auch in Zukunft das elektrische Energieübertragungsmittel über große und größte Entfernungen sein. Sie besitzt gegenüber dem Kabel den Vorteil geringerer Anlagekosten, höherer Überlastbarkeit, rascherer Schadenserkennung und

-behebung und letztlich höherer Verfügbarkeit. Ein gravierender Nachteil liegt im großen Platzbedarf.

6.2.2. Kabel

Kabel zeichnen sich vor allem durch ihren geringen Platzbedarf aus und dienen daher zur Energieübertragung in dicht besiedelte Gebiete (Ballungszentren). Hinsichtlich der Leistungsübertragung gilt im Prinzip das selbe wie bei Freileitungen, mit dem Unterschied, daß hier die Spannungen durch die Isolationsmaterialien nach oben begrenzt sind. Für die Ströme gilt, daß auch hier die Leiterquerschnitte nicht beliebig vergrößert werden können. Allerdings besteht bei Kabeln die Möglichkeit einer forcierten Kühlung, wodurch die Leiterstrombelastung und damit die übertragbare Leistung wesentlich erhöht werden kann.

6.2.2.1. Kabel mit natürlicher Kühlung

Unter natürlicher Kühlung versteht man, daß die in den Kabeln entstehende Verlustwärme im Falle der unterirdischen Verlegung nur über des Erdreich oder den Kabelkanal, im Falle der überirdischen Verlegung (z.B. in Schaltanlagen und Kraftwerken) an die umgebende Luft abgeführt wird.

Neben den bewährten Druckgaskabeln und Ölkabeln, die bis zu Spannungen von 380 kV ausgeführt werden, sind vor allem die in den letzten Jahren entwickelten, mit Schwefelhexafluorid (SF_6) isolierten Rohrgaskabel (Rohrleiter), zu erwähnen /6.2.6/. SF_6 besitzt extrem gute Isoliereigenschaften (hohe Durchschlagfestigkeit), sodaß diese Kabel als Einleiterkabel bis zu Spannungen im MV-Bereich denkbar sind. Bis 420 kV werden SF_6-Rohrgaskabel als Einleiter- oder in Drehstromausführung (Rohrausführung) gebaut (Abb. 6.2.2). Für größte Übertragungsleistungen kommen nur starre Einleiterausführungen (Rohrstücklänge 10 bis 12 m !) in

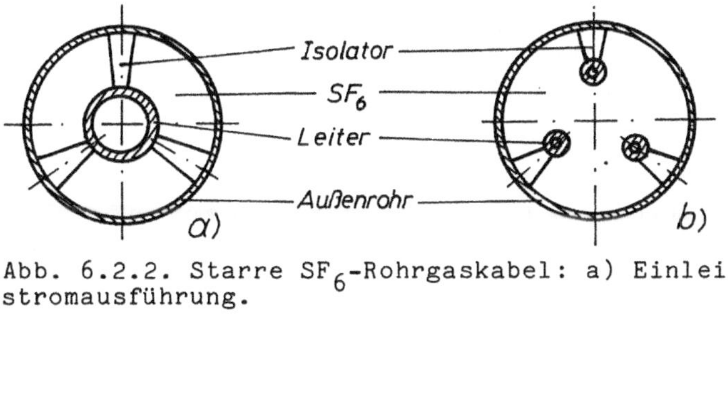

Abb. 6.2.2. Starre SF_6-Rohrgaskabel: a) Einleiter-, b) Drehstromausführung.

Betracht. Mit solchen Einleiter-Rohrgaskabeln wären bei höheren Spannungen (750 kV, 1150 kV) thermische Dauerleistungen von einigen GVA bei Rohraußendurchmessern um einen Meter möglich. Selbstverständlich sind SF_6-Rohrgaskabel auch für Gleichstrom-Hochleistungsübertragung geeignet. Für kleinere Übertragungsleistungen und niedrigere Spannungen sind auch flexible SF_6-gasisolierte Kabel bekannt geworden. Der Vorteil liegt hier in der Möglichkeit, größere Kabellängen zu fertigen und vor allem die einfacheren Richtungsänderungen und Geländeanpassungen gegenüber der starren Ausführung. Bisher wurden SF_6-Rohrgaskabel mit gutem Erfolg für geringere Übertragungslängen (innerhalb von Schaltanlagen) ausgeführt, größere Übertragungsstrecken befinden sich im Projektstadium. Aufwendig sind die Rohrverbindungen vor allem dann, wenn Richtungsänderungen durchgeführt werden müssen.

6.2.2.2. Kabel mit Zwangskühlung

Hiebei wird die entstehende Kabelverlustwärme über ein entsprechendes Kühlmedium abgeführt. Je nach der Führung des Kühlmittels unterscheidet man zwischen indirekter Kühlung (Kühlmittelströmung erfolgt außerhalb des Kabels) oder direkter Leiterkühlung /6.2.7/.

Bei der indirekten Kühlung besteht die Möglichkeit, die Kabel in wasserdurchflossene Rohre einzubetten; hiebei sind große Leistungssteigerungen erzielbar (bei Drehstromkabeln bis zum Dreifachen), allerdings ist der Aufwand beträchtlich. Eine andere, allerdings nicht so wirksame Lösung stellt die Verlegung von Wasserrohren parallel zu den Kabeln dar, auf einen guten Wärmeübergang zwischen Kabelmanteloberfläche und Kühlrohr ist zu achten. Auch Rohrgaskabel können von außen mit Wasser oder Luft gekühlt werden.

Bei der direkten Leiterkühlung erfolgt die Wärmeübertragung auf das Kühlmittel (Wasser, Öl) im Inneren des Leiters. Besonders vorteilhaft ist diese Kühlung bei Kabeln, die wegen hoher Betriebsspannung mit dickem Isoliermaterial (Ölpapier, Kunststoffe etc.) mit schlechten Wärmeleitungseigenschaften umgeben sind. Abb. 6.2.3a zeigt den schematischen Schnitt durch ein direkt mit Wasser gekühltes Hochleistungskabel. Es ist klar, daß das Wasser entsprechend aufbereitet (entionisiert) sein muß, ferner sind an den Ein- und Ausleitungen des Wassers spezielle aufwendige Konstruktionen erforderlich. Abb. 6.2.3b zeigt das Kühlschema eines Kabelsystems mit innerer Wasserführung /6.2.7/.

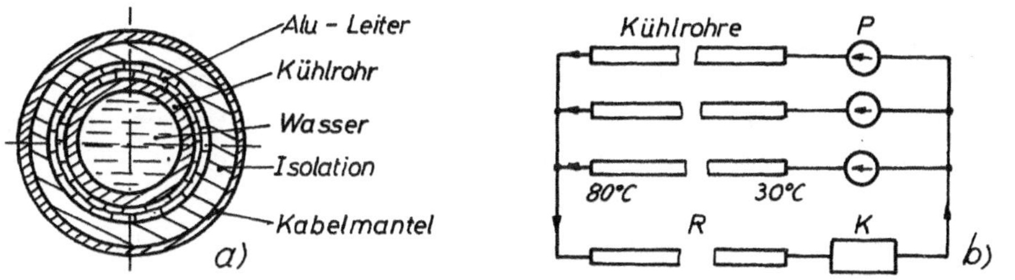

Abb. 6.2.3. Direkte Wasserkühlung von Hochleistungskabeln.
a) Schematischer Schnitt durch ein direkt gekühltes Kabel,
b) Kühlreislauf eines Drehstromübertragungssystems; P ... Pumpen, R ... Wasserrückleitung, K ... Wasserkühler.

Der Abstand der Kühlstationen bestimmt hiebei das Ausmaß der Steigerung des Übertragungsvermögens, aber auch den Kostenaufwand für das Gesamtsystem.

6.2.2.3. Tieftemperaturkabel

6.2.2.3.1. Kryokabel

Bei Reinstkupfer verringert sich der spezifische Widerstand bei Abkühlung auf 20 K (fl. Wasserstoff) auf 1/500, bei Reinstaluminium bei 4 K (fl. Helium) auf ca. 1/2000 des Wertes bei Normaltemperatur. Dies führte zu Projektentwicklungen, bei denen die Kühlflüssigkeit (Stickstoff (77 K), Wasserstoff (20 K), Helium (4,2 K)) nicht nur zur Abführung der Verlustwärme, sondern auch dazu diente, den normalleitenden Leiter auf tiefe Temperaturen zu bringen und zufolge der Widerstandsverringerung die auftretenden Verluste klein zu halten. Praktisch kommen zu den ohmschen Verlusten (bei Wechselstromkabeln noch Wechselstromverluste durch Skin-Effekt, dielektrische Verluste etc.) noch die über die thermische Isolation des Kabels eindringenden Wärme- und die Strömungsverluste des Kühlmittels hinzu, die mit großem kühltechnischem Aufwand an die Umgebung abgeführt werden müssen. Nach derzeitigen Erkenntnissen scheint die Verwendung von Reinstmetall-Tieftemperaturwechselstromkabeln anstelle konventioneller Wechselstromkabel mit forcierter Kühlung nicht sehr aussichtsreich. Erwähnt sei, daß in diesem Zusammenhang auch an eine kombinierte Wasserstoffübertragung (flüssiger Wasserstoff als Kühlmittel) und elektrische Energieübertragung (Kryokabel) gedacht wurde.

6.2.2.3.2. Supraleitende Kabel

Supraleitende Kabel nützen die Eigenschaft, daß bestimmte Metalle oder Metallverbindungen unterhalb bestimmter Werte (kritische Größen) (siehe Abschn. 5.7.1) praktisch keinen Widerstand aufweisen und damit elektrische Energie verlustfrei übertragen können. Dies stimmt für Gleichstrom, bei Wechselstrom treten jedoch auch bei Supraleitern Verluste auf (abhängig von Frequenz und magnetischer Feldstärke), die zwar klein sind, aber doch zur Selektion bestimmter Supraleitermaterialien führt. Es zeigt sich, daß die besonders bei großen magnetischen Gleichfeldern verwendeten Leitermaterialien (NbTi, Nb_3Sn, sog. Typ-3 Supraleiter, auch harte SL genannt) für Wechselstrom wegen der hohen Wechselstromverluste ungeeignet sind. Vielmehr sind Blei (Pb) und vor allem Niob (Nb) (Pb ist ein Supraleiter vom Typ 1, Nb zeigt Verhalten von Typ 1 SL, auch weiche Supraleiter genannt) geeignet. Abb. 6.2.4 zeigt das Verhalten von Typ 1 Supraleitern, und zwar die Abhängigkeit der kritischen magnetischen Induktion von der Temperatur sowie die Wechselstromverluste bei 50 Hertz, bezogen auf die Leiteroberfläche, in Abhängigkeit der Magnetfeldstärke /6.2.8/. Zufolge der Eigenschaft, daß der Strom bei Supraleitern

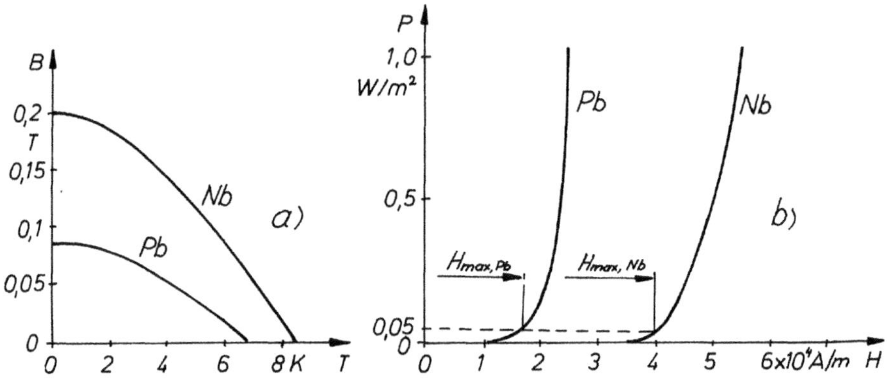

Abb. 6.2.4. Eigenschaften von Typ 1 Supraleitern nach /6.2.8/. a) Zusammenhang zwischen kritischer magnetischer Induktion und Temperatur, b) 50 Hz-Wechselstromverluste von Supraleiterdrähten.

vom Typ 1 nur in extrem dünnen Randzonen des Leiters fließt, genügt eine dünne Nb-Schicht, die auf geeignetes Trägermaterial (Cu, Al) aufgebracht wird. Dieses dient gleichzeitig zur Stabilisierung (s. Abschn. 5.7.1). Für Gleichstrom existieren eine Reihe von Vorschlägen für Supraleitungskabel, die sich im wesentlichen im Aufbau (Anordnung der Kühlsysteme und der Leiterkonfiguration, Ein-, Zwei- und Mehrleitersysteme etc.) unterscheiden. Als Leiterkühlmittel ist durchwegs Helium, das auch gute Isoliereigenschaften besitzt, vorgesehen. Nach außen sind diese Kabel durch entsprechende thermische und elektrische Isolationsschichten (z.B. flüssiger Stickstoffmantel, Kryovakuum, Superisolation etc.) geschützt. Derzeit befinden sich in verschiedenen Laboratorien und Firmen SL-Gleichstromkabel in Entwicklung und kurze Leiterstücke in Erprobung.

Seit einigen Jahren wird auch an der Entwicklung von SL-Wechselstromkabeln und Drehstromkabeln gearbeitet. Hiebei wird in erster Linie Niob als SL verwendet. Da dieses nur geringe Feldstärken verträgt, müssen die Leiter bei Drehstromanordnung gegenseitig magnetisch entkoppelt werden, weiters muß generell getrachtet werden, daß außerhalb der Leiter keinerlei Wirbelströme in metallischen Schutzrohren auftreten, da dadurch Verlustwärme entstünde. Dies bedingt eine magnetische Schirmung der Einzelleiter, wodurch auch eine elektromagnetische Kraftwirkung der Leiter untereinander vermieden wird. Die Schirmung geschieht im Prinzip so, daß der Leiter von einem koaxialem Rohr, auf dessen Innenseite ebenfalls eine dünne SL-Schicht aufgebracht ist, umgeben wird. Um eine Schirmwirkung zu erzielen, muß im Außenrohr ein Strom gleicher Größe aber entgegengesetzter Richtung wie im Leiter fließen. Bei den von P. Klaudy entwickelten Drehstrom-Wellrohrkabeln werden die äußeren Schirmrohre nach Buchhold miteinander verbunden und geerdet /6.2.8/. Die Summe der an ihren Außenoberflächen induzierten Ströme ist Null, das Magnetfeld jedes einzelnen Leiters wird durch die an der Innenfläche seines Schirmrohres (Kompensationsleiter) fließenden induzierten Ströme nach außen kompensiert. Eine andere Möglichkeit der Kompensation wird von W.Kafka /6.2.9/ vorgeschlagen, wobei hier im Kompensationsleiter erzwungenermaßen der gleiche Strom wie im Leiter fließt. Dies wird durch entsprechende Schaltung des Übertragungssystems erreicht (Abb. 6.2.5a).

Abb. 6.2.5b zeigt schematisch ein supraleitendes Drehstrom-Wellrohrkabel wie es von P. Klaudy vorgeschlagen wird /6.2.10/. Der Wellrohrleiter 1 trägt außen die dünne Nb-Schicht, der Kompensationsleiter 2 innen. Ende 1977 wurde ein Einleiter-Wechselstrom-Wellrohrkabel (von P. Klaudy und Mitarbeitern entwickelt) mit einer Länge von 50 m in eine Hochspannungsschaltanlage (Arnstein, Österreich) zur praktischen Erprobung eingebaut. Damit erfolgt erstmals die Prüfung von supraleitenden Wechselstromkabeln unter Betriebsbedingungen in einer Anlage.

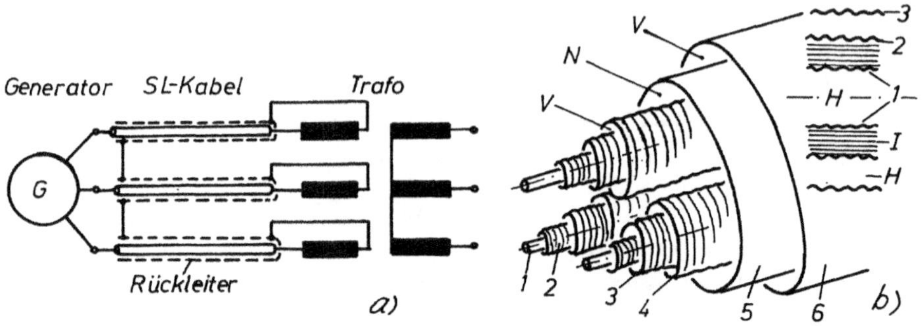

Abb. 6.2.5. Supraleitende Drehstromkabel. a) System mit Rückleitern nach W. Kafka /6.2.9/, b) Wellrohr-Drehstromkabel nach P. Klaudy mit Schnitt durch den Leiter und Kompensationsleiter. 1 ... Leiter, 2 ... Kompensationsleiter, 3 - 6 ... Rohre des Kälteschutzsystems, V ... Vakuum, N ... fl. Stickstoff, H ... fl. Helium, I ... heliumgetränkte Wickelisolation (nach /6.2.10/).

1976 wurde auf der CIGRE Tagung in Paris das Projekt eines SL-Drehstrom-Rohrkabels für eine Übertragungsleistung von 5 GVA bei einem Rohraußendurchmesser von 600 mm vorgestellt /6.2.11/.

Weitere Details über supraleitende Kabel siehe z. B. /6.2.12/.

Das Problem aller SL-Kabel liegt in der Aufrechterhaltung der niedrigen Kühltemperaturen und dem damit verbundenen Aufwand. Bei der Verlegung treten ähnliche Probleme wie bei SF_6-Rohrgaskabeln auf, da am Montageort unter ungünstigen Bedingungen die Kabelstücke vakuumdicht und thermisch einwandfrei isoliert aneinandergefügt werden müssen. Das Auftreten von Fehlern bedingt bei Kabeln allgemein großen Aufwand für Fehlersuche und Schadensbehebung, bei SL-Kabeln kommt noch die Abkühlzeit in der Größenordnung von 2 bis 3 Wochen nach Fehlerbehebung hinzu. Dies schlägt vor allem bei der Verfügbarkeit negativ zu Buche.

Auf Grund der modernen Kabelentwicklung sind die auf längere Sicht notwendigen Übertragungsleistungen im GVA-Bereich in Ballungszentren über kurze Entfernungen möglich und sinnvoll nur mit Hochleistungskabeln realisierbar.

Literatur

6.2.1. Bourgsdorf, V.V. u.a.: Design of the EHV 1150 kV AC Transmission Line. CIGRE-Bericht 31-03, 1976.

6.2.2. Jeff, E.: Binational UHV Research Project Moves Forward. Energy International 13, 28-29 (1976).

6.2. 3. Stimmer, H.: Freileitungen, EundM 94, 451-461 (1977).

6.2. 4. Technische und wirtschaftliche Kenndaten von Freileitungen bei DHÜ und HGÜ. etz-a 98, 711-715 (1977).

6.2. 5. Krumm, B. u.a.: Isoliertraversen für Hochspannungsleitungen. Bull. SEV 67, 277-289 (1976).

6.2. 6. Eidinger, A.: Energiefortleitung mit isolierten Rohrgaskabeln. EundM 93, 430-434 (1976).

6.2. 7. Birnbreier, H. u.a.: Leistungsgrenzen und Wirtschaftlichkeit zukünftiger Hochleistungskabel. Elektrizitätswirtschaft 74, 927-934 (1975).

6.2. 8. Klaudy, P.: Energieübertragung durch tiefgekühlte, besonders supraleitende Kabel. Rhein.Westf.Akad. d. Wissenschaften, Vorträge N 223, Seite 7-73 (1973).

6.2. 9. Kafka, W.: Entwurf eines Supraleitungs-Drehstromkabels. etz-a 90, 89-92 (1969).

6.2.10. Gerhold, J.: Überlegungen zur elektrischen Isolation supraleitender Wellrohrkabel. etz-a 98, 685 (1977).

6.2.11. Maddock, B.J. u.a.: Superconducting AC Power Cables and their Application. CIGRE Bericht 21-05, 1976.

6.2.12. Müller, G.: Supraleitende Kabel. Elektrie 31, 584-588 (1977).

6.3. Hydraulischer Transport von Feststoffen

Unter hydraulischem Transport ist der Transport von (zerkleinerten) Feststoffen mit Wasser in Rohrleitungen zu verstehen. Es eignen sich hiefür vor allem Abbauprodukte wie Kohle, Mineralsande und Erzschlämme beim Meeresabbau, Manganknollen etc.

1957 wurde nach etlichen Vorbereitungen die erste 173 km lange Kohleleitung in USA in Betrieb genommen - mit einem Rohrdurchmesser von 245 mm und einer Kohleförderkapazität von 170 t/h. Die Kohle wurde hiebei in Wasser aufgeschlemmt (Wasser : Kohle $\approx$ 1 : 1) und von einer Zeche in Ohio zum Kraftwerk East Lake transportiert. Dort erfolgte die Trennung von Kohle und Wasser in eigenen Vakuumfiltern und anschließend die Trocknung der Kohle. Diese Leitung war bis zum Jahre 1963 in Betrieb und wurde dann unter dem Druck verschiedener Eisenbahngesellschaften, die in der Leitung eine starke Konkurrenz sahen, eingestellt.

Eine weitere "Kohleleitung" führt vom Nordosten Arizonas über eine Länge von 438 km zum Kraftwerk Mohave (1500 MW). Seit 1970 werden über diese Rohrleitung (Rohrdurchmesser 400 mm) jährlich rund 5,5 Millionen Tonnen Kohle bei schwierigen Geländeverhältnissen zum Kraftwerk transportiert /6.3.1/.

Durch das verstärkte Interesse, das der Kohle angesichts der Verknappung der anderen fossilen Energieträger entgegengebracht wird, könnte dieses Verfahren des Energietransportes in Zukunft wieder an Bedeutung gewinnen. Nachteilig ist hiebei allerdings der große Wasserbedarf, so dieses nicht in einer getrennten Rohrleitung wieder zurückgepumpt wird.

Literatur

6.3.1. Die Aussichten des Kohletransportes in Wasserströmen in den USA. Archiv für Energiewirtschaft 31, 485-488 (1977).

S a c h v e r z e i c h n i s

GPSR Compliance

The European Union's (EU) General Product Safety Regulation (GPSR) is a set of rules that requires consumer products to be safe and our obligations to ensure this.

If you have any concerns about our products, you can contact us on ProductSafety@springernature.com

In case Publisher is established outside the EU, the EU authorized representative is:

Springer Nature Customer Service Center GmbH
Europaplatz 3
69115 Heidelberg, Germany

Batch number: 10816681

Printed by Printforce, the Netherlands